鲁棒优化方法与应用

刘彦奎　刘　颖　白雪洁　著

科　学　出　版　社

北　京

内 容 简 介

在处理现实的工程或管理问题时，数据的微小波动不可忽略且影响深远，这为鲁棒优化方法的产生提供了契机并推动其迅速发展. 本书主要介绍了不确定决策系统中鲁棒优化及分布鲁棒优化方法的一些研究进展. 在鲁棒优化方面，给出了不确定集交下的一些新结果并将其应用到可持续发展与应急救援问题中. 在分布鲁棒优化方面，介绍了随机分布鲁棒优化及模糊分布鲁棒优化在理论和应用方面的一些工作. 例如构建了模糊不确定分布集，提出了分布鲁棒目标规划等，同时介绍了这些理论工作在库存问题、p-枢纽问题、供应链问题及可持续发展问题中的应用.

本书可供运筹与管理、优化与控制及应用数学等研究领域的科研人员作为参考用书，同时也可作为相关专业高年级本科生或研究生的教材以及教学资料来使用.

图书在版编目(CIP)数据

鲁棒优化方法与应用/刘彦奎，刘颖，白雪洁著. —北京：科学出版社，2022.1
ISBN 978-7-03-070502-0

Ⅰ. ①鲁… Ⅱ. ①刘… ②刘… ③白… Ⅲ. ①鲁棒控制 Ⅳ. ①TP273

中国版本图书馆 CIP 数据核字(2021) 第 224155 号

责任编辑：胡庆家 范培培／责任校对：彭珍珍
责任印制：吴兆东／封面设计：无极书装

科学出版社 出版
北京东黄城根北街 16 号
邮政编码：100717
http://www.sciencep.com
北京虎彩文化传播有限公司印刷
科学出版社发行 各地新华书店经销
*
2022 年 1 月第 一 版 开本：720×1000 B5
2024 年 2 月第三次印刷 印张：13 3/4
字数：275 000

定价：98.00 元

(如有印装质量问题，我社负责调换)

前　言

鲁棒优化是近年来新兴的一种建模范式, 可以有效处理分布信息缺失或部分可知时的各种决策和优化问题. 该方法主要依赖于最差情形分析, 即通过在最不利不确定性情形实现时进行求解从而帮助决策者抵御不确定性带来的风险. 鲁棒优化方法目前主要分为两类, 一类问题的不确定性是基于集合的, 决策者寻求对该不确定集合的所有实现值都可行的解; 另一类问题的不确定性呈现随机或模糊性, 主要表现为随机分布或模糊分布信息不完整. 通常称前者为经典鲁棒优化问题, 后者为分布鲁棒优化问题. 目前鲁棒优化成为不确定优化领域中活跃度很高的一个分支, 并且众多随机分布鲁棒优化的理论和应用研究工作不断涌现. 鉴于现实中精确完整的模糊分布信息同样不易直接获得, 因此本课题组在模糊分布信息部分可知情况下, 对现实决策问题的建模和分析方法展开研究. 本书介绍了作者近几年在鲁棒优化方面的一些研究工作, 涉及经典鲁棒优化、随机和模糊分布鲁棒优化两方面. 具体地, 本书共分为 10 章介绍本课题组在鲁棒优化方面的最新研究进展, 包含理论研究、模型建立和应用分析等方面.

第 1 章介绍了鲁棒优化中的一些基本概念和结果. 简要介绍了偏序和凸锥的概念及锥优化问题的基本形式和锥对偶问题中的一些基本理论和方法.

第 2 章介绍了参数可能性分布理论作为模糊分布鲁棒优化的理论基础. 首先给出区间值模糊变量和参数区间值模糊变量的定义. 这两类变量可能性分布的变化特点确定鲁棒优化与模糊优化结合的切入点. 给出了常见类型的参数区间值模糊变量, 并对其数字特征进行了分析. 在实际应用问题中经常需要处理其线性组合形式, 因此进一步推导了线性组合的数字特征的结果.

第 3 章基于广义参数可能性分布给出了一个双选择变量的不确定性集的概念, 并在此基础上研究了单周期库存问题. 针对所建立的新的分布鲁棒单周期库存模型, 首先导出其鲁棒对等形式, 进一步针对模型特点设计求解方法, 最后通过应用实例对所提出的模型和方法进行验证.

第 4 章研究了鲁棒经济可持续发展问题, 首先提出了一个鲁棒多目标可持续发展模型并使用 ϵ 约束法对其进行转化; 进一步在两类特定的细化不确定集下找到其鲁棒对等模型; 最后对阿拉伯联合酋长国的实际数据做出案例分析, 同时对处理经济可持续发展问题时鲁棒优化方法和可信性优化方法的异同进行了比较.

第 5 章介绍分布鲁棒可信性经济-环境-能源-社会可持续发展问题, 首先给出了参数区间值三角模糊变量的双参数不确定分布集的概念, 进一步基于风险中立准则建立分布鲁棒可信性可持续发展模型. 通过对鲁棒对等模型的分析, 找到其等价参数形式, 并设计算法求解. 最后将模型和方法用于分析阿拉伯联合酋长国的劳动力分配问题.

第 6 章研究分布鲁棒优化中非精确概率约束的鲁棒对等逼近问题, 首先介绍了非精确概率约束模型, 并进一步给出非精确概率约束在不同波动集下的鲁棒对等逼近形式, 最后基于股票市场的真实数据进行金融投资的案例分析.

第 7 章研究了分布鲁棒 p-枢纽中位问题, 首先对于不确定碳排放构造了两类非精确分布集, 并建立了带有非精确机会约束的分布鲁棒 p-枢纽中位模型. 通过找到非精确机会约束的安全可处理逼近形式进一步得到模型的等价可计算形式. 最后通过设计东南亚的枢纽网络验证所提出的模型和方法.

第 8 章介绍了资源再分配下的分布鲁棒最后一公里救援网络设计问题, 首先基于平均绝对半偏差指标设计了分布鲁棒最后一公里救援网络模型, 接下来在一类细化的非精确集下找到平均绝对半偏差目标的等价形式和机会约束的安全逼近形式, 最后通过尼日利亚的阿南布拉州洪水救援网络的案例分析说明了所提出的模型和方法的有效性.

第 9 章介绍了分布鲁棒闭环供应链网络设计问题, 首先利用均值-条件风险值准则设计基于情景的闭环供应链网络设计模型, 随后在非精确概率的两类波动集下找到模型等价形式, 最后将模型和方法用于分析 “ofo” 的共享单车闭环供应链网络设计问题.

第 10 章介绍了分布鲁棒可持续供应商选择问题, 首先建立了具有期望约束和联合机会约束的分布鲁棒目标规划模型, 随后导出该模型的计算可处理逼近形式, 最后针对一家钢铁企业对其可持续供应商选择和订单分配问题进行案例分析.

在本书成稿的过程中, 河北大学风险管理与金融工程实验室的青年教师和研究生对本书进行了审阅和讨论, 感谢他们热心参与并提出宝贵意见和建议. 同时本书的研究工作得到了国家自然科学基金 (NO. 61773150) 和教育部人文社会科学研究基金 (NO. 20YJC630001) 的资助, 在此表示衷心的感谢.

作　者

2021 年 6 月

目　　录

第 1 章 预备知识

本章介绍锥优化中的一些基本概念和结论, 主要包括偏序、凸锥及基本的锥优化问题及其对偶.

1.1 偏序与凸锥

在线性规划中约束不等式 $\boldsymbol{ax} \geqslant \boldsymbol{b}$ 的定义非常明确, 即给定向量 $\boldsymbol{a}, \boldsymbol{b} \in \mathbb{R}^m$, 若 $\boldsymbol{a}$ 分量 $\geqslant \boldsymbol{b}$ 分量:

$$\boldsymbol{a} \geqslant \boldsymbol{b} \Leftrightarrow \{a_i \geqslant b_i, i = 1, \cdots, m\}.$$

在接下来的一种关系中, 我们再次遇到了不等式符号, 但现在它代表了实数间的一个“算术 $\geqslant$”关系. $\mathbb{R}^m$ 中的逐点偏序关系满足实数标准序关系的下列基本性质, 即对于向量 $\boldsymbol{a}, \boldsymbol{b}, \boldsymbol{c}, \boldsymbol{d} \in \mathbb{R}^m$ 有

(1) 自反性: $\boldsymbol{a} \geqslant \boldsymbol{a}$;

(2) 反对称性: 若 $\boldsymbol{a} \geqslant \boldsymbol{b}$ 且 $\boldsymbol{b} \geqslant \boldsymbol{a}$, 则 $\boldsymbol{a} = \boldsymbol{b}$;

(3) 传递性: 若 $\boldsymbol{a} \geqslant \boldsymbol{b}$ 且 $\boldsymbol{b} \geqslant \boldsymbol{c}$, 则 $\boldsymbol{a} = \boldsymbol{c}$;

(4) 线性运算的相容性:

同质性, 若 $\boldsymbol{a} \geqslant \boldsymbol{b}$ 且 λ 是非负实数, 则 $\lambda \boldsymbol{a} \geqslant \lambda \boldsymbol{b}$;

可加性, 若 $\boldsymbol{a} \geqslant \boldsymbol{b}$ 且 $\boldsymbol{c} \geqslant \boldsymbol{d}$, 则 $\boldsymbol{a} + \boldsymbol{c} \geqslant \boldsymbol{b} + \boldsymbol{d}$.

阐明满足上述性质 (1)—(4) 的向量不等式后, 接着考虑 $\mathbb{R}^m$ 中的向量, 假设 $\mathbb{R}^m$ 具有一个偏序记为 $\succeq$, 由它连接的向量对 $\boldsymbol{a}, \boldsymbol{b}$ 满足上述性质 (1)—(4) 时称 $\boldsymbol{a} \succeq \boldsymbol{b}$ 为一个良序.

一个良序 $\succeq$ 由非负向量的集合 $\mathbf{K}$ 完全决定, 其中 $\mathbf{K} = \{\boldsymbol{a} \in \mathbb{R}^m \mid \boldsymbol{a} \succeq 0\}$, 即 $\boldsymbol{a} \succeq \boldsymbol{b} \Leftrightarrow \boldsymbol{a} - \boldsymbol{b} \succeq 0 [\Leftrightarrow \boldsymbol{a} - \boldsymbol{b} \in \mathbf{K}]$. 事实上, 令 $\boldsymbol{a} \succeq \boldsymbol{b}$. 由性质 (1) 和 (4) 可得 $\boldsymbol{a} - \boldsymbol{b} \succeq 0$. 反之, 若 $\boldsymbol{a} - \boldsymbol{b} \succeq 0$, 通过加不等式 $\boldsymbol{b} \succeq \boldsymbol{b}$, 则有 $\boldsymbol{a} \succeq \boldsymbol{b}$. 集合 $\mathbf{K}$ 不是任意的, 容易证明其必须为尖凸锥, 即满足以下条件:

(1) $\mathbf{K}$ 关于加运算是非空且闭的, $\boldsymbol{a}, \boldsymbol{a}' \in \mathbf{K} \Rightarrow \boldsymbol{a} + \boldsymbol{a}' \in \mathbf{K}$;

(2) $\mathbf{K}$ 是个锥, $\boldsymbol{a} \in \mathbf{K}, \lambda \geqslant 0 \Rightarrow \lambda \boldsymbol{a} \in \mathbf{K}$;

(3) $\mathbf{K}$ 是尖的, $\boldsymbol{a} \in \mathbf{K}$ 且 $-\boldsymbol{a} \in \mathbf{K} \Rightarrow \boldsymbol{a} = 0$.

几何上, $\mathbf{K}$ 不包含任意通过原点的直线. 因此, $\mathbb{R}^m$ 上的每一个非空尖凸锥 $\mathbf{K}$ 可以诱导出一个 $\mathbb{R}^m$ 上满足性质 (1)—(4) 的偏序. 定义这个序为 $\geqslant_{\mathbf{K}}$:

$$\boldsymbol{a} \geqslant_{\mathbf{K}} \boldsymbol{b} \Leftrightarrow \boldsymbol{a} - \boldsymbol{b} \geqslant_{\mathbf{K}} \mathbf{0} \Leftrightarrow \boldsymbol{a} - \boldsymbol{b} \in \mathbf{K}.$$

称由非负向量组成的锥 $\mathbb{R}_+^m$ 为非负象限,

$$\mathbb{R}_+^m = \{\boldsymbol{x} = (x_1, \cdots, x_m)^{\mathrm{T}} \in \mathbb{R} : x_i \geqslant 0, i = 1, \cdots, m\}.$$

非负象限 $\mathbb{R}_+^m$ 不是尖凸锥, 但具有下面两个有用的性质:

(1) 这个锥是闭的, 若来自这个锥的向量序列 a^i 有限, 则其必属于这个锥.

(2) 这个锥具有非空的内点, 存在一个向量, 使得锥中包含一个以该向量为中心的正半径球.

这两条性质非常重要, 例如, 性质 (1) 确保了在不等式中传递逐项极限的可能性, 即

$$a^i \geqslant b^i,\ \forall i, a^i \to a, b^i \to b (i \to \infty) \Rightarrow \boldsymbol{a} \geqslant \boldsymbol{b}.$$

限制来自锥 $\mathbf{K}$ 的偏序具有性质 (1) 和 (2) 是有意义的. 至此, 再谈到好的偏序关系 $\geqslant_{\mathbf{K}}$, 总是假设集合 $\mathbf{K}$ 是一个具有非空内点的尖的闭凸锥. 注意到, $\mathbf{K}$ 的闭性, 使得传递极限在 $\geqslant_{\mathbf{K}}$-不等式中成为可能, 即

$$a^i \geqslant_{\mathbf{K}} b^i,\ \forall i, a^i \to a, b^i \to b (i \to \infty) \Rightarrow \boldsymbol{a} \geqslant_{\mathbf{K}} \boldsymbol{b}.$$

$\mathbf{K}$ 的内点的非空性允许我们按照下面的规则定义严格不等式和非严格不等式,

$$\boldsymbol{a} >_{\mathbf{K}} \boldsymbol{b} \Rightarrow \boldsymbol{a} - \boldsymbol{b} \in \mathrm{int}\mathbf{K},$$

其中 $\mathrm{int}\mathbf{K}$ 是锥 $\mathbf{K}$ 的内点. 例如, 简单地说, 严格坐标不等式就是在通常的算术意义下, $\boldsymbol{a}$ 的坐标严格大于 $\boldsymbol{b}$ 的相应坐标. 我们感兴趣的一些偏序关系由下面的锥给出:

(1) 非负象限锥 $\mathbb{R}_+^m$.

(2) 二阶锥 (或劳伦斯锥).

$$\mathbf{L}^m = \left\{ \boldsymbol{x} = (x_1, \cdots, x_m)^{\mathrm{T}} \in \mathbb{R}^m : x_m \geqslant \sqrt{\sum_{i=1}^{m-1} x_i^2} \right\}.$$

(3) 半正定锥 S_+^m. 这个锥存在于 $m \times m$ 对称阵的空间 S^m 中, 由所有 $m \times m$ 的半正定矩阵 $\boldsymbol{A}$ 构成, 即 $\boldsymbol{A} = \boldsymbol{A}^{\mathrm{T}}, \boldsymbol{x}^{\mathrm{T}}\boldsymbol{A}\boldsymbol{x} \geqslant 0,\ \forall \boldsymbol{x} \in \mathbb{R}^m$.

1.2 锥优化问题

假设 $\mathbf{K}$ 是 $\mathbb{R}^m$ 上的具有非空内点的凸尖闭锥. 给定 $\boldsymbol{c}\in\mathbb{R}^n$, $m\times n$ 约束矩阵 $\boldsymbol{A}$ 和右端向量 $\boldsymbol{b}\in\mathbb{R}^m$, 考虑优化问题

$$\min\left\{\boldsymbol{c}^{\mathrm{T}}\boldsymbol{x}\mid \boldsymbol{A}\boldsymbol{x}-\boldsymbol{b}\geqslant_{\mathbf{K}}0\right\}. \qquad \text{(CP)}$$

我们称其为与锥 $\mathbf{K}$ 相关的锥优化 (conic programming) 问题. 注意到锥优化与线性规划的区别在于后者处理的是 $\mathbf{K}=\mathbb{R}^m_+$ 的情况. 在锥优化的框架下, 我们可以处理许多线性规划无法覆盖的更广泛的应用.

对偶理论是线性规划中的重要理论结果之一, 相同的范式可用于处理锥优化的对偶问题. 这里需要澄清的一个问题是: 满足纯量不等式 $\boldsymbol{\lambda}^{\mathrm{T}}\boldsymbol{A}\boldsymbol{x}\geqslant\boldsymbol{\lambda}^{\mathrm{T}}\boldsymbol{b}$ 的向量 $\boldsymbol{\lambda}$ 在什么情况下可以使向量不等式 $\boldsymbol{A}\boldsymbol{x}\geqslant_{\mathbf{K}}\boldsymbol{b}$ 成立? 在一些特定的偏序关系下, 例如 $\mathbf{K}=\mathbb{R}^m_+$ 时, 容许向量 $\boldsymbol{\lambda}$ 是分量非负的向量. 然而, 对于偏序 $\geqslant_{\mathbf{K}}$, 当 $\mathbf{K}$ 不是 $\mathbb{R}^m_+$ 时, 这些向量不一定是可接受的.

例 1.1 考虑 $\mathbb{R}^3$ 上的偏序 $\geqslant_{\mathbf{L}^3}$ 由三维的劳伦斯锥确定:

$$\begin{pmatrix}a_1\\a_2\\a_3\end{pmatrix}\geqslant_{\mathbf{L}^3}\begin{pmatrix}0\\0\\0\end{pmatrix}\Rightarrow a_3\geqslant\sqrt{a_1^2+a_2^2}.$$

不等式

$$\begin{pmatrix}-1\\-1\\2\end{pmatrix}\geqslant_{\mathbf{L}^3}\begin{pmatrix}0\\0\\0\end{pmatrix}$$

是有效的; 但是用一个正权向量 $\boldsymbol{\lambda}=(1,1,0.1)^{\mathrm{T}}$ 聚合这个不等式, 会得到错误的不等式 $-1.8\geqslant 0$. 因此对于偏序 $\geqslant_{\mathbf{L}^3}$ 不是所有的非负权向量都是可接受的.

对这个问题的回答是定义一个权向量 $\boldsymbol{\lambda}$ 使其满足

$$\forall\boldsymbol{a}\geqslant_{\mathbf{L}^3}0:\boldsymbol{\lambda}^{\mathrm{T}}\boldsymbol{a}\geqslant 0. \tag{1.1}$$

当 $\boldsymbol{\lambda}$ 具有这个性质时, 纯量不等式 $\boldsymbol{\lambda}^{\mathrm{T}}\boldsymbol{a}\geqslant\boldsymbol{\lambda}^{\mathrm{T}}\boldsymbol{b}$ 就是向量不等式 $\boldsymbol{a}\geqslant_{\mathbf{K}}\boldsymbol{b}$ 的一个结果:

$$\begin{aligned}&\boldsymbol{a}\geqslant_{\mathbf{K}}\boldsymbol{b}\\ \Rightarrow\ &\boldsymbol{a}-\boldsymbol{b}\geqslant_{\mathbf{K}}0\quad(\geqslant_{\mathbf{K}}\text{ 的可加性})\\ \Rightarrow\ &\boldsymbol{\lambda}^{\mathrm{T}}(\boldsymbol{a}-\boldsymbol{b})\geqslant 0\quad(\text{由(1.1)式})\end{aligned}$$

$$\Rightarrow \boldsymbol{\lambda}^{\mathrm{T}}\boldsymbol{a} \geqslant \boldsymbol{\lambda}^{\mathrm{T}}\boldsymbol{b}.$$

相反地, 若对于偏序 $\geqslant_{\mathbf{K}}$, $\boldsymbol{\lambda}$ 是一个容许的权向量, 即

$$\forall(\boldsymbol{a},\boldsymbol{b}:\boldsymbol{a}\geqslant_{\mathbf{K}}\boldsymbol{b}):\boldsymbol{\lambda}^{\mathrm{T}}\boldsymbol{a}\geqslant\boldsymbol{\lambda}^{\mathrm{T}}\boldsymbol{b},$$

则显然 $\boldsymbol{\lambda}$ 满足 (1.1) 式. 因此权向量 $\boldsymbol{\lambda}$ 对于偏序 $\geqslant_{\mathbf{K}}$ 是容许的, 即其满足 (1.1) 式, 这与向量来自集合 $\mathbf{K}_*=\{\boldsymbol{\lambda}\in\mathbb{R}^m:\boldsymbol{\lambda}^{\mathrm{T}}\boldsymbol{a}\geqslant 0,\ \forall \boldsymbol{a}\in\mathbf{K}\}$ 一致.

集合 $\mathbf{K}_*$ 包含的向量与 $\mathbf{K}$ 中所有向量的内积都是非负的. 称 $\mathbf{K}_*$ 为 $\mathbf{K}$ 的对偶锥, 下面给出一些对偶锥的性质.

定理 1.1 设 $\mathrm{K}\subset\mathbb{R}^m$ 是一个非空集合, 则

(1) 集合 $\mathbf{K}_*=\{\lambda\in\mathbb{R}^m:\boldsymbol{\lambda}^{\mathrm{T}}\boldsymbol{a}\geqslant 0,\ \forall\boldsymbol{a}\in\mathbf{K}\}$ 是个闭凸锥;

(2) 若 $\operatorname{int}\mathrm{K}\neq 0$, 则 $\mathbf{K}_*$ 是尖的;

(3) 若 $\mathbf{K}$ 是闭凸尖锥, 则 $\operatorname{int}\mathbf{K}_*\neq\varnothing$;

(4) 若 $\mathbf{K}$ 是闭凸锥, 则 $\mathbf{K}_*$ 也同样如此且 $\mathbf{K}_*$ 的对偶锥是 $\mathbf{K}$ 本身, 即 $(\mathbf{K}_*)_*=\mathbf{K}$.

推论 1.1 集合 $\mathrm{K}\subset\mathbb{R}^m$ 是一个具有非空内点的闭凸尖锥当且仅当 $\mathbf{K}_*$ 也是如此.

接下来推导锥优化的对偶问题. 当 $\boldsymbol{x}$ 是锥优化问题的一个可行解, 且 $\boldsymbol{\lambda}$ 是一个满足 $\boldsymbol{A}^{\mathrm{T}}\boldsymbol{\lambda}=\boldsymbol{c}$ 容许的权向量时, 则对于锥优化问题所有可行的 $\boldsymbol{x}$ 有

$$\boldsymbol{c}^{\mathrm{T}}\boldsymbol{x}=(\boldsymbol{A}^{\mathrm{T}}\boldsymbol{\lambda})^{\mathrm{T}}\boldsymbol{x}=\boldsymbol{\lambda}^{\mathrm{T}}\boldsymbol{A}\boldsymbol{x}\geqslant\boldsymbol{\lambda}^{\mathrm{T}}\boldsymbol{b}=\boldsymbol{b}^{\mathrm{T}}\boldsymbol{\lambda},$$

使得 $\boldsymbol{b}^{\mathrm{T}}\boldsymbol{\lambda}$ 是锥优化问题最优值的下界. 最优的界可以通过计算下面的问题得到

$$\max\{\boldsymbol{b}^{\mathrm{T}}\boldsymbol{\lambda}\mid\boldsymbol{A}^{\mathrm{T}}\boldsymbol{\lambda}=\boldsymbol{c},\boldsymbol{\lambda}\geqslant_{\mathbf{K}_*}0\}, \tag{D}$$

且称 (D) 为锥优化的对偶问题.

命题 1.1 对偶问题 (D) 的最优值是锥优化问题 (CP) 的最优值的下界.

1.3 本章小结

本章内容是后面部分章节的理论基础和准备, 其中 1.1 节介绍了偏序的概念及相关性质, 并给出常用的一些偏序关系; 1.2 节给出了线性锥优化问题的基本模型, 进一步在此基础上介绍了锥对偶的形式和相关结论.

第 2 章　参数可能性分布理论

作为模糊分布鲁棒应用研究的理论基础, 本章主要介绍参数可能性分布理论 [1]. 首先定义了两类特殊的 2 型模糊变量: 区间 2 型模糊变量和参数区间值模糊变量, 并给出了 5 种常见类型的参数区间值模糊变量. 由于参数区间值模糊变量的 2 型可能性分布恒为 1, 只需考虑其第二可能性分布的变化情况. 随后通过第二可能性分布变化的上限和下限给出选择变量的定义, 选择变量的可能性分布是一个与参数 λ 有关的分布集合. 常用数字特征是研究问题时的重要指标, 接下来对常见分布的选择变量导出了期望和矩的一般结果. 由于实际应用问题中经常遇到变量线性组合的计算问题, 因此本章最后给出了参数区间值模糊变量线性组合的数字特征的计算结果. 基于本章理论结果的应用研究工作请参考文献 [2,3].

2.1　参数区间值模糊变量

首先, 介绍模糊可能性理论 [4] 中的几个基本概念. 假设 $\mathcal{P}(\Gamma)$ 是定义在论域 Γ 上幂集, $\tilde{\mathrm{P}}\mathrm{os}:\mathcal{P}(\Gamma)\mapsto\mathfrak{R}([0,1])$ 是一个模糊可能性测度, 则三元组 $(\Gamma,\mathcal{P}(\Gamma),\tilde{\mathrm{P}}\mathrm{os})$ 为一个模糊可能性空间. 称 $\xi=(\xi_1,\xi_2,\cdots,\xi_n):\Gamma\mapsto\mathbb{R}^n$ 为一个 n-维 2 型模糊变量. 特别地, 当 n=1 时, ξ 是一个 2 型模糊变量.

若 $\xi=(\xi_1,\xi_2,\cdots,\xi_n)$ 是一个 n-维 2 型模糊变量, 则 ξ 的第二可能性分布 $\tilde{\mu}_\xi(x)$ 定义为

$$\tilde{\mu}_\xi(x)=\tilde{\mathrm{P}}\mathrm{os}\{\gamma\in\Gamma|\xi(\gamma)=x\},\quad x\in\mathbb{R}^n, \tag{2.1}$$

同时, ξ 的 2 型可能性分布 $\mu_\xi(x,u)$ 定义为

$$\mu_\xi(x,u)=\mathrm{Pos}\{\tilde{\mu}_\xi(x)=u\},\quad (x,u)\in\mathbb{R}^n\times J_x, \tag{2.2}$$

其中, $J_x\subseteq[0,1]$ 是 $\tilde{\mu}_\xi(x)$ 的支撑.

区间 2 型模糊变量是一类特殊类型的 2 型模糊变量, 它的定义为:

定义 2.1 [1]　假设 2 型模糊变量 ξ 的 2 型可能性分布为 $\mu_\xi(x,u)$. 如果对于任意的 $x\in\mathbb{R}$ 和 $u\in J_x\subseteq[0,1]$, 恒有 $\mu_\xi(x,u)=1$, 则称 ξ 为一个区间 2 型模糊变量.

若区间 2 型模糊变量的第二可能性分布 $\tilde{\mu}_\xi(x)$ 是 $[0,1]$ 上的一个子区间, 则有如下的参数区间值模糊变量的概念.

定义 2.2 [1]　假设 2 型模糊变量 ξ 的第二可能性分布为 $\tilde{\mu}_\xi(x)$. 如果对于任意的 $x \in \mathbb{R}^n$, $\tilde{\mu}_\xi(x)$ 是一个定义在 $[0,1]$ 上的子区间 $[\mu_{\xi^L}(x;\theta_l), \mu_{\xi^U}(x;\theta_r)]$, 其中参数 $\theta_l, \theta_r \in [0,1]$, 则称 ξ 为一个参数区间值模糊变量.

接下来, 介绍五种常见的参数区间值模糊变量.

例 2.1　设实数 $r_1 < r_2 \leqslant r_3 < r_4$, 且参数区间值模糊变量 ξ 的第二可能性分布为 $\tilde{\mu}_\xi(x)$. 若当 $x \in [r_1, r_2]$ 时, $\tilde{\mu}_\xi(x)$ 为如下的子区间

$$\left[\frac{x-r_1}{r_2-r_1} - \theta_l \min\left\{\frac{x-r_1}{r_2-r_1}, \frac{r_2-x}{r_2-r_1}\right\}, \frac{x-r_1}{r_2-r_1} + \theta_r \min\left\{\frac{x-r_1}{r_2-r_1}, \frac{r_2-x}{r_2-r_1}\right\}\right];$$

当 $x \in [r_2, r_3]$ 时, $\tilde{\mu}_\xi(x)$ 为 $[1,1]$; 当 $x \in [r_3, r_4]$ 时, $\tilde{\mu}_\xi(x)$ 为

$$\left[\frac{r_4-x}{r_4-r_3} - \theta_l \min\left\{\frac{r_4-x}{r_4-r_3}, \frac{x-r_3}{r_4-r_3}\right\}, \frac{r_4-x}{r_4-r_3} + \theta_r \min\left\{\frac{r_4-x}{r_4-r_3}, \frac{x-r_3}{r_4-r_3}\right\}\right],$$

其中参数 $\theta_l, \theta_r \in [0,1]$ 表示的是 ξ 取值为 x 时的不确定程度, 则称 ξ 为一个参数区间值梯形模糊变量. 我们把如上分布的参数区间值梯形模糊变量记为 $[r_1, r_2, r_3, r_4; \theta_l, \theta_r]$. 若 $\theta_l = \theta_r = 0$, 则称简约的第二可能性分布为 ξ 的主可能性分布, 且与主可能性分布对应的模糊变量记为 ξ^p.

例 2.2　设实数 $r_1 < r_2 < r_3$, 且参数区间值模糊变量 ξ 的第二可能性分布为 $\tilde{\mu}_\xi(x)$. 若当 $x \in [r_1, r_2]$ 时, $\tilde{\mu}_\xi(x)$ 为如下的子区间

$$\left[\frac{x-r_1}{r_2-r_1} - \theta_l \min\left\{\frac{x-r_1}{r_2-r_1}, \frac{r_2-x}{r_2-r_1}\right\}, \frac{x-r_1}{r_2-r_1} + \theta_r \min\left\{\frac{x-r_1}{r_2-r_1}, \frac{r_2-x}{r_2-r_1}\right\}\right];$$

当 $x \in [r_2, r_3]$ 时, $\tilde{\mu}_\xi(x)$ 为

$$\left[\frac{r_3-x}{r_3-r_2} - \theta_l \min\left\{\frac{r_3-x}{r_3-r_2}, \frac{x-r_2}{r_3-r_2}\right\}, \frac{r_3-x}{r_3-r_2} + \theta_r \min\left\{\frac{r_3-x}{r_3-r_2}, \frac{x-r_2}{r_3-r_2}\right\}\right],$$

其中参数 $\theta_l, \theta_r \in [0,1]$ 表示的是 ξ 取值为 x 时的不确定程度, 则称 ξ 为一个参数区间值三角模糊变量. 我们把具有如上分布的参数区间值三角模糊变量记为 $[r_1, r_2, r_3; \theta_l, \theta_r]$. 若 $\theta_l = \theta_r = 0$, 则称简约的第二可能性分布为 ξ 的主可能性分布, 且与主可能性分布对应的模糊变量记为 ξ^p.

例 2.3　称 η 为一个参数区间值正态模糊变量, 如果对于任意的 $x \in \mathbb{R}$, 第二可能性分布 $\tilde{\mu}_\eta(x)$ 具有如下形式

$$\left[\exp\left(-\frac{(x-\mu)^2}{2\sigma^2}\right) - \theta_l \min\left\{1-\exp\left(-\frac{(x-\mu)^2}{2\sigma^2}\right), \exp\left(-\frac{(x-\mu)^2}{2\sigma^2}\right)\right\},\right.$$
$$\left.\exp\left(-\frac{(x-\mu)^2}{2\sigma^2}\right) + \theta_r \min\left\{1-\exp\left(-\frac{(x-\mu)^2}{2\sigma^2}\right), \exp\left(-\frac{(x-\mu)^2}{2\sigma^2}\right)\right\}\right],$$

其中参数 $\mu \in \mathbb{R}$ 且 $\sigma > 0$. 我们把具有如上分布的参数区间值正态模糊变量记为 $n(\mu, \sigma^2; \theta_l, \theta_r)$. 若 $\theta_l = \theta_r = 0$, 则称简约的第二可能性分布为 η 的主可能性分布, 且与主可能性分布对应的模糊变量记为 η^p.

例 2.4 称 ζ 为一个参数区间值厄兰模糊变量, 如果对于任意的 $x \geqslant 0$, 第二可能性分布 $\tilde{\mu}_\eta(x)$ 具有如下形式

$$\begin{aligned}&\left[\left(\frac{x}{\kappa\rho}\right)^{\kappa}\exp\left(\kappa-\frac{x}{\rho}\right)\right.\\&-\theta_l\min\left\{1-\left(\frac{x}{\kappa\rho}\right)^{\kappa}\exp\left(\kappa-\frac{x}{\rho}\right),\left(\frac{x}{\kappa\rho}\right)^{\kappa}\exp\left(\kappa-\frac{x}{\rho}\right)\right\},\\&\left(\frac{x}{\kappa\rho}\right)^{\kappa}\exp\left(\kappa-\frac{x}{\rho}\right)\\&\left.+\theta_r\min\left\{1-\left(\frac{x}{\kappa\rho}\right)^{\kappa}\exp\left(\kappa-\frac{x}{\rho}\right),\left(\frac{x}{\kappa\rho}\right)^{\kappa}\exp\left(\kappa-\frac{x}{\rho}\right)\right\}\right],\end{aligned}$$

其中参数 $\rho > 0$ 且 $\kappa \in \mathbb{N}^+$. 我们把具有如上分布的参数区间值厄兰模糊变量记为 $\mathrm{Er}(\rho, \kappa; \theta_l, \theta_r)$. 若 $\theta_l = \theta_r = 0$, 则称简约的第二可能性分布为 ζ 的主可能性分布, 且与主可能性分布对应的模糊变量记为 ζ^p.

例 2.5 称 ζ 为一个参数区间值指数模糊变量, 如果对于任意的 $x \geqslant 0$, 第二可能性分布 $\tilde{\mu}_\eta(x)$ 是 $[0,1]$ 上的一个子区间, 具有如下形式

$$\begin{aligned}&\left[\frac{x}{\rho}\exp\left(1-\frac{x}{\rho}\right)-\theta_l\min\left\{1-\frac{x}{\rho}\exp\left(1-\frac{x}{\rho}\right),\frac{x}{\rho}\exp\left(1-\frac{x}{\rho}\right)\right\},\right.\\&\left.\frac{x}{\rho}\exp\left(1-\frac{x}{\rho}\right)+\theta_r\min\left\{1-\frac{x}{\rho}\exp\left(1-\frac{x}{\rho}\right),\frac{x}{\rho}\exp\left(1-\frac{x}{\rho}\right)\right\}\right],\end{aligned}$$

其中参数 $\rho > 0$. 我们把具有如上分布的参数区间值指数模糊变量记为 $\exp(\rho; \theta_l, \theta_r)$. 若 $\theta_l = \theta_r = 0$, 则称简约的第二可能性分布为 ζ 的主可能性分布, 且与主可能性分布对应的模糊变量记为 ζ^p.

2.2 选择变量及其参数可能性分布

2.2.1 选择变量的定义

定义 2.3 [1] 假设 ξ 是一个参数区间值模糊变量, 其第二可能性分布函数 $\tilde{\mu}_\xi(x) = [\mu_{\xi^L}(x;\theta_l), \mu_{\xi^U}(x;\theta_r)]$. 对于任意的 $\lambda \in [0,1]$, 称与最低参数可能性分布 $\mu_{\xi^L}(x;\theta_l)$ 对应的模糊变量 ξ^L 为 ξ 的下选择变量; 称与最高参数可能性分布 $\mu_{\xi^U}(x;\theta_r)$ 对应的模糊变量 ξ^U 为 ξ 的上选择变量.

定义 2.4 [1] 假设 ξ 是一个参数区间值模糊变量, 其第二可能性分布函数 $\tilde{\mu}_\xi(x) = [\mu_{\xi^L}(x;\theta_l), \mu_{\xi^U}(x;\theta_r)]$. 对于任意的 $\lambda \in [0,1]$, 若模糊变量 ξ^λ 具有如下的参数可能性分布

$$\mu_{\xi^\lambda}(x;\theta) = (1-\lambda)\mu_{\xi^L}(x;\theta_l) + \lambda\mu_{\xi^U}(x;\theta_r), \tag{2.3}$$

其中 $\theta = (\theta_l, \theta_r)$, 则称模糊变量 ξ^λ 为 ξ 的 λ 选择变量.

2.2.2 常见选择变量的参数可能性分布

本节主要讨论常见参数区间值模糊变量的选择变量的参数可能性分布. 首先, 讨论参数区间值梯形和三角模糊变量的选择变量的参数分布.

定理 2.1 [1] 假设 $\xi = [r_1, r_2, r_3, r_4; \theta_l, \theta_r]$ 是参数区间值梯形模糊变量, ξ^λ 是 ξ 的 λ 选择变量, 记 $\theta = (\theta_l, \theta_r)$, 则选择变量 ξ^λ 参数可能性分布为

$$\begin{aligned}
&\mu_{\xi^\lambda}(x;\theta)\\
&= \begin{cases}
\dfrac{[1+\lambda\theta_r - (1-\lambda)\theta_l](x-r_1)}{r_2-r_1}, & r_1 \leqslant x \leqslant \dfrac{r_1+r_2}{2},\\[2mm]
\dfrac{[1-\lambda\theta_r + (1-\lambda)\theta_l]x + [\lambda\theta_r - (1-\lambda)\theta_l]r_2 - r_1}{r_2-r_1}, & \dfrac{r_1+r_2}{2} < x \leqslant r_2,\\[2mm]
1, & r_2 < x \leqslant r_3,\\[2mm]
\dfrac{[\lambda\theta_r - (1-\lambda)\theta_l - 1]x + [(1-\lambda)\theta_l - \lambda\theta_r]r_3 + r_4}{r_4-r_3}, & r_3 < x \leqslant \dfrac{r_3+r_4}{2},\\[2mm]
\dfrac{[1+\lambda\theta_r - (1-\lambda)\theta_l](r_4-x)}{r_4-r_3}, & \dfrac{r_3+r_4}{2} < x \leqslant r_4.
\end{cases}
\end{aligned} \tag{2.4}$$

证明 根据参数区间值梯形模糊变量的定义, 当 $x \in [r_1, r_2]$ 时, ξ 的第二可能性分布 $\tilde{\mu}_\xi(x)$ 是 $[0,1]$ 上的子区间

$$\left[\frac{x-r_1}{r_2-r_1} - \theta_l \min\left\{\frac{x-r_1}{r_2-r_1}, \frac{r_2-x}{r_2-r_1}\right\}, \frac{x-r_1}{r_2-r_1} + \theta_r \min\left\{\frac{x-r_1}{r_2-r_1}, \frac{r_2-x}{r_2-r_1}\right\}\right];$$

当 $x \in [r_2, r_3]$ 时, $\tilde{\mu}_\xi(x)$ 是区间 $[1,1]$; 当 $x \in [r_3, r_4]$ 时, ξ 的第二可能性分布 $\tilde{\mu}_\xi(x)$ 是 $[0,1]$ 上的子区间

$$\left[\frac{r_4-x}{r_4-r_3} - \theta_l \min\left\{\frac{r_4-x}{r_4-r_3}, \frac{x-r_3}{r_4-r_3}\right\}, \frac{r_4-x}{r_4-r_3} + \theta_r \min\left\{\frac{r_4-x}{r_4-r_3}, \frac{x-r_3}{r_4-r_3}\right\}\right].$$

由于 ξ^L 和 ξ^U 分别是 ξ 的下选择和上选择变量, 根据定义 2.3, 有

$$\mu_{\xi^L}(x;\theta_l)=\begin{cases}\dfrac{(1-\theta_l)(x-r_1)}{r_2-r_1}, & r_1\leqslant x\leqslant \dfrac{r_1+r_2}{2},\\ \dfrac{(1+\theta_l)x-\theta_l r_2-r_1}{r_2-r_1}, & \dfrac{r_1+r_2}{2}<x\leqslant r_2,\\ 1, & r_2<x\leqslant r_3,\\ \dfrac{(-\theta_l-1)x+\theta_l r_3+r_4}{r_4-r_3}, & r_3<x\leqslant \dfrac{r_3+r_4}{2},\\ \dfrac{(1-\theta_l)(r_4-x)}{r_4-r_3}, & \dfrac{r_3+r_4}{2}<x\leqslant r_4\end{cases}$$

和

$$\mu_{\xi^U}(x;\theta_r)=\begin{cases}\dfrac{(1+\theta_r)(x-r_1)}{r_2-r_1}, & r_1\leqslant x\leqslant \dfrac{r_1+r_2}{2},\\ \dfrac{(1-\theta_r)x+\theta_r r_2-r_1}{r_2-r_1}, & \dfrac{r_1+r_2}{2}<x\leqslant r_2,\\ 1, & r_2<x\leqslant r_3,\\ \dfrac{(\theta_r-1)x-\theta_r r_3+r_4}{r_4-r_3}, & r_3<x\leqslant \dfrac{r_3+r_4}{2},\\ \dfrac{(1+\theta_r)(r_4-x)}{r_4-r_3}, & \dfrac{r_3+r_4}{2}<x\leqslant r_4.\end{cases}$$

又根据 λ 选择的定义 2.4, 可得

$$\begin{aligned}&\mu_{\xi^\lambda}(x;\theta)\\ =&\begin{cases}\dfrac{[1+\lambda\theta_r-(1-\lambda)\theta_l](x-r_1)}{r_2-r_1}, & r_1\leqslant x\leqslant \dfrac{r_1+r_2}{2},\\ \dfrac{[1-\lambda\theta_r+(1-\lambda)\theta_l]x+[\lambda\theta_r-(1-\lambda)\theta_l]r_2-r_1}{r_2-r_1}, & \dfrac{r_1+r_2}{2}<x\leqslant r_2,\\ 1, & r_2<x\leqslant r_3,\\ \dfrac{[\lambda\theta_r-(1-\lambda)\theta_l-1]x+[(1-\lambda)\theta_l-\lambda\theta_r]r_3+r_4}{r_4-r_3}, & r_3<x\leqslant \dfrac{r_3+r_4}{2},\\ \dfrac{[1+\lambda\theta_r-(1-\lambda)\theta_l](r_4-x)}{r_4-r_3}, & \dfrac{r_3+r_4}{2}<x\leqslant r_4.\end{cases}\end{aligned}$$

定理 2.1 得证. □

参数区间值梯形模糊变量 ξ 的第二可能性分布和三种选择变量的可能性分布函数图像分别见图 2.1 和图 2.2.

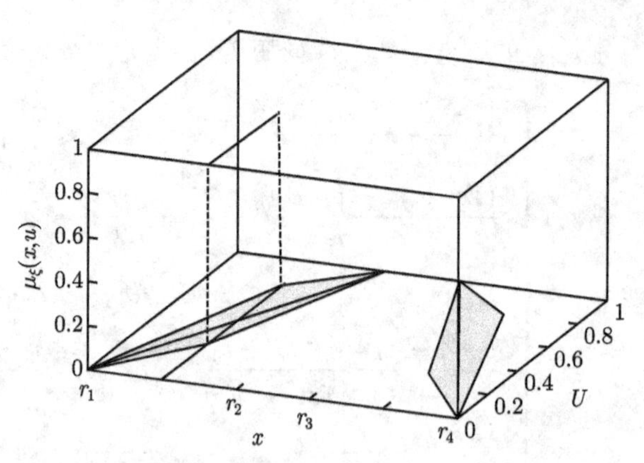

图 2.1　参数区间值梯形模糊变量 ξ 的第二可能性分布

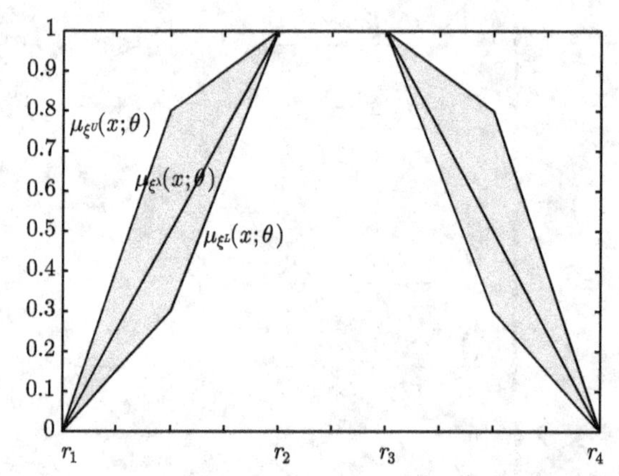

图 2.2　参数区间值梯形模糊变量 ξ 的选择变量 ξ^U, ξ^L 和 ξ^λ 的参数可能性分布

推论 2.1 [1]　假设 $\xi = [r_1, r_2, r_3; \theta_l, \theta_r]$ 是参数区间值三角模糊变量, ξ^λ 是 ξ 的 λ 选择变量, 记 $\theta = (\theta_l, \theta_r)$, 则选择变量 ξ^λ 的参数可能性分布为

$$\mu_{\xi^\lambda}(x;\theta) = \begin{cases} \dfrac{[1+\lambda\theta_r-(1-\lambda)\theta_l](x-r_1)}{r_2-r_1}, & r_1 \leqslant x \leqslant \dfrac{r_1+r_2}{2}, \\ \dfrac{[1-\lambda\theta_r+(1-\lambda)\theta_l]x+[\lambda\theta_r-(1-\lambda)\theta_l]r_2-r_1}{r_2-r_1}, & \dfrac{r_1+r_2}{2} < x \leqslant r_2, \\ \dfrac{[\lambda\theta_r-(1-\lambda)\theta_l-1]x+[(1-\lambda)\theta_l-\lambda\theta_r]r_2+r_3}{r_3-r_2}, & r_2 < x \leqslant \dfrac{r_2+r_3}{2}, \\ \dfrac{[1+\lambda\theta_r-(1-\lambda)\theta_l](r_3-x)}{r_3-r_2}, & \dfrac{r_2+r_3}{2} < x \leqslant r_3. \end{cases} \tag{2.5}$$

证明 证明过程同定理 2.1. □

其次, 讨论参数区间值正态模糊变量的选择变量的参数可能性分布.

定理 2.2 [1] 假设 $\eta = n(\mu, \sigma^2; \theta_l, \theta_r)$ 是参数区间值正态模糊变量, η^λ 是 η 的 λ 选择变量, 记 $\theta = (\theta_l, \theta_r)$, 则选择变量 η^λ 的参数可能性分布为

$$\mu_{\eta^\lambda}(x;\theta) = \begin{cases} [1+\lambda\theta_r-(1-\lambda)\theta_l]\exp\left(-\dfrac{(x-\mu)^2}{2\sigma^2}\right), \\ \qquad x \leqslant \mu-\sigma\sqrt{2\ln 2} \text{ 或 } x \geqslant \mu+\sigma\sqrt{2\ln 2}, \\ [1-\lambda\theta_r+(1-\lambda)\theta_l]\exp\left(-\dfrac{(x-\mu)^2}{2\sigma^2}\right)+[\lambda\theta_r-(1-\lambda)\theta_l], \\ \qquad \mu-\sigma\sqrt{2\ln 2} < x < \mu+\sigma\sqrt{2\ln 2}. \end{cases} \tag{2.6}$$

证明 证明过程同定理 2.1. □

最后, 讨论参数区间值厄兰模糊变量和指数模糊变量的选择变量的参数可能性分布.

定理 2.3 [1] 假设 $\zeta = \mathrm{Er}(\rho, \kappa; \theta_l, \theta_r)$ 是参数区间值厄兰模糊变量, ζ^λ 是 ζ 的 λ 选择变量, 记 $\theta = (\theta_l, \theta_r)$, 则选择变量 ζ^λ 的参数可能性分布为

$$\mu_{\zeta^\lambda}(x;\theta) = \begin{cases} [1+\lambda\theta_r-(1-\lambda)\theta_l]\left(\dfrac{x}{\kappa\rho}\right)^\kappa \exp\left(\kappa-\dfrac{x}{\rho}\right), \\ \qquad \left(\dfrac{x}{\kappa\rho}\right)^\kappa \exp\left(\kappa-\dfrac{x}{\rho}\right) \leqslant \dfrac{1}{2}, \\ [1-\lambda\theta_r+(1-\lambda)\theta_l]\left(\dfrac{x}{\kappa\rho}\right)^\kappa \exp\left(\kappa-\dfrac{x}{\rho}\right)+[\lambda\theta_r-(1-\lambda)\theta_l], \\ \qquad \left(\dfrac{x}{\kappa\rho}\right)^\kappa \exp\left(\kappa-\dfrac{x}{\rho}\right) > \dfrac{1}{2}. \end{cases} \tag{2.7}$$

证明 证明过程同定理 2.1. □

推论 2.2 [1] 假设 $\zeta = \exp(\rho; \theta_l, \theta_r)$ 是参数区间值指数模糊变量, ζ^λ 是 ζ 的 λ 选择变量, 记 $\theta = (\theta_l, \theta_r)$, 则选择变量 ζ^λ 的参数可能性分布为

$$\mu_{\zeta^\lambda}(x;\theta) = \begin{cases} [1+\lambda\theta_r-(1-\lambda)\theta_l]\left(\dfrac{x}{\rho}\right) \exp\left(1-\dfrac{x}{\rho}\right), \\ \qquad \left(\dfrac{x}{\rho}\right) \exp\left(1-\dfrac{x}{\rho}\right) \leqslant \dfrac{1}{2}, \\ [1-\lambda\theta_r+(1-\lambda)\theta_l]\left(\dfrac{x}{\rho}\right) \exp\left(1-\dfrac{x}{\rho}\right)+[\lambda\theta_r-(1-\lambda)\theta_l], \\ \qquad \left(\dfrac{x}{\rho}\right) \exp\left(1-\dfrac{x}{\rho}\right) > \dfrac{1}{2}. \end{cases} \tag{2.8}$$

证明　证明过程同定理 2.1. □

2.3　选择变量的数字特征

本节将给出常见类型参数区间值模糊变量的选择变量的期望值和矩的计算结果.

2.3.1　选择变量的期望

假设选择变量 ξ^λ 的参数可能性分布为 $\mu_{\xi^\lambda}(x;\theta)$. 对于任意的 $x \in \mathbb{R}$, 根据 [5], 模糊事件 $\{\xi^\lambda \geqslant x\}$ 的可信性计算方法为

$$\mathrm{Cr}\{\xi^\lambda \geqslant x\} = \frac{1}{2}\left(1 + \sup_{t \geqslant x}\mu_{\xi^\lambda}(t;\theta) - \sup_{t<x}\mu_{\xi^\lambda}(t;\theta)\right), \tag{2.9}$$

选择变量 ξ^λ 的期望值计算方法为

$$\mathrm{E}[\xi^\lambda] = \int_0^{+\infty}\mathrm{Cr}\{\xi^\lambda \geqslant x\}\mathrm{d}x - \int_{-\infty}^0 \mathrm{Cr}\{\xi^\lambda \leqslant x\}\mathrm{d}x, \tag{2.10}$$

假设右端的积分中至少有一个是有限的.

首先, 计算参数区间值梯形模糊变量的选择变量的期望值.

定理 2.4 [1]　*假设 ξ 是参数区间值梯形模糊变量 $[r_1, r_2, r_3, r_4; \theta_l, \theta_r]$, 且 ξ^λ 是 ξ 的 λ 选择变量. 则选择变量 ξ^λ 的期望值为*

$$\mathrm{E}[\xi^\lambda] = \frac{r_1+r_2+r_3+r_4}{4} + \frac{[\lambda\theta_r - (1-\lambda)\theta_l](r_1-r_2-r_3+r_4)}{8}.$$

证明　由定理 2.1, 可知选择变量 ξ^λ 的参数可能性分布为

$$\mu_{\xi^\lambda}(x;\theta) = \begin{cases} \dfrac{[1+\lambda\theta_r-(1-\lambda)\theta_l](x-r_1)}{r_2-r_1}, & r_1 \leqslant x \leqslant \dfrac{r_1+r_2}{2}, \\ \dfrac{[1-\lambda\theta_r+(1-\lambda)\theta_l]x+[\lambda\theta_r-(1-\lambda)\theta_l]r_2-r_1}{r_2-r_1}, & \dfrac{r_1+r_2}{2} < x \leqslant r_2, \\ 1, & r_2 < x \leqslant r_3, \\ \dfrac{[\lambda\theta_r-(1-\lambda)\theta_l-1]x+[(1-\lambda)\theta_l-\lambda\theta_r]r_3+r_4}{r_4-r_3}, & r_3 < x \leqslant \dfrac{r_3+r_4}{2}, \\ \dfrac{[1+\lambda\theta_r-(1-\lambda)\theta_l](r_4-x)}{r_4-r_3}, & \dfrac{r_3+r_4}{2} < x \leqslant r_4, \end{cases}$$

其中 $\theta = (\theta_l, \theta_r)$.

通过计算可知 ξ^λ 的可信性分布函数为如下形式

$$
\mathrm{Cr}\{\xi^\lambda \geqslant x\}
= \begin{cases}
1, & x \leqslant r_1, \\
\dfrac{2r_2 + [\lambda\theta_r - (1-\lambda)\theta_l - 1]r_1 - [1 + \lambda\theta_r - (1-\lambda)\theta_l]x}{2(r_2 - r_1)}, & r_1 < x \leqslant \dfrac{r_1 + r_2}{2}, \\
\dfrac{[2 - \lambda\theta_r + (1-\lambda)\theta_l]r_2 - [1 - \lambda\theta_r + (1-\lambda)\theta_l]x - r_1}{2(r_2 - r_1)}, & \dfrac{r_1 + r_2}{2} < x \leqslant r_2, \\
\dfrac{1}{2}, & r_2 < x \leqslant r_3, \\
\dfrac{[\lambda\theta_r - (1-\lambda)\theta_l - 1]x - [\lambda\theta_r - (1-\lambda)\theta_l]r_3 + r_4}{2(r_4 - r_3)}, & r_3 < x \leqslant \dfrac{r_3 + r_4}{2}, \\
\dfrac{[1 + \lambda\theta_r - (1-\lambda)\theta_l](r_4 - x)}{2(r_4 - r_3)}, & \dfrac{r_3 + r_4}{2} < x \leqslant r_4, \\
0, & x > r_4.
\end{cases}
$$

根据期望值的定义, 可得

$$
\mathrm{E}[\xi^\lambda] = \frac{r_1 + r_2 + r_3 + r_4}{4} + \frac{[\lambda\theta_r - (1-\lambda)\theta_l](r_1 - r_2 - r_3 + r_4)}{8}. \qquad \square
$$

推论 2.3 [1] 假设 $\xi = [r_1, r_2, r_3; \theta_l, \theta_r]$ 是参数区间值三角模糊变量, ξ^λ 是 ξ 的 λ 选择变量, 则选择变量 ξ^λ 的数学期望为

$$
\mathrm{E}[\xi^\lambda] = \frac{r_1 + 2r_2 + r_3}{4} + \frac{[\lambda\theta_r - (1-\lambda)\theta_l](r_1 - 2r_2 + r_3)}{8}.
$$

证明 证明过程同定理 2.4. □

其次, 讨论参数区间值正态模糊变量的选择变量的期望值计算问题.

定理 2.5 [1] 假设 $\eta = n(\mu, \sigma^2; \theta_l, \theta_r)$ 是参数区间值正态模糊变量, η^λ 是 η 的 λ 选择变量, 则选择变量 η^λ 的数学期望为 $E[\eta^\lambda] = \mu$.

证明 由定理 2.2, 可知选择变量 η^λ 的参数可能性分布为

$$
\mu_{\eta^\lambda}(x;\theta)
= \begin{cases}
[1 + \lambda\theta_r - (1-\lambda)\theta_l] \exp\left(-\dfrac{(x-\mu)^2}{2\sigma^2}\right), \\
\qquad\qquad x \leqslant \mu - \sigma\sqrt{2\ln 2} \text{ 或 } x \geqslant \mu + \sigma\sqrt{2\ln 2}, \\
[1 - \lambda\theta_r + (1-\lambda)\theta_l] \exp\left(-\dfrac{(x-\mu)^2}{2\sigma^2}\right) + [\lambda\theta_r - (1-\lambda)\theta_l], \\
\qquad\qquad \mu - \sigma\sqrt{2\ln 2} < x < \mu + \sigma\sqrt{2\ln 2},
\end{cases}
$$

其中 $\theta=(\theta_l,\theta_r)$.

通过计算可知 η^λ 的可信性分布函数为如下形式

$$\mathrm{Cr}\{\eta^\lambda\geqslant x\}=\begin{cases}\dfrac{2-[1+\lambda\theta_r-(1-\lambda)\theta_l]\exp\left(-\dfrac{(x-\mu)^2}{2\sigma^2}\right)}{2}, & x\leqslant\mu-\sigma\sqrt{2\ln 2},\\ \dfrac{[2-\lambda\theta_r+(1-\lambda)\theta_l]-[1-\lambda\theta_r+(1-\lambda)\theta_l]\exp\left(-\dfrac{(x-\mu)^2}{2\sigma^2}\right)}{2}, & \mu-\sigma\sqrt{2\ln 2}<x\leqslant\mu,\\ \dfrac{[1-\lambda\theta_r+(1-\lambda)\theta_l]\exp\left(-\dfrac{(x-\mu)^2}{2\sigma^2}\right)+[\lambda\theta_r-(1-\lambda)\theta_l]}{2}, & \mu<x\leqslant\mu+\sigma\sqrt{2\ln 2},\\ \dfrac{[1+\lambda\theta_r-(1-\lambda)\theta_l]\exp\left(-\dfrac{(x-\mu)^2}{2\sigma^2}\right)}{2}, & \mu+\sigma\sqrt{2\ln 2}<x.\end{cases}$$

则正态选择变量的期望值计算公式为

$$\mathrm{E}[\eta^\lambda]=\int_0^{+\infty}\mathrm{Cr}\{\eta^\lambda\geqslant x\}\mathrm{d}x-\int_{-\infty}^0\mathrm{Cr}\{\eta^\lambda\leqslant x\}\mathrm{d}x=\mu.$$

结论得证. □

最后, 介绍服从厄兰分布和指数分布参数区间值模糊变量的选择变量的期望值的计算.

定理 2.6 [1]　假设 ζ 为参数区间值厄兰模糊变量 $\mathrm{Er}(\rho,\kappa;\theta_l,\theta_r)$, 且 ζ^λ 为 ζ 的 λ 选择变量, 则选择变量 ζ^λ 的期望值为

$$\begin{aligned}\mathrm{E}[\zeta^\lambda]=&\kappa\rho+\rho\sum_{i=0}^{\kappa}\frac{\kappa!}{(\kappa-i)!}\kappa^{-i}+[\lambda\theta_r-(1-\lambda)\theta_l]\left[\left(\frac{x_1+x_2}{2}-\kappa\rho\right)\right]\\&+\frac{[\lambda\theta_r-(1-\lambda)\theta_l]}{(\kappa)^\kappa(\rho)^{\kappa-1}}\left[\exp\left(\kappa-\frac{x_1}{\rho}\right)\sum_{i=1}^{\kappa}\frac{\kappa!}{(\kappa-i)!}\rho^i x_1^{\kappa-i}\right.\\&\left.+\exp\left(\kappa-\frac{x_2}{\rho}\right)\sum_{i=1}^{\kappa}\frac{\kappa!}{(\kappa-i)!}\rho^i x_2^{\kappa-i}-\rho^\kappa\sum_{i=0}^{\kappa}\frac{\kappa!}{(\kappa-i)!}\kappa^{-i}\right],\end{aligned}$$

其中 $\rho>0,\ \kappa\in\mathbb{N}^+,\ x_1,x_2\in\mathbb{R}^+$, 且 x_1 和 x_2 是方程 $\left(\dfrac{x}{\kappa\rho}\right)^{\kappa}\exp\left(\kappa-\dfrac{x}{\rho}\right)=\dfrac{1}{2}$ 的根.

证明 由定理 2.3, 可知 λ 选择变量 ζ^λ 具有如下形式的参数可能性分布

$$\mu_{\zeta^\lambda}(x;\theta)=\begin{cases}[1+\lambda\theta_r-(1-\lambda)\theta_l]\left(\dfrac{x}{\kappa\rho}\right)^{\kappa}\exp\left(\kappa-\dfrac{x}{\rho}\right), \\ \qquad\qquad\left(\dfrac{x}{\kappa\rho}\right)^{\kappa}\exp\left(\kappa-\dfrac{x}{\rho}\right)\leqslant\dfrac{1}{2}, \\ [1-\lambda\theta_r+(1-\lambda)\theta_l]\left(\dfrac{x}{\kappa\rho}\right)^{\kappa}\exp\left(\kappa-\dfrac{x}{\rho}\right)+[\lambda\theta_r-(1-\lambda)\theta_l], \\ \qquad\qquad\left(\dfrac{x}{\kappa\rho}\right)^{\kappa}\exp\left(\kappa-\dfrac{x}{\rho}\right)>\dfrac{1}{2},\end{cases}$$

其中 $\theta=(\theta_l,\theta_r)$.

通过计算可得 ζ^λ 的可信性分布函数为

$$\begin{aligned}&\mathrm{Cr}\{\zeta^\lambda\geqslant x\}\\ &=\begin{cases}1-\dfrac{1}{2}[1+\lambda\theta_r-(1-\lambda)\theta_l]\left(\dfrac{x}{\kappa\rho}\right)^{\kappa}\exp\left(\kappa-\dfrac{x}{\rho}\right), & 0\leqslant x\leqslant x_1,\\ 1-\dfrac{1}{2}[1-\lambda\theta_r+(1-\lambda)\theta_l]\left(\dfrac{x}{\kappa\rho}\right)^{\kappa}\exp\left(\kappa-\dfrac{x}{\rho}\right)-\dfrac{\lambda\theta_r-(1-\lambda)\theta_l}{2}, \\ \qquad\qquad x_1<x\leqslant\kappa\rho,\\ \dfrac{1}{2}[1+\lambda\theta_r-(1-\lambda)\theta_l]\left(\dfrac{x}{\kappa\rho}\right)^{\kappa}\exp\left(\kappa-\dfrac{x}{\rho}\right)+\dfrac{\lambda\theta_r-(1-\lambda)\theta_l}{2}, \\ \qquad\qquad \kappa\rho<x\leqslant x_2,\\ \dfrac{1}{2}[1+\lambda\theta_r-(1-\lambda)\theta_l]\left(\dfrac{x}{\kappa\rho}\right)^{\kappa}\exp\left(\kappa-\dfrac{x}{\rho}\right), & x>x_2,\end{cases}\end{aligned}$$

其中 $x_1,x_2\in\mathbb{R}^+$, 且 x_1 和 x_2 是方程 $\left(\dfrac{x}{\rho}\right)^{\kappa}\exp\left(\kappa-\dfrac{x}{\rho}\right)=\dfrac{1}{2}$ 的根.

由于 λ 选择变量 ζ^λ 是非负的, 则有如下结果

$$\begin{aligned}\mathrm{E}[\zeta^\lambda]&=\int_0^{+\infty}\mathrm{Cr}\{\zeta^\lambda\geqslant x\}\mathrm{d}x\\ &=\kappa\rho+\rho\sum_{i=0}^{\kappa}\frac{\kappa!}{(\kappa-i)!}\kappa^{-i}+[\lambda\theta_r-(1-\lambda)\theta_l]\left(\frac{x_1+x_2}{2}-\kappa\rho\right)\\ &\quad+\frac{[\lambda\theta_r-(1-\lambda)\theta_l]}{(\kappa)^{\kappa}(\rho)^{\kappa-1}}\left[\exp\left(\kappa-\frac{x_1}{\rho}\right)\sum_{i=1}^{\kappa}\frac{\kappa!}{(\kappa-i)!}\rho^i x_1^{\kappa-i}\right.\end{aligned}$$

$$+\exp\left(\kappa-\frac{x_2}{\rho}\right)\sum_{i=1}^{\kappa}\frac{\kappa!}{(\kappa-i)!}\rho^i x_2^{\kappa-i}-\rho^\kappa\sum_{i=0}^{\kappa}\frac{\kappa!}{(\kappa-i)!}\kappa^{-i}\Bigg]. \qquad \square$$

推论 2.4 [1] 假设 $\zeta=\exp(\rho;\theta_l,\theta_r)$ 是参数区间值指数模糊变量, ζ^λ 是 ζ 的 λ 选择变量, 记 $\theta=(\theta_l,\theta_r)$, 则选择变量 ζ^λ 的数学期望为

$$\mathrm{E}[\zeta^\lambda]=3\rho+[\lambda\theta_r-(1-\lambda)\theta_l]\left[\frac{x_1+x_2}{2}-3\rho+(\rho+x_1)\exp\left(1-\frac{x_1}{\rho}\right)\right.$$
$$\left.+(\rho+x_2)\exp\left(1-\frac{x_2}{\rho}\right)\right],$$

其中 $\rho>0$, $x_1,x_2\in\mathbb{R}^+$, 且 x_1 和 x_2 是方程 $\dfrac{x}{\rho}\exp\left(1-\dfrac{x}{\rho}\right)=\dfrac{1}{2}$ 的根.

证明 证明过程同定理 2.6. $\square$

2.3.2 选择变量的矩

假设 ξ^λ 是参数区间值模糊变量的 λ 选择变量, 其参数可能性分布为 $\mu_{\xi^\lambda}(x;\theta)$. 基于 L-S 积分, 定义 ξ^λ 的 n 阶矩为

$$\mathrm{M}_n[\xi^\lambda]=\int_{(-\infty,+\infty)}(x-\mathrm{E}[\xi^\lambda])^n\mathrm{d}\left(\mathrm{Cr}\{\xi^\lambda\leqslant x\}\right), \tag{2.11}$$

其中 $\mathrm{Cr}\{\xi^\lambda\leqslant x\}$ 是 ξ^λ 的可信性分布函数 [5].

首先, 讨论参数区间值梯形和三角模糊变量选择变量的矩的计算问题.

定理 2.7 [1] 假设 ξ 是参数区间值梯形模糊变量 $[r_1,r_2,r_3,r_4;\theta_l,\theta_r]$, 且 ξ^λ 是 ξ 的 λ 选择变量, 则选择变量 ξ^λ 的 n 阶矩为

$$\begin{aligned}
&\mathrm{M}_n[\xi^\lambda]\\
=&\frac{1+\lambda\theta_r-(1-\lambda)\theta_l}{2^{3n+2}(n+1)}\left\{\sum_{i=1}^{n+1}\left[2r_1+2r_2-2r_3-2r_4-[\lambda\theta_r-(1-\lambda)\theta_l](r_1-r_2\right.\right.\\
&\left.-r_3+r_4)\right]^{n+1-i}\left[6r_1-2r_2-2r_3-2r_4-[\lambda\theta_r-(1-\lambda)\theta_l](r_1-r_2-r_3+r_4)\right]^{i-1}\\
&+\sum_{i=1}^{n+1}\left[6r_4-2r_1-2r_2-2r_3-[\lambda\theta_r-(1-\lambda)\theta_l](r_1-r_2-r_3+r_4)\right]^{n+1-i}\\
&\left.\times\left[2r_3+2r_4-2r_1-2r_2-[\lambda\theta_r-(1-\lambda)\theta_l](r_1-r_2-r_3+r_4)\right]^{i-1}\right\}\\
&+\frac{1-\lambda\theta_r+(1-\lambda)\theta_l}{2^{3n+2}(n+1)}\left\{\sum_{i=1}^{n+1}\left[6r_2-2r_1-2r_3-2r_4-[\lambda\theta_r-(1-\lambda)\theta_l](r_1-r_2\right.\right.
\end{aligned}$$

$$-r_3+r_4)\big]^{n+1-i}\big[2r_1+2r_2-2r_3-2r_4-[\lambda\theta_r-(1-\lambda)\theta_l](r_1-r_2-r_3+r_4)\big]^{i-1}$$

$$+\sum_{i=1}^{n+1}\big[2r_3+2r_4-2r_1-2r_2-[\lambda\theta_r-(1-\lambda)\theta_l](r_1-r_2-r_3+r_4)\big]^{n+1-i}$$

$$\times\big[6r_3-2r_1-2r_2-2r_4-[\lambda\theta_r-(1-\lambda)\theta_l](r_1-r_2-r_3+r_4)\big]^{i-1}\Big\}.$$

证明 由定理2.1, 可知选择变量ξ^λ的参数可能性分布为如下的逐段线性函数

$$\mu_{\xi^\lambda}(x;\theta)$$

$$=\begin{cases}\dfrac{[1+\lambda\theta_r-(1-\lambda)\theta_l](x-r_1)}{r_2-r_1}, & r_1\leqslant x\leqslant\dfrac{r_1+r_2}{2},\\ \dfrac{[1-\lambda\theta_r+(1-\lambda)\theta_l]x+[\lambda\theta_r-(1-\lambda)\theta_l]r_2-r_1}{r_2-r_1}, & \dfrac{r_1+r_2}{2}<x\leqslant r_2,\\ 1, & r_2<x\leqslant r_3,\\ \dfrac{[\lambda\theta_r-(1-\lambda)\theta_l-1]x+[(1-\lambda)\theta_l-\lambda\theta_r]r_3+r_4}{r_4-r_3}, & r_3<x\leqslant\dfrac{r_3+r_4}{2},\\ \dfrac{[1+\lambda\theta_r-(1-\lambda)\theta_l](r_4-x)}{r_4-r_3}, & \dfrac{r_3+r_4}{2}<x\leqslant r_4,\end{cases}$$

其中 $\theta=(\theta_l,\theta_r)$.

通过计算可知 ξ^λ 的可信性分布函数为如下形式

$$\mathrm{Cr}\{\xi^\lambda\leqslant x\}$$

$$=\begin{cases}0, & x\leqslant r_1,\\ \dfrac{[1+\lambda\theta_r-(1-\lambda)\theta_l](x-r_1)}{2(r_2-r_1)}, & r_1<x\leqslant\dfrac{r_1+r_2}{2},\\ \dfrac{[1-\lambda\theta_r+(1-\lambda)\theta_l]x+[\lambda\theta_r+(1-\lambda)\theta_l]r_2-r_1}{2(r_2-r_1)}, & \dfrac{r_1+r_2}{2}<x\leqslant r_2,\\ \dfrac{1}{2}, & r_2<x\leqslant r_3,\\ \dfrac{[1-\lambda\theta_r+(1-\lambda)\theta_l]x+[\lambda\theta_r-(1-\lambda)\theta_l-2]r_3+r_4}{2(r_4-r_3)}, & r_3<x\leqslant\dfrac{r_3+r_4}{2},\\ \dfrac{[1-\lambda\theta_r+(1-\lambda)\theta_l]r_4+[1+\lambda\theta_r-(1-\lambda)\theta_l]x-2r_3}{2(r_4-r_3)}, & \dfrac{r_3+r_4}{2}<x\leqslant r_4,\\ 1, & x>r_4.\end{cases}$$

若记 ξ^λ 的期望值为 m, 则可得 ξ^λ 的 n 阶矩为

$$
\begin{aligned}
&\mathrm{M}_n[\xi^\lambda]\\
=&\int_{(-\infty,+\infty)}(x-m)^n\mathrm{d}\left(\mathrm{Cr}\{\xi^\lambda\leqslant x\}\right)\\
=&\int_{\left(r_1,\frac{r_1+r_2}{2}\right)}(x-m)^n\mathrm{d}\left(\frac{[1+\lambda\theta_r-(1-\lambda)\theta_l](x-r_1)}{2(r_2-r_1)}\right)\\
&+\int_{\left(\frac{r_1+r_2}{2},r_2\right)}(x-m)^n\mathrm{d}\left(\frac{[1-\lambda\theta_r+(1-\lambda)\theta_l]x+[\lambda\theta_r-(1-\lambda)\theta_l]r_2-r_1}{2(r_2-r_1)}\right)\\
&+\int_{\left(r_3,\frac{r_3+r_4}{2}\right)}(x-m)^n\mathrm{d}\left(\frac{[1-\lambda\theta_r+(1-\lambda)\theta_l]x+[\lambda\theta_r-(1-\lambda)\theta_l-2]r_3+r_4}{2(r_4-r_3)}\right)\\
&+\int_{\left(\frac{r_3+r_4}{2},r_4\right)}(x-m)^n\mathrm{d}\left(\frac{[1-\lambda\theta_r+(1-\lambda)\theta_l]r_4+[1+\lambda\theta_r-(1-\lambda)\theta_l]x-2r_3}{2(r_4-r_3)}\right)\\
=&\frac{1+\lambda\theta_r-(1-\lambda)\theta_l}{2^{3n+2}(n+1)}\left\{\sum_{i=1}^{n+1}[2r_1+2r_2-2r_3-2r_4-[\lambda\theta_r-(1-\lambda)\theta_l](r_1-r_2\right.\\
&-r_3+r_4)]^{n+1-i}[6r_1-2r_2-2r_3-2r_4-[\lambda\theta_r-(1-\lambda)\theta_l](r_1-r_2-r_3+r_4)]^{i-1}\\
&+\sum_{i=1}^{n+1}[6r_4-2r_1-2r_2-2r_3-[\lambda\theta_r-(1-\lambda)\theta_l](r_1-r_2-r_3+r_4)]^{n+1-i}\\
&\left.\times[2r_3+2r_4-2r_1-2r_2-[\lambda\theta_r-(1-\lambda)\theta_l](r_1-r_2-r_3+r_4)]^{i-1}\right\}\\
&+\frac{1-\lambda\theta_r+(1-\lambda)\theta_l}{2^{3n+2}(n+1)}\left\{\sum_{i=1}^{n+1}[6r_2-2r_1-2r_3-2r_4-[\lambda\theta_r-(1-\lambda)\theta_l](r_1-r_2\right.\\
&-r_3+r_4)]^{n+1-i}[2r_1+2r_2-2r_3-2r_4-[\lambda\theta_r-(1-\lambda)\theta_l](r_1-r_2-r_3+r_4)]^{i-1}\\
&+\sum_{i=1}^{n+1}[2r_3+2r_4-2r_1-2r_2-[\lambda\theta_r-(1-\lambda)\theta_l](r_1-r_2-r_3+r_4)]^{n+1-i}\\
&\left.\times[6r_3-2r_1-2r_2-2r_4-[\lambda\theta_r-(1-\lambda)\theta_l](r_1-r_2-r_3+r_4)]^{i-1}\right\}.
\end{aligned}
$$

□

推论 2.5 [1]　假设 $\xi=[r_1,r_2,r_3;\theta_l,\theta_r]$ 是参数区间值三角模糊变量, ξ^λ 是 ξ 的 λ 选择变量, 则选择变量 ξ^λ 的 n 阶矩为

$$
\begin{aligned}
&\mathrm{M}_n[\xi^\lambda]\\
=&\frac{1+\lambda\theta_r-(1-\lambda)\theta_l}{2^{3n+2}(n+1)}\left\{\sum_{i=1}^{n+1}\Big[2r_1-2r_3-[\lambda\theta_r-(1-\lambda)\theta_l](r_1-2r_2+r_3)\Big]^{n+1-i}\right.\\
&\times\Big[6r_1-4r_2-2r_3-[\lambda\theta_r-(1-\lambda)\theta_l](r_1-2r_2+r_3)\Big]^{i-1}\\
&+\sum_{i=1}^{n+1}\Big[6r_3-4r_2-2r_1-[\lambda\theta_r-(1-\lambda)\theta_l](r_1-2r_2+r_3)\Big]^{n+1-i}\\
&\left.\times\Big[2r_3-2r_1-[\lambda\theta_r-(1-\lambda)\theta_l](r_1-2r_2+r_3)\Big]^{i-1}\right\}+\frac{1-\lambda\theta_r+(1-\lambda)\theta_l}{2^{3n+2}(n+1)}\\
&\times\left\{\sum_{i=1}^{n+1}\Big[(-2-\lambda\theta_r+(1-\lambda)\theta_l)(r_1-2r_2+r_3)\Big]^{n+1-i}\Big[2r_1-2r_3\right.\\
&-[\lambda\theta_r-(1-\lambda)\theta_l](r_1-2r_2+r_3)\Big]^{i-1}+\sum_{i=1}^{n+1}\Big[2r_3-2r_1-[\lambda\theta_r-(1-\lambda)\theta_l]\\
&\left.\times(r_1-2r_2+r_3)\Big]^{n+1-i}\Big[[-4-\lambda\theta_r+(1-\lambda)\theta_l](r_1-2r_2+r_3)\Big]^{i-1}\right\}.
\end{aligned}
$$

证明 证明过程同定理 2.7. □

其次, 讨论参数区间值正态模糊变量的选择变量的矩计算问题.

定理 2.8 [1] 假设 $\eta=n(\mu,\sigma^2;\theta_l,\theta_r)$ 是参数区间值正态模糊变量, η^λ 是 η 的 λ 选择变量, 则选择变量 η^λ 的 n 阶矩为

$$
\mathrm{M}_n[\eta^\lambda]=\begin{cases}[\lambda\theta_r-(1-\lambda)\theta_l]\sigma^n\displaystyle\sum_{i=1}^{\frac{n}{2}}\frac{n!!}{(n-2)!!}(\sqrt{2\ln 2})^{n-2i}, & n\ \text{为偶数},\\ 0, & n\ \text{为奇数}.\end{cases}
$$

证明 由定理 2.2, 可知选择变量 η^λ 的参数可能性分布为

$$
\mu_{\eta^\lambda}(x;\theta)=\begin{cases}[1+\lambda\theta_r-(1-\lambda)\theta_l]\exp\left(-\dfrac{(x-\mu)^2}{2\sigma^2}\right),\\ \qquad\qquad x\leqslant\mu-\sigma\sqrt{2\ln 2}\ \text{或}\ x\geqslant\mu+\sigma\sqrt{2\ln 2},\\ [1-\lambda\theta_r+(1-\lambda)\theta_l]\exp\left(-\dfrac{(x-\mu)^2}{2\sigma^2}\right)+[\lambda\theta_r-(1-\lambda)\theta_l],\\ \qquad\qquad \mu-\sigma\sqrt{2\ln 2}<x<\mu+\sigma\sqrt{2\ln 2},\end{cases}
$$

其中 $\theta=(\theta_l,\theta_r)$.

通过计算可知 η^λ 的可信性分布函数为如下形式

$$
\begin{aligned}
&\mathrm{Cr}\{\eta^{\lambda} \leqslant x\} \\
&= \begin{cases}
\dfrac{[1+\lambda\theta_r-(1-\lambda)\theta_l]\exp\left(-\dfrac{(x-\mu)^2}{2\sigma^2}\right)}{2}, \quad x \leqslant \mu-\sigma\sqrt{2\ln 2}, \\
\dfrac{[1-\lambda\theta_r+(1-\lambda)\theta_l]\exp\left(-\dfrac{(x-\mu)^2}{2\sigma^2}\right)+[\lambda\theta_r-(1-\lambda)\theta_l]}{2}, \\
\qquad\qquad \mu-\sigma\sqrt{2\ln 2} < x \leqslant \mu, \\
\dfrac{[2-\lambda\theta_r+(1-\lambda)\theta_l]-[1-\lambda\theta_r+(1-\lambda)\theta_l]\exp\left(-\dfrac{(x-\mu)^2}{2\sigma^2}\right)}{2}, \\
\qquad\qquad \mu < x \leqslant \mu+\sigma\sqrt{2\ln 2}, \\
\dfrac{2-[1+\lambda\theta_r-(1-\lambda)\theta_l]\exp\left(-\dfrac{(x-\mu)^2}{2\sigma^2}\right)}{2}, \quad \mu+\sigma\sqrt{2\ln 2} < x.
\end{cases}
\end{aligned}
$$

则正态选择变量的 n 阶矩的计算公式为

$$
\begin{aligned}
&\mathrm{M}_n[\eta^{\lambda}] \\
&= \int_{(-\infty,+\infty)} (x-m)^n \mathrm{d}\left(\mathrm{Cr}\{\eta^{\lambda} \leqslant x\}\right) \\
&= \frac{1+\lambda\theta_r-(1-\lambda)\theta_l}{2} \sum_{i=1}^{\frac{n}{2}} \frac{n!!}{(n-2)!!}(x-\mu)^{n-2i} \exp\left(-\frac{(x-\mu)^2}{2\sigma^2}\right)\Bigg|_{-\infty}^{\mu-\sigma\sqrt{2\ln 2}} \\
&\quad + \frac{1-\lambda\theta_r+(1-\lambda)\theta_l}{2} \sum_{i=1}^{\frac{n}{2}} \frac{n!!}{(n-2)!!}(x-\mu)^{n-2i} \exp\left(-\frac{(x-\mu)^2}{2\sigma^2}\right)\Bigg|_{\mu-\sigma\sqrt{2\ln 2}}^{\mu} \\
&\quad + \frac{2-\lambda\theta_r+(1-\lambda)\theta_l}{2} \sum_{i=1}^{\frac{n}{2}} \frac{n!!}{(n-2)!!}(x-\mu)^{n-2i} \exp\left(-\frac{(x-\mu)^2}{2\sigma^2}\right)\Bigg|_{\mu}^{\mu+\sigma\sqrt{2\ln 2}} \\
&\quad + \frac{1+\lambda\theta_r-(1-\lambda)\theta_l}{2} \sum_{i=1}^{\frac{n}{2}} \frac{n!!}{(n-2)!!}(x-\mu)^{n-2i} \exp\left(-\frac{(x-\mu)^2}{2\sigma^2}\right)\Bigg|_{\mu+\sigma\sqrt{2\ln 2}}^{+\infty}.
\end{aligned}
$$

由上式可知, 当 n 为奇数时, $\mathrm{M}_n[\eta^{\lambda}]=0$; 当 n 为偶数时,

$$
\mathrm{M}_n[\eta^{\lambda}] = [\lambda\theta_r-(1-\lambda)\theta_l]\sigma^n \sum_{i=1}^{\frac{n}{2}} \frac{n!!}{(n-2)!!}(\sqrt{2\ln 2})^{n-2i}.
$$

结论得证. □

最后, 讨论参数区间值厄兰模糊变量和指数模糊变量的选择变量 n 阶矩的计算.

定理 2.9 [1] 假设 $\zeta = \mathrm{Er}(\rho, \kappa; \theta_l, \theta_r)$ 是参数区间值厄兰模糊变量, ζ^λ 是 ζ 的 λ 选择变量, 记 $\theta = (\theta_l, \theta_r)$, 则选择变量 ζ^λ 的 n 阶矩为

$$
\begin{aligned}
&\mathrm{M}_n[\zeta^\lambda]\\
=&\frac{[\lambda\theta_r-(1-\lambda)\theta_l]}{(\kappa\rho)^\kappa}\left[\exp\left(\kappa-\frac{x_1}{\rho}\right)\sum_{i=1}^{n}\sum_{s=1}^{\kappa}\frac{n!}{(n-i)!}(x_1-m)^{n-i}\frac{\kappa!}{(\kappa-s)!}x_1^{\kappa-s}\rho^{i+s}\right.\\
&\left.+\exp\left(\kappa-\frac{x_2}{\rho}\right)\sum_{i=1}^{n}\sum_{s=1}^{\kappa}\frac{n!}{(n-i)!}(x_2-m)^{n-i}\frac{\kappa!}{(\kappa-s)!}x_2^{\kappa-s}\rho^{i+s}\right]\\
&+\frac{[1-\lambda\theta_r+(1-\lambda)\theta_l]}{(\kappa\rho)^\kappa}\\
&\times\left[\sum_{i=1}^{n}\sum_{s=1}^{\kappa}\frac{n!}{(n-i)!}(\kappa\rho-m)^{n-i}\frac{\kappa!}{(\kappa-s)!}(\kappa\rho)^{\kappa-s}\rho^{i+s}\right],
\end{aligned}
$$

其中 $\rho > 0$, $\kappa \in \mathbb{N}^+$, $x_1, x_2 \in \mathbb{R}^+$, 且 x_1 和 x_2 是方程 $\left(\frac{x}{\kappa\rho}\right)^\kappa \exp\left(\kappa - \frac{x}{\rho}\right) = \frac{1}{2}$ 的根.

证明 由定理 2.3, 可知 λ 选择变量 ζ^λ 具有如下形式的参数可能性分布

$$
\mu_{\zeta^\lambda}(x;\theta)=\begin{cases}
[1+\lambda\theta_r-(1-\lambda)\theta_l]\left(\dfrac{x}{\kappa\rho}\right)^\kappa\exp\left(\kappa-\dfrac{x}{\rho}\right), \\
\qquad\qquad\qquad\qquad \left(\dfrac{x}{\kappa\rho}\right)^\kappa\exp\left(\kappa-\dfrac{x}{\rho}\right)\leqslant\dfrac{1}{2},\\
[1-\lambda\theta_r+(1-\lambda)\theta_l]\left(\dfrac{x}{\kappa\rho}\right)^\kappa\exp\left(\kappa-\dfrac{x}{\rho}\right)+[\lambda\theta_r-(1-\lambda)\theta_l],\\
\qquad\qquad\qquad\qquad \left(\dfrac{x}{\kappa\rho}\right)^\kappa\exp\left(\kappa-\dfrac{x}{\rho}\right)>\dfrac{1}{2},
\end{cases}
$$

其中 $\theta = (\theta_l, \theta_r)$.

通过计算可得 ζ^λ 的可信性分布函数为

$$
\begin{aligned}
&\mathrm{Cr}\{\zeta^\lambda \leqslant x\}\\
=&\begin{cases}
\dfrac{1}{2}[1+\lambda\theta_r-(1-\lambda)\theta_l]\left(\dfrac{x}{\kappa\rho}\right)^\kappa \exp\left(\kappa-\dfrac{x}{\rho}\right), \quad 0\leqslant x\leqslant x_1,\\
\dfrac{1}{2}[1+\lambda\theta_r-(1-\lambda)\theta_l]\left(\dfrac{x}{\kappa\rho}\right)^\kappa \exp\left(\kappa-\dfrac{x}{\rho}\right)+\dfrac{\lambda\theta_r-(1-\lambda)\theta_l}{2},\\
\qquad\qquad\qquad\qquad\qquad\qquad\qquad\qquad x_1<x\leqslant \kappa\rho,\\
1-\dfrac{1}{2}[1-\lambda\theta_r+(1-\lambda)\theta_l]\left(\dfrac{x}{\kappa\rho}\right)^\kappa \exp\left(\kappa-\dfrac{x}{\rho}\right)-\dfrac{\lambda\theta_r-(1-\lambda)\theta_l}{2},\\
\qquad\qquad\qquad\qquad\qquad\qquad\qquad\qquad \kappa\rho<x\leqslant x_2,\\
1-\dfrac{1}{2}[1+\lambda\theta_r-(1-\lambda)\theta_l]\left(\dfrac{x}{\kappa\rho}\right)^\kappa \exp\left(\kappa-\dfrac{x}{\rho}\right), \quad x>x_2,
\end{cases}
\end{aligned}
$$

其中 $x_1, x_2\in\mathbb{R}^+$, 且 x_1 和 x_2 是方程 $\left(\dfrac{x}{\rho}\right)^\kappa\exp\left(\kappa-\dfrac{x}{\rho}\right)=\dfrac{1}{2}$ 的根.

若记 $\mathrm{E}[\zeta^\lambda]=m$, 则 ζ^λ 的 n 阶矩按如下方法计算

$$
\begin{aligned}
&\mathrm{M}_n[\zeta^\lambda]\\
=&\int_{(-\infty,+\infty)}(x-m)^n\mathrm{d}\left(\mathrm{Cr}\{\zeta^\lambda\leqslant x\}\right)\\
=&\int_{(0,x_1)}(x-m)^n\mathrm{d}\left(\frac{1}{2}[1+\lambda\theta_r-(1-\lambda)\theta_l]\left(\frac{x}{\kappa\rho}\right)^\kappa\exp\left(\kappa-\frac{x}{\rho}\right)\right)\\
&+\int_{(x_1,\kappa\rho)}(x-m)^n\mathrm{d}\left(\frac{1}{2}[1-\lambda\theta_r+(1-\lambda)\theta_l]\left(\frac{x}{\kappa\rho}\right)^\kappa\exp\left(\kappa-\frac{x}{\rho}\right)\right.\\
&\left.+\frac{\lambda\theta_r-(1-\lambda)\theta_l}{2}\right)\\
&+\int_{(\kappa\rho,x_2)}(x-m)^n\mathrm{d}\left(1-\frac{1}{2}[1-\lambda\theta_r+(1-\lambda)\theta_l]\left(\frac{x}{\kappa\rho}\right)^\kappa\exp\left(\kappa-\frac{x}{\rho}\right)\right.\\
&\left.-\frac{\lambda\theta_r-(1-\lambda)\theta_l}{2}\right)\\
&+\int_{(x_2,+\infty)}(x-m)^n\mathrm{d}\left(1-\frac{1}{2}[1+\lambda\theta_r-(1-\lambda)\theta_l]\left(\frac{x}{\kappa\rho}\right)^\kappa\exp\left(\kappa-\frac{x}{\rho}\right)\right)\\
=&\frac{[\lambda\theta_r-(1-\lambda)\theta_l]}{(\kappa\rho)^\kappa}\left[\exp\left(\kappa-\frac{x_1}{\rho}\right)\sum_{i=1}^n\sum_{s=1}^\kappa\frac{n!}{(n-i)!}(x_1-m)^{n-i}\frac{\kappa!}{(\kappa-s)!}x_1^{\kappa-s}\rho^{i+s}\right.\\
&\left.+\exp\left(\kappa-\frac{x_2}{\rho}\right)\sum_{i=1}^n\sum_{s=1}^\kappa\frac{n!}{(n-i)!}(x_2-m)^{n-i}\frac{\kappa!}{(\kappa-s)!}x_2^{\kappa-s}\rho^{i+s}\right]
\end{aligned}
$$

$$+\frac{[1-\lambda\theta_r+(1-\lambda)\theta_l]}{(\kappa\rho)^\kappa}$$
$$\times\left[\sum_{i=1}^{n}\sum_{s=1}^{\kappa}\frac{n!}{(n-i)!}(\kappa\rho-m)^{n-i}\frac{\kappa!}{(\kappa-s)!}(\kappa\rho)^{\kappa-s}\rho^{i+s}\right],$$

其中 $x_1, x_2 \in \mathbb{R}^+$, 且 x_1 和 x_2 是方程 $\left(\frac{x}{\rho}\right)^\kappa \exp\left(\kappa-\frac{x}{\rho}\right)=\frac{1}{2}$ 的根. □

推论 2.6 [1] 假设 $\zeta=\exp(\rho;\theta_l,\theta_r)$ 是参数区间值指数模糊变量, ζ^λ 是 ζ 的 λ 选择变量, 记 $\theta=(\theta_l,\theta_r)$, 则选择变量 ζ^λ 的 n 阶矩为

$$\begin{aligned}
&\mathrm{M}_n[\zeta^\lambda]\\
&=[\lambda\theta_r-(1-\lambda)\theta_l]\left\{\left[x_1\exp\left(1-\frac{x_1}{\rho}\right)\sum_{i=0}^{n}\frac{n!}{(n-i)!}\rho^{i-1}(x_1-m)^{n-i}\right.\right.\\
&\quad\left.+\exp\left(1-\frac{x_1}{\rho}\right)\sum_{i=1}^{n}\frac{n!}{(n-i)!}\rho^{i}(x_1-m)^{n-i}\right]\\
&\quad+\left[x_2\exp\left(1-\frac{x_2}{\rho}\right)\sum_{i=0}^{n}\frac{n!}{(n-i)!}\rho^{i-1}(x_2-m)^{n-i}\right.\\
&\quad\left.\left.+\exp\left(1-\frac{x_2}{\rho}\right)\sum_{i=1}^{n}\frac{n!}{(n-i)!}\rho^{i}(x_2-m)^{n-i}\right]\right\}\\
&\quad+[1-\lambda\theta_r+(1-\lambda)\theta_l]\left[2\sum_{i=1}^{n}\frac{n!}{(n-i)!}\rho^{i}(\rho-m)^{n-i}+(-m)^n\right]\\
&\quad-\frac{1+\lambda\theta_r-(1-\lambda)\theta_l}{2}\left[\sum_{i=1}^{n}\frac{n!}{(n-i)!}\rho^{i}(\rho-m)^{n-i}\right],
\end{aligned}$$

其中 $\rho>0, x_1, x_2\in\mathbb{R}^+$, 且 x_1 和 x_2 是方程 $\frac{x}{\rho}\exp\left(1-\frac{x}{\rho}\right)=\frac{1}{2}$ 的两个根, 另外 $m=\mathrm{E}[\zeta^\lambda]$ 由推论 2.4 给出.

证明 证明过程同定理 2.9. □

2.4 参数区间值模糊变量线性组合的数字特征

处理现实中的应用问题时, 经常会遇到需要计算参数区间值变量的和或线性组合的情形, 因此这一小节将讨论参数区间值变量线性组合的数字特征的计算问题.

定理 2.10 [1] 假设 $\xi_j=[r_{1j},r_{2j},r_{3j},r_{4j};\theta_{lj},\theta_{rj}]$ 为参数区间值梯形模糊变量, a_j 是实数且 $j=1,2,\cdots,m$. 如果 ξ_j 的主可能性分布相互独立, 则有如下

结论.

(1) 参数区间值梯形模糊变量线性组合的 λ 选择变量 $\left(\sum_{j=1}^{m} a_j\xi_j\right)^{\lambda}$ 的期望值为

$$\mathrm{E}\left[\left(\sum_{j=1}^{m} a_j\xi_j\right)^{\lambda}\right] = \frac{\sum\limits_{j=1}^{m}(a_j^{+}-a_j^{-})(r_{1j}+r_{2j}+r_{3j}+r_{4j})}{4} + \frac{[\lambda\theta_r-(1-\lambda)\theta_l]\sum\limits_{j=1}^{m}(a_j^{+}-a_j^{-})(r_{1j}-r_{2j}-r_{3j}+r_{4j})}{8},$$

其中参数 $\theta_l=\max_{1\leqslant j\leqslant m}\theta_{lj}$, $\theta_r=\min_{1\leqslant j\leqslant m}\theta_{rj}$.

(2) 参数区间值梯形模糊变量线性组合的 λ 选择变量 $\left(\sum_{j=1}^{m} a_j\xi_j\right)^{\lambda}$ 的 n 阶矩为

$$\begin{aligned}
&\mathrm{M}_n\left[\left(\sum_{j=1}^{m} a_j\xi_j\right)^{\lambda}\right]\\
=&\frac{1+\lambda\theta_r-(1-\lambda)\theta_l}{2^{3n+2}(n+1)}\Bigg\{\sum_{i=1}^{n+1}\Bigg[\sum_{j=1}^{m}(2a_j^{+}+2a_j^{-})(r_{1j}+r_{2j}-r_{3j}-r_{4j})\\
&-[\lambda\theta_r-(1-\lambda)\theta_l]\sum_{j=1}^{m}(a_j^{+}-a_j^{-})(r_{1j}-r_{2j}-r_{3j}+r_{4j})\Bigg]^{n+1-i}\Bigg[\sum_{j=1}^{m}(6a_j^{+}\\
&+2a_j^{-})r_{1j}-\sum_{j=1}^{m}(2a_j^{+}-2a_j^{-})(r_{2j}+r_{3j})-\sum_{j=1}^{m}(2a_j^{+}+6a_j^{-})r_{4j}\\
&-[\lambda\theta_r-(1-\lambda)\theta_l]\sum_{j=1}^{m}(a_j^{+}-a_j^{-})(r_{1j}-r_{2j}-r_{3j}+r_{4j})\Bigg]^{i-1}\\
&+\sum_{i=1}^{n+1}\Bigg[\sum_{j=1}^{m}(6a_j^{+}+2a_j^{-})r_{4j}-\sum_{j=1}^{m}(2a_j^{+}-2a_j^{-})(r_{2j}+r_{3j})\\
&-\sum_{j=1}^{m}(2a_j^{+}+6a_j^{-})r_{1j}-[\lambda\theta_r-(1-\lambda)\theta_l]\sum_{j=1}^{m}(a_j^{+}-a_j^{-})(r_{1j}-r_{2j}-r_{3j}\\
&+r_{4j})\Bigg]^{n+1-i}\Bigg[\sum_{j=1}^{m}(2a_j^{+}+2a_j^{-})(r_{3j}+r_{4j}-r_{1j}-r_{2j})\\
&-[\lambda\theta_r-(1-\lambda)\theta_l]\sum_{j=1}^{m}(a_j^{+}-a_j^{-})(r_{1j}-r_{2j}-r_{3j}+r_{4j})\Bigg]^{i-1}\Bigg\}
\end{aligned}$$

$$+\frac{1-\lambda\theta_r+(1-\lambda)\theta_l}{2^{3n+2}(n+1)}\left\{\sum_{i=1}^{n+1}\left[\sum_{j=1}^{m}(6a_j^++2a_j^-)r_{2j}-\sum_{j=1}^{m}(2a_j^+-2a_j^-)(r_{1j}+r_{4j})\right.\right.$$

$$\left.-\sum_{j=1}^{m}(2a_j^++6a_j^-)r_{3j}-[\lambda\theta_-(1-\lambda)\theta_l]\sum_{j=1}^{m}(a_j^+-a_j^-)(r_{1j}-r_{2j}-r_{3j}+r_{4j})\right]^{n+1-i}$$

$$\times\left[\sum_{j=1}^{m}(2a_j^++2a_j^-)(r_{1j}+r_{2j}-r_{3j}-r_{4j})-[\lambda\theta_r-(1-\lambda)\theta_l]\sum_{j=1}^{m}(a_j^+-a_j^-)\right.$$

$$\left.(r_{1j}-r_{2j}-r_{3j}+r_{4j})\right]^{i-1}+\sum_{i=1}^{n+1}\left[\sum_{j=1}^{m}(2a_j^++2a_j^-)(r_{3j}+r_{4j}-r_{1j}-r_{2j})\right.$$

$$\left.-[\lambda\theta_r-(1-\lambda)\theta_l]\sum_{j=1}^{m}(a_j^+-a_j^-)(r_{1j}-r_{2j}-r_{3j}+r_{4j})\right]^{n+1-i}$$

$$\times\left[\sum_{j=1}^{m}(6a_j^++2a_j^-)r_{3j}-\sum_{j=1}^{m}(2a_j^+-2a_j^-)(r_{1j}+r_{4j})-\sum_{j=1}^{m}(2a_j^++6a_j^-)r_{2j}\right.$$

$$\left.\left.-[\lambda\theta_r-(1-\lambda)\theta_l]\sum_{j=1}^{m}(a_j^+-a_j^-)(r_{1j}-r_{2j}-r_{3j}+r_{4j})\right]^{i-1}\right\},$$

其中 $a_j^+=\max\{a_j,0\}$, $a_j^-=\max\{-a_j,0\}$, $\theta_l=\max_{1\leqslant j\leqslant m}\theta_{lj}$ 和 $\theta_r=\min_{1\leqslant j\leqslant m}\theta_{rj}$.

证明 假设 $\xi_j=[r_{1j},r_{2j},r_{3j},r_{4j};\theta_{lj},\theta_{rj}]$ 为参数区间值梯形模糊变量. 则由 ξ_j 的定义, ξ_j 的主可能性分布对应梯形模糊变量 $\xi_j^p=(r_{1j},r_{2j},r_{3j},r_{4j})$. 根据分解定理, 模糊变量 ξ_j^p 相互独立[6], 则它们的线性组合 $\sum_{j=1}^m a_j\xi_j^p$ 服从梯形分布 (r_1,r_2,r_3,r_4), 其中

$$\begin{aligned}r_1&=\sum_{j=1}^{m}(a_j^+r_{1j}-a_j^-r_{4j}),\quad r_2=\sum_{j=1}^{m}(a_j^+r_{2j}-a_j^-r_{3j}),\\ r_3&=\sum_{j=1}^{m}(a_j^+r_{3j}-a_j^-r_{2j}),\quad r_4=\sum_{j=1}^{m}(a_j^+r_{4j}-a_j^-r_{1j}),\end{aligned}\tag{2.12}$$

且 $a_j^+=\max\{a_j,0\}$, $a_j^-=\max\{-a_j,0\}$.

注意到, 参数区间值模糊变量 $\xi=\sum_{j=1}^m a_j\xi_j$ 的主可能性分布是梯形分布 (r_1,r_2,r_3,r_4). 接下来推导 $\xi=\sum_{j=1}^m a_j\xi_j$ 的第二可能性分布.

对于任意的 $x\in[r_1,r_2]$, 存在实数 x_j 使得 $x=\sum_{j=1}^m a_jx_j$, 且

$$\begin{aligned}&\mathrm{Pos}\{\xi=x\}\\ =&\min_{1\leqslant j\leqslant m}\mathrm{Pos}_j\{a_j\xi_j=x_j\}\\ =&[\mu_{(a_1\xi_1)^L}(x_1;\theta_1),\mu_{(a_1\xi_1)^U}(x_1;\theta_1)]\wedge\cdots\wedge[\mu_{(a_m\xi_m)^L}(x_m;\theta_m),\mu_{(a_m\xi_m)^U}(x_m;\theta_m)]\end{aligned}$$

$$= [\mu_{(a_1\xi_1)^L}(x_1;\theta_1) \wedge \cdots \wedge \mu_{(a_m\xi_m)^L}(x_m;\theta_m), \mu_{(a_1\xi_1)^U}(x_1;\theta_1) \wedge \cdots \wedge \mu_{(a_m\xi_m)^U}(x_m;\theta_m)],$$

其中 $\theta_j = (\theta_{lj}, \theta_{rj})$. 对于任意的 $j = 1, 2, \cdots, m$, 由 ξ_j 的定义, 下可能性和上可能性分布分别为

$$\mu_{(a_j\xi_j)^L}(x_j;\theta_j) = \frac{x - r_1}{r_2 - r_1} - \theta_{lj} \min\left\{\frac{x - r_1}{r_2 - r_1}, \frac{r_2 - x}{r_2 - r_1}\right\}$$

和

$$\mu_{(a_j\xi_j)^U}(x_j;\theta_j) = \frac{x - r_1}{r_2 - r_1} + \theta_{rj} \min\left\{\frac{x - r_1}{r_2 - r_1}, \frac{r_2 - x}{r_2 - r_1}\right\}.$$

因此, 有

$$\begin{aligned}&\mathrm{Pos}\{\xi = x\}\\ &= \left[\frac{x - r_1}{r_2 - r_1} - \theta_l \min\left\{\frac{x - r_1}{r_2 - r_1}, \frac{r_2 - x}{r_2 - r_1}\right\}, \frac{x - r_1}{r_2 - r_1} + \theta_r \min\left\{\frac{x - r_1}{r_2 - r_1}, \frac{r_2 - x}{r_2 - r_1}\right\}\right],\end{aligned}$$

其中 $\theta_l = \max_{1\leqslant j\leqslant m} \theta_{lj}$ 且 $\theta_r = \min_{1\leqslant j\leqslant m} \theta_{rj}$.

类似地可以证明当 $x \in [r_2, r_3]$ 时, 有 $\mathrm{Pos}\{\xi = x\} = [1, 1]$; 当 $x \in [r_3, r_4]$ 时, 有

$$\begin{aligned}&\mathrm{Pos}\{\xi = x\}\\ &= \left[\frac{r_4 - x}{r_4 - r_3} - \theta_l \min\left\{\frac{r_4 - x}{r_4 - r_3}, \frac{x - r_3}{r_4 - r_3}\right\}, \frac{r_4 - x}{r_4 - r_3} + \theta_r \min\left\{\frac{r_4 - x}{r_4 - r_3}, \frac{x - r_3}{r_4 - r_3}\right\}\right],\end{aligned}$$

其中 $\theta_l = \max_{1\leqslant j\leqslant m} \theta_{lj}$ 且 $\theta_r = \min_{1\leqslant j\leqslant m} \theta_{rj}$.

通过上面的讨论可知, $\sum_{j=1}^m a_j\xi_j$ 是参数区间值梯形模糊变量 $[r_1, r_2, r_3, r_4; \theta_l, \theta_r]$, 其中 r_i $(i = 1, 2, 3, 4)$ 由公式 (2.12) 决定, 参数 $\theta_l = \max_{1\leqslant j\leqslant m} \theta_{lj}$, $\theta_r = \min_{1\leqslant j\leqslant m} \theta_{rj}$.

若记 ξ^λ 为 $\xi = \sum_{j=1}^m a_j\xi_j$ 的 λ 选择, 根据定理 2.4 和定理 2.7, 有

$$\mathrm{E}[\xi^\lambda] = \frac{r_1 + r_2 + r_3 + r_4}{4} + \frac{[\lambda\theta_r - (1-\lambda)\theta_l](r_1 - r_2 - r_3 + r_4)}{8}$$

和

$$\begin{aligned}&\mathrm{M}_n[\xi^\lambda]\\ &= \frac{1 + \lambda\theta_r - (1-\lambda)\theta_l}{2^{3n+2}(n+1)}\left\{\sum_{i=1}^{n+1}\left[2r_1 + 2r_2 - 2r_3 - 2r_4 - [\lambda\theta_r - (1-\lambda)\theta_l](r_1 - r_2\right.\right.\end{aligned}$$

$$-r_3+r_4)\Big]^{n+1-i}\Big[6r_1-2r_2-2r_3-2r_4-[\lambda\theta_r-(1-\lambda)\theta_l](r_1-r_2-r_3+r_4)\Big]^{i-1}$$

$$+\sum_{i=1}^{n+1}\Big[6r_4-2r_1-2r_2-2r_3-[\lambda\theta_r-(1-\lambda)\theta_l](r_1-r_2-r_3+r_4)\Big]^{n+1-i}$$

$$\times\Big[2r_3+2r_4-2r_1-2r_2-[\lambda\theta_r-(1-\lambda)\theta_l](r_1-r_2-r_3+r_4)\Big]^{i-1}\Bigg\}$$

$$+\frac{1-\lambda\theta_r+(1-\lambda)\theta_l}{2^{3n+2}(n+1)}\Bigg\{\sum_{i=1}^{n+1}\Big[6r_2-2r_1-2r_3-2r_4-[\lambda\theta_r-(1-\lambda)\theta_l](r_1-r_2$$

$$-r_3+r_4)\Big]^{n+1-i}\Big[2r_1+2r_2-2r_3-2r_4-[\lambda\theta_r-(1-\lambda)\theta_l](r_1-r_2-r_3+r_4)\Big]^{i-1}$$

$$+\sum_{i=1}^{n+1}\Big[2r_3+2r_4-2r_1-2r_2-[\lambda\theta_r-(1-\lambda)\theta_l](r_1-r_2-r_3+r_4)\Big]^{n+1-i}$$

$$\times\Big[6r_3-2r_1-2r_2-2r_4-[\lambda\theta_r-(1-\lambda)\theta_l](r_1-r_2-r_3+r_4)\Big]^{i-1}\Bigg\}.$$

结合式 (2.12), 可得定理结论. □

推论 2.7 [1] 假设 $\xi_j=[r_{1j},r_{2j},r_{3j};\theta_{lj},\theta_{rj}]$ 为参数区间值三角模糊变量, a_j 是实数且 $j=1,2,\cdots,m$. 如果 ξ_j 的主可能性分布相互独立, 则有如下结论.

(1) 参数区间值三角模糊变量线性组合的 λ 选择变量 $\left(\sum_{j=1}^m a_j\xi_j\right)^\lambda$ 的期望值为

$$\mathrm{E}\left[\left(\sum_{j=1}^m a_j\xi_j\right)^\lambda\right]=\frac{\sum\limits_{j=1}^m(a_j^+-a_j^-)(r_{1j}+r_{3j})+\sum\limits_{j=1}^m 2a_jr_{2j}}{4}$$

$$+\frac{[\lambda\theta_r-(1-\lambda)\theta_l]\left[\sum\limits_{j=1}^m(a_j^+-a_j^-)(r_{1j}+r_{3j})-\sum\limits_{j=1}^m 2a_jr_{2j}\right]}{8}.$$

(2) 参数区间值三角模糊变量线性组合的 λ 选择变量 $\left(\sum_{j=1}^m a_j\xi_j\right)^\lambda$ 的 n 阶矩为

$$\mathrm{M}_n\left[\left(\sum_{j=1}^m a_j\xi_j\right)^\lambda\right]$$

$$=\frac{1+\lambda\theta_r-(1-\lambda)\theta_l}{2^{3n+2}(n+1)}\Bigg\{\sum_{i=1}^{n+1}\Bigg[\sum_{j=1}^m(2a_j^++2a_j^-)(r_{1j}-r_{3j})-[\lambda\theta_r-(1-\lambda)\theta_l]$$

$$
\begin{aligned}
&\times\left[\sum_{j=1}^{m}(a_j^+-a_j^-)(r_{1j}+r_{3j})-\sum_{j=1}^{m}2a_jr_{2j}\right]^{n+1-i}\left[\sum_{j=1}^{m}(6a_j^++2a_j^-)r_{1j}\right.\\
&-\sum_{j=1}^{m}4a_jr_{2j}-\sum_{j=1}^{m}(2a_j^++6a_j^-)r_{3j}-[\lambda\theta_r-(1-\lambda)\theta_l]\left[\sum_{j=1}^{m}(a_j^+-a_j^-)(r_{1j}+r_{3j})\right.\\
&\left.\left.-\sum_{j=1}^{m}2a_jr_{2j}\right]\right]^{i-1}+\sum_{i=1}^{n+1}\left[\sum_{j=1}^{m}(6a_j^++2a_j^-)r_{3j}-\sum_{j=1}^{m}4a_jr_{2j}-\sum_{j=1}^{m}(2a_j^++6a_j^-)r_{1j}\right.\\
&-[\lambda\theta_r-(1-\lambda)\theta_l]\left[\sum_{j=1}^{m}(a_j^+-a_j^-)(r_{1j}+r_{3j})-\sum_{j=1}^{m}2a_jr_{2j}\right]\Bigg]^{n+1-i}\left[\sum_{j=1}^{m}(2a_j^++2a_j^-)\right.\\
&\left.\times(r_{3j}-r_{1j})-[\lambda\theta_r-(1-\lambda)\theta_l]\left[\sum_{j=1}^{m}(a_j^+-a_j^-)(r_{1j}+r_{3j})-\sum_{j=1}^{m}2a_jr_{2j}\right]\right]^{i-1}\Bigg\}\\
&+\frac{1-\lambda\theta_r+(1-\lambda)\theta_l}{2^{3n+2}(n+1)}\left\{\sum_{i=1}^{n+1}\left[(-2-\lambda\theta_r+(1-\lambda)\theta_l)\left[\sum_{j=1}^{m}(a_j^+-a_j^-)(r_{1j}+r_{3j})\right.\right.\right.\\
&\left.\left.-\sum_{j=1}^{m}2a_jr_{2j}\right]\right]^{n+1-i}\left[\sum_{j=1}^{m}(2a_j^++2a_j^-)(r_{1j}-r_{3j})-[\lambda\theta_r-(1-\lambda)\theta_l]\right.\\
&\left.\times\left[\sum_{j=1}^{m}(a_j^+-a_j^-)(r_{1j}+r_{3j})-\sum_{j=1}^{m}2a_jr_{2j}\right]\right]^{i-1}+\sum_{i=1}^{n+1}\left[\sum_{j=1}^{m}(2a_j^++2a_j^-)(r_{3j}-r_{1j})\right.\\
&\left.-[\lambda\theta_r-(1-\lambda)\theta_l]\left[\sum_{j=1}^{m}(a_j^+-a_j^-)(r_{1j}+r_{3j})-\sum_{j=1}^{m}2a_jr_{2j}\right]\right]^{n+1-i}\\
&\times\left[[-4-\lambda\theta_r+(1-\lambda)\theta_l]\left[\sum_{j=1}^{m}(a_j^+-a_j^-)(r_{1j}+r_{3j})-\sum_{j=1}^{m}2a_jr_{2j}\right]\right]^{i-1}\Bigg\},
\end{aligned}
$$

其中 $a_j^+=\max\{a_j,0\}$, $a_j^-=\max\{-a_j,0\}$, $\theta_l=\max_{1\leqslant j\leqslant m}\theta_{lj}$ 和 $\theta_r=\min_{1\leqslant j\leqslant m}\theta_{rj}$.

证明　证明过程同定理 2.10. □

定理 2.11 [1]　假设 $\eta_j=n(\mu_j,\sigma_j^2;\theta_{lj},\theta_{rj})$ 为参数区间值正态模糊变量, a_j 是实数且 $j=1,2,\cdots,m$. 如果 η_j 的主可能性分布相互独立, 则有如下结论.

(1) 参数区间值正态模糊变量线性组合的 λ 选择变量 $\left(\sum_{j=1}^{m}a_j\eta_j\right)^{\lambda}$ 的期望值为

$$
\mathrm{E}\left[\left(\sum_{j=1}^{m}a_j\eta_j\right)^{\lambda}\right]=\sum_{j=1}^{m}a_j\mu_j.
$$

(2) 参数区间值正态模糊变量线性组合的 λ 选择变量 $\left(\sum_{j=1}^{m}a_j\eta_j\right)^{\lambda}$ 的 n 阶

矩为

$$
\begin{aligned}
&\mathrm{M}_n\left[\left(\sum_{j=1}^{m} a_j\eta_j\right)^{\lambda}\right]\\
&=\begin{cases}
[\lambda\theta_r-(1-\lambda)\theta_l]\left(\sum_{j=1}^{m} a_j\sigma_j\right)^n\left[\sum_{i=1}^{\frac{n}{2}}\frac{n!!}{(n-2)!!}(\sqrt{2\ln 2})^{n-2i}\right], & n\text{ 为偶数},\\
0, & n\text{ 为奇数},
\end{cases}
\end{aligned}
$$

其中参数 $\theta_l=\max_{1\leqslant j\leqslant m}\theta_{lj}$, $\theta_r=\min_{1\leqslant j\leqslant m}\theta_{rj}$.

证明 证明过程同定理 2.10. □

定理 2.12 [1] 假设 $\zeta_j=\mathrm{Er}(\rho_j,\kappa;\theta_{lj},\theta_{rj})$ 为非负的参数区间值厄兰模糊变量, a_j 是实数且 $j=1,2,\cdots,m$. 若 ζ_j 的主可能性分布相互独立, 则有如下结论.

(1) 参数区间值厄兰模糊变量线性组合的 λ 选择变量 $\left(\sum_{j=1}^{m} a_j\zeta_j\right)^{\lambda}$ 的期望值为

$$
\begin{aligned}
&\mathrm{E}\left[\left(\sum_{j=1}^{m} a_j\zeta_j\right)^{\lambda}\right]\\
&=\sum_{j=1}^{m} a_j\rho_j\left[\kappa+\sum_{i=0}^{\kappa}\frac{\kappa!}{(\kappa-i)!}\kappa^{-i}\right]+[\lambda\theta_r-(1-\lambda)\theta_l]\left[\left(\frac{x_1+x_2}{2}-\kappa\sum_{j=1}^{m} a_j\rho_j\right)\right]\\
&\quad+\frac{\lambda\theta_r-(1-\lambda)\theta_l}{(\kappa)^{\kappa}\left(\sum_{j=1}^{m} a_j\rho_j\right)^{\kappa-1}}\left[\exp\left(\kappa-\frac{x_1}{\sum_{j=1}^{m} a_j\rho_j}\right)\sum_{i=1}^{\kappa}\frac{n_j^*!}{(\kappa-i)!}\left(\sum_{j=1}^{m} a_j\rho_j\right)^i x_1^{\kappa-i}\right.\\
&\quad+\exp\left(\kappa-\frac{x_2}{\sum_{j=1}^{m} a_j\rho_j}\right)\sum_{i=1}^{\kappa}\frac{\kappa!}{(\kappa-i)!}\left(\sum_{j=1}^{m} a_j\rho_j\right)^i x_2^{\kappa-i}\\
&\quad\left.-\left(\sum_{j=1}^{m} a_j\rho_j\right)^{\kappa}\sum_{i=0}^{\kappa}\frac{n_j^*!}{(\kappa-i)!}\kappa^{-i}\right].
\end{aligned}
$$

(2) 参数区间值厄兰模糊变量线性组合的 λ 选择变量 $\left(\sum_{j=1}^{m} a_j\zeta_j\right)^{\lambda}$ 的 n 阶矩为

$$
\begin{aligned}
&\mathrm{M}_n\left[\left(\sum_{j=1}^{m} a_j\zeta_j\right)^{\lambda}\right]\\
&=\frac{\lambda\theta_r-(1-\lambda)\theta_l}{\left(\kappa\sum_{j=1}^{m} a_j\rho_j\right)^{\kappa}}\left[\exp\left(\kappa-\frac{x_1}{\sum_{j=1}^{m} a_j\rho_j}\right)\right.
\end{aligned}
$$

$$
\begin{aligned}
&\times \sum_{j=1}^{m}\sum_{i=1}^{n}\sum_{s=1}^{\kappa}\frac{n!}{(n-i)!}(x_1-m)^{n-i}\frac{\kappa!}{(\kappa-s)!}x_1^{\kappa-s}\\
&\times (a_j\rho_j)^{i+s}+\exp\left(\kappa-\frac{x_2}{\sum_{j=1}^{m}a_j\rho_j}\right)\\
&\times \sum_{j=1}^{m}\sum_{i=1}^{n}\sum_{s=1}^{\kappa}\frac{n!}{(n-i)!}(x_2-m)^{n-i}\frac{\kappa!}{(\kappa-s)!}x_2^{\kappa-s}(a_j\rho_j)^{i+s}\Bigg]\\
&+\frac{1-\lambda\theta_r+(1-\lambda)\theta_l}{\left(\kappa\sum_{j=1}^{m}a_j\rho_j\right)^{\kappa}}\\
&\times\left[\sum_{j=1}^{m}\sum_{i=1}^{n}\sum_{s=1}^{\kappa}\frac{n!}{(n-i)!}(\kappa a_j\rho_j-m)^{n-i}\frac{\kappa!}{(\kappa-s)!}(\kappa a_j\rho_j)^{\kappa-s}(a_j\rho_j)^{i+s}\right],
\end{aligned}
$$

其中参数 $\theta_l=\max_{1\leqslant j\leqslant m}\theta_{lj}$, $\theta_r=\min_{1\leqslant j\leqslant m}\theta_{rj}$, 且 $\rho_j>0$, $\kappa\in\mathbb{N}^+$ 和 $x_1=\sum_{j=1}^{m}x_{1j}$, $x_2=\sum_{j=1}^{m}x_{2j}$. 特别地, x_{1j} 和 x_{2j} 是方程 $\left(\dfrac{x}{\kappa a_j\rho_j}\right)^{\kappa}\exp\left(\kappa-\dfrac{x}{a_j\rho_j}\right)=\dfrac{1}{2}$ 的两个根.

证明 证明过程同定理 2.10. □

推论 2.8 [1] 假设 $\zeta_j=\exp(\rho_j;\theta_{lj},\theta_{rj})$ 是参数区间值指数模糊变量, a_j 是非负实数且 $j=1,2,\cdots,m$. 如果 ζ_j 的主可能性分布相互独立, 则有如下结论.

(1) 参数区间值指数模糊变量线性组合的 λ 选择变量 $\left(\sum_{j=1}^{m}a_j\zeta_j\right)^{\lambda}$ 的期望值为

$$
\begin{aligned}
\mathrm{E}\left[\left(\sum_{j=1}^{m}a_j\zeta_j\right)^{\lambda}\right]=3\sum_{j=1}^{m}a_j\rho_j+[\lambda\theta_r-(1-\lambda)\theta_l]\Bigg[&\frac{x_1+x_2}{2}-3\sum_{j=1}^{m}a_j\rho_j\\
&+\left(\sum_{j=1}^{m}a_j\rho_j+x_1\right)\exp\left(1-\frac{x_1}{\sum_{j=1}^{m}a_j\rho_j}\right)\\
&+\left(\sum_{j=1}^{m}a_j\rho_j+x_2\right)\exp\left(1-\frac{x_2}{\sum_{j=1}^{m}a_j\rho_j}\right)\Bigg].
\end{aligned}
$$

(2) 参数区间值指数模糊变量线性组合的 λ 选择变量 $\left(\sum_{j=1}^{m}a_j\zeta_j\right)^{\lambda}$ 的 n 阶

矩为

$$
\begin{aligned}
&\mathrm{M}_n\left[\left(\sum_{j=1}^m a_j\zeta_j\right)^\lambda\right]\\
&=[\lambda\theta_r-(1-\lambda)\theta_l]\left\{\left[x_1\exp\left(1-\frac{x_1}{\sum_{j=1}^m a_j\rho_j}\right)\sum_{i=0}^n\frac{n!}{(n-i)!}\left(\sum_{j=1}^m a_j\rho_j\right)^{i-1}\right.\right.\\
&\quad\times(x_1-m)^{n-i}+\exp\left(1-\frac{x_1}{\sum_{j=1}^m a_j\rho_j}\right)\sum_{i=1}^n\frac{n!}{(n-i)!}\left(\sum_{j=1}^m a_j\rho_j\right)^i(x_1-m)^{n-i}\Bigg]\\
&\quad+\left[x_2\exp\left(1-\frac{x_2}{\sum_{j=1}^m a_j\rho_j}\right)\sum_{i=0}^n\frac{n!}{(n-i)!}\left(\sum_{j=1}^m a_j\rho_j\right)^{i-1}(x_2-m)^{n-i}\right.\\
&\quad\left.\left.+\exp\left(1-\frac{x_2}{\sum_{j=1}^m a_j\rho_j}\right)\sum_{i=1}^n\frac{n!}{(n-i)!}\left(\sum_{j=1}^m a_j\rho_j\right)^i(x_2-m)^{n-i}\right]\right\}\\
&\quad+[1-\lambda\theta_r+(1-\lambda)\theta_l]\left[2\sum_{i=1}^n\frac{n!}{(n-i)!}\left(\sum_{j=1}^m a_j\rho_j\right)^i\left(\sum_{j=1}^m a_j\rho_j-m\right)^{n-i}\right.\\
&\quad\left.+(-m)^n\right]-\frac{1+\lambda\theta_r-(1-\lambda)\theta_l}{2}\left[\sum_{i=1}^n\frac{n!}{(n-i)!}\left(\sum_{j=1}^m a_j\rho_j\right)^i\left(\sum_{j=1}^m a_j\rho_j-m\right)^{n-i}\right],
\end{aligned}
$$

其中参数 $\theta_l=\max_{1\leqslant j\leqslant m}\theta_{lj}$, $\theta_r=\min_{1\leqslant j\leqslant m}\theta_{rj}$, 且 $\rho_j>0$ 和 $x_1=\bigvee_{j=1}^m x_{1j}$, $x_2=\bigwedge_{j=1}^m x_{2j}$. 特别地, x_{1j} 和 x_{2j} 是方程 $\left(\frac{x}{a_j\rho_j}\right)\exp\left(1-\frac{x}{a_j\rho_j}\right)=\frac{1}{2}$ 的两个根.

证明 证明过程同定理 2.10. □

2.5 本章小结

作为模糊分布鲁棒应用研究的基础, 本章介绍了参数可能性分布的相关理论. 这一理论通过可变的可能性分布, 从一个全新角度研究了 2 型模糊理论. 主要理论研究成果总结如下: 首先, 定义了参数区间值模糊变量的概念, 这一概念用上、下可能性分布的线性组合表示. 对于参数区间值模糊变量, 我们又给出其下选择、上选择和 λ 选择的定义. 其次, 通过参数可能性分布刻画的选择变量的数字特征是现实决策问题中重要的优化指标. 因此在推导了参数区间值梯形、三角、正态、厄兰和指数分布的期望值和矩的解析表达式之后, 又关注了参数区间值模糊变量的线性组合的相关计算问题. 最后基于前面的结果, 导出参数区间值模糊变量线性组合的选择变量数字特征的解析形式.

第 3 章　广义参数可能性分布下的鲁棒单周期库存问题

单周期库存问题是库存管理文献中的经典问题之一 [7,8], 常用于易逝品或时尚产品公司的决策. 在不确定单周期库存问题中, 最优决策通常严重依赖于不确定市场需求的分布情况 [9]. 当只有部分需求分布信息可用时, 决策者如何确定一个可靠的订购数量来抵御不确定性风险是一个重要的研究问题 [10,11]. 本章考虑市场需求的可能性分布信息部分已知情形下的单周期库存问题 [12]. 零售商在销售期开始之前, 需要订购短生命周期的产品. 假设所订购的产品只有一个销售周期, 且零售商在整个销售期没有二次订购的机会. 为了使自己收益达到最大, 零售商需要根据产品进价和售价、产品经营成本、缺货惩罚成本、剩余产品的残值以及对市场需求的预测来确定最优订购量. 随着市场竞争的加剧以及产品更新换代速度的加快, 产品市场需求的准确信息很难被确定. 本章在市场需求由广义参数区间值模糊变量刻画的情形下, 建立分布鲁棒单周期库存模型. 为了求解该模型, 在适当的决策准则下推导出模型的鲁棒对等, 并进一步根据模型的特征将其转化为等价的混合整数规划模型. 最后设计基于可行域的分解方法找到模型的鲁棒最优解, 并通过应用实例说明该最优解可以在一定程度上抵御缺少需求信息而导致的不确定性. 与本章理论结果相关的应用研究可见 [13,14].

3.1　单参数分布鲁棒单周期库存模型

3.1.1　模型的建立

考虑一个具有部分需求分布信息的单周期库存问题. 在一个时期的开始阶段, 零售商订购短生命周期的产品, 如电子产品或时尚产品, 由于市场动荡和产品创新率的影响, 无法获得准确的需求分布信息. 零售商在销售期间以固定价格向客户销售产品. 在销售期结束时, 剩余产品被回收, 未满足的需求将产生商誉成本. 考虑到产品的销售价格、残值和各种成本, 零售商有兴趣寻找最优的产品订购量以使平均利润最大化. 在这个问题中, 零售商所面临的困难是预测不确定市场需求的准确分布. 为了避免这一困难, 将不确定需求建模为广义参数区间值梯形模糊变量及其相关的不确定性分布集. 为了建立分布鲁棒单周期库存模型, 接下来给出一些必要的假设和符号:

(A1) 零售商是风险中立的;

(A2) 不确定市场需求的精确分布是不可获得的;

(A3) 产品只在一个时期内售出, 零售商没有第二次机会再下订单;

(A4) 产品供应商在无产能限制和零提前期的情况下运营;

(A5) 所有剩余产品在销售期结束后被回收;

(A6) 任何未满足的需求都会给零售商带来商誉成本.

决策变量

Q: 零售商的订货量, 取整数值.

不确定参数

ξ: 服从广义 PIV 梯形分布的不确定市场需求;

ξ^λ: ξ 的选择变量, 其参数可能性分布为 $\mu_{\xi^\lambda}(x;\theta)$.

固定参数

w_s: 单位产品批发价;

c_r: 单位零售商产品处理成本;

c: 产品总成本且 $c = c_r + w_s$;

g: 单位零售商未满足需求的商誉成本;

s: 剩余产品的单位残值;

p: 产品的销售单价;

θ_l: 名义可能分布的下扰动参数;

θ_r: 名义可能分布的上扰动参数;

λ: 参数区间值模糊变量的选择参数;

$\mathbb{N}^+$: 非负整数集.

3.1.2 鲁棒库存模型

在下面的讨论中, 假设 $p > c > s$, 这个条件保证了零售商和产品供应商都能获得收益且供应商不会无限制地生产产品, 则零售商的利润表示为

$$\pi(Q,\xi) = \begin{cases} (p-c)Q - g(\xi - Q), & \xi \geqslant Q, \\ -(c-s)Q + (p-s)\xi, & \xi < Q, \end{cases} \tag{3.1}$$

其中 ξ 是广义参数区间值模糊变量 $\mathrm{Tra}(r_1, r_2, r_3, r_4; \theta_l, \theta_r)$. 零售商的目标是最大化利润函数. 本节将基于参数可信性优化方法 [15,16], 为单周期库存问题建立一个新的鲁棒优化模型. 为了处理广义参数区间值可能性分布 $\widetilde{\mu}_\xi(x) = [\mu_{\xi^L}(x;\theta_l), \mu_{\xi^U}(x;\theta_r)]$, 引入其选择变量 ξ^λ, 并且不确定性集 $\mathcal{U}$ 由下面的定义给出.

定义 3.1 [12] 假设 $\xi \sim \mathrm{Tra}(r_1, r_2, r_3, r_4; \theta_l, \theta_r)$. 对于任意的 $\lambda_1, \lambda_2 \in [0,1]$, ξ^λ 的可能性分布记为 $\mu_{\xi^\lambda}(x;\theta)$. ξ 的不确定性集 $\mathcal{U}$ 定义为

$$\mathcal{U} = \left\{ \mu_{\xi^\lambda}(x;\theta) \middle| \mu_{\xi^\lambda}(x;\theta) \text{ 由下式决定, 其中} \lambda_1, \lambda_2 \in [0,1] \right\}, \tag{3.2}$$

$$\mu_{\xi^\lambda}(x;\theta) = \begin{cases} (1-\lambda_1)\mu_{\xi^L}(x;\theta_l) + \lambda_1 \mu_{\xi^U}(x;\theta_r), & x \in [r_1, r_2], \\ 1 - (1-\lambda_1)\theta_l + \dfrac{(x-r_2)(\lambda_2 - \lambda_1)\theta_l}{r_3 - r_2}, & x \in [r_2, r_3], \\ (1-\lambda_2)\mu_{\xi^L}(x;\theta_l) + \lambda_2 \mu_{\xi^U}(x;\theta_r), & x \in [r_3, r_4]. \end{cases} \tag{3.3}$$

对于任意的选择变量 ξ^λ, 其分布 $\mu_{\xi^\lambda}(x;\theta) \in \mathcal{U}$, 收益 $\pi(Q,\xi^\lambda)$ 由 (3.1) 式计算. 根据 L-S 积分 [17], 零售商的平均收益为

$$\int_{[r_1, r_4]} \pi(Q, r) \mathrm{dCr}\{\xi^\lambda \leqslant r\}. \tag{3.4}$$

(3.4) 式严重依赖于选择参数 λ_1 和 λ_2, 它们决定了可能性分布函数 $\mu_{\xi^\lambda}(x;\theta)$ 在支撑 ξ 中的位置. 基于不确定分布集, 分布鲁棒单周期库存模型为如下形式

$$\left\{ \max_Q \left\{ \int_{[r_1, r_4]} \pi(Q, r) \mathrm{dCr}\{\xi^\lambda \leqslant r\} : r_1 \leqslant Q \leqslant r_4, Q \in \mathbb{N}^+ \right\} \right\}_{\mu_{\xi^\lambda}(x;\theta) \in \mathcal{U}}. \tag{3.5}$$

显然分布鲁棒单周期库存模型 (3.5) 是一族不确定库存模型

$$\max_Q \left\{ \int_{[r_1, r_4]} \pi(Q, r) \mathrm{dCr}\{\xi^\lambda \leqslant r\} : r_1 \leqslant Q \leqslant r_4, Q \in \mathbb{N}^+ \right\}, \tag{3.6}$$

其中 $\mu_{\xi^\lambda}(x;\theta)$ 在给定的不确定性集 $\mathcal{U}$ 中变化. 与一个单周期库存优化模型相比, 一族优化模型 (3.6) 的最优解和最优值的概念没有很好地关联. 因此, 如何为鲁棒库存优化模型 (3.5) 定义相关概念就是一个重要的问题, 这些问题将在 3.1.3 节进行讨论.

3.1.3 模型的鲁棒对等

为了获得鲁棒库存优化模型 (3.5) 的有意义的解, 我们关注具有如下特征的决策环境:

C1. 鲁棒优化模型 (3.5) 的订购量 Q 代表的是“这里且现在”决策.

C2. 当且仅当参数可能性分布 $\mu_{\xi^\lambda}(r;\theta)$ 在指定的不确定分布集 $\mathcal{U}$ 内变化时, 决策者对所有决策负责. 这两个假设为鲁棒库存优化模型 (3.5) 确定了一个有意义的可行解, 称为鲁棒可行解. 给定一个候选的订购量 Q, 当 $\mu_{\xi^\lambda}(x;\theta)$ 在不确定

性集 $\mathcal{U}$ 中变化时, 模型 (3.5) 在 Q 的鲁棒目标值是 $\int_{[r_1,r_4]}\pi(Q,r)\mathrm{dCr}\{\xi^\lambda\leqslant r\}$ 的最小值, 即

$$\inf_{\mu_{\xi^\lambda}(x;\theta)\in\mathcal{U}}\int_{[r_1,r_4]}\pi(Q,r)\mathrm{dCr}\{\xi^\lambda\leqslant r\}. \tag{3.7}$$

为了寻求不确定单周期库存问题最大的鲁棒目标值, 分布鲁棒优化 (distributionally robust optimization, DRO) 模型 (3.5) 的鲁棒对等构建为如下形式

$$\begin{aligned}&\max_{Q}\inf_{\mu_{\xi^\lambda}(x;\theta)\in\mathcal{U}}\int_{[r_1,r_4]}\pi(Q,r)\mathrm{dCr}\{\xi^\lambda\leqslant r\}\\ &\text{s.t.}\quad Q\in\mathbb{N}^+,\quad r_1\leqslant Q\leqslant r_4.\end{aligned} \tag{3.8}$$

至此, 我们获得了关于变量 Q 的鲁棒对等优化模型 (3.8). 鲁棒对等 (3.8) 的最优解和最优值分别称为分布鲁棒库存模型 (3.5) 的鲁棒最优解和鲁棒最优值.

注意到鲁棒对等 (3.8) 的目标函数中含有无穷多个 L-S 积分, 它们在给定的不确定性集中是计算可处理的. 3.2 节将为鲁棒对等模型 (3.8) 设计一种求解方法.

3.2 鲁棒对等的求解方法

3.2.1 模型分析

如果 ξ^λ 是广义参数区间值模糊变量 $\mathrm{Tra}(r_1,r_2,r_3,r_4;\theta_1,\theta_2)$ 的选择变量, 两个选择参数满足 $\lambda_1\leqslant\lambda_2$, 则平均收益 (3.4) 可以表示为

$$\begin{aligned}&\int_{[r_1,r_4]}\pi(Q,r)\mathrm{dCr}\{\xi^\lambda\leqslant r\}\\ &=(p+g-w_s-c_r)(1-(1-\lambda_2)\theta_l)Q\\ &\quad-(p+g-s)\int_{r_1}^{Q}\mathrm{Cr}\{\xi^\lambda\leqslant r\}\mathrm{dr}-g\mu,\end{aligned} \tag{3.9}$$

其中 $\mu=\int_{[r_1,r_4]}r\mathrm{dCr}\{\xi^\lambda\leqslant r\}$. 由模糊事件 $\{\xi^\lambda\leqslant r\}$ 的可信性, (3.9) 的计算分为如下三种情况.

首先, 如果零售商的订购量满足, 则 (3.9) 式可改写为

$$\begin{aligned}&\int_{[r_1,r_4]}\pi(Q,r)\mathrm{dCr}\{\xi^\lambda\leqslant r\}\\ &=\lambda_1\left\{\frac{-(p+g-s)\left[Q^2(\theta_l-\theta_r)+2Q(r_2\theta_r-r_1\theta_l)\right]}{4(r_2-r_1)}\right.\end{aligned}$$

$$+\frac{(p+g-s)\left[2\theta_r r_1 r_2 - r_1^2(\theta_l+\theta_r)\right]}{4(r_2-r_1)}$$
$$-g\frac{4r_1(\theta_l+\theta_r)-4r_2\theta_r-r_3\theta_l}{4}\Bigg\}+\lambda_2\Bigg\{g\frac{-4r_4(\theta_l+\theta_r)-4r_2\theta_l-r_3(2\theta_l-\theta_r)}{4}$$
$$+(p+g-w-c)\theta_l Q\Bigg\}+(1-\theta_l)\Bigg[(p+g-w-c)Q$$
$$-(p+g-s)\frac{(Q-r_1)^2}{4(r_2-r_1)}-g\frac{r_1+r_2+r_3+r_4}{4}\Bigg].$$

为了简化, 引入下面的记号

$$\begin{cases} f_1(Q)=\dfrac{-(p+g-s)[Q^2(\theta_l-\theta_r)+2Q(r_2\theta_r-r_1\theta_l)]}{4(r_2-r_1)} \\ \qquad -\dfrac{(p+g-s)[-2\theta_r r_1 r_2+r_1^2(\theta_l+\theta_r)]}{4(r_2-r_1)} \\ \qquad -g\dfrac{4r_1(\theta_l+\theta_r)-4r_2\theta_r-r_3\theta_l}{4}, \\ g_1(Q)=-g\dfrac{4r_4(\theta_l+\theta_r)+4r_2\theta_l+r_3(2\theta_l-\theta_r)}{4} \\ \qquad +(p+g-w-c)\theta_l Q, \\ h_1(Q)=(1-\theta_l)\Big[(p+g-w-c)Q \\ \qquad -(p+g-s)\dfrac{(Q-r_1)^2}{4(r_2-r_1)}-g\dfrac{r_1+r_2+r_3+r_4}{4}\Big]. \end{cases}$$

使用这些记号, 模型 (3.8) 的鲁棒目标改写为

$$\inf_{\mu_{\xi^\lambda}(x;\theta)\in\mathcal{U}}\int_{[r_1,r_4]}\pi(Q,r)\mathrm{dCr}\{\xi^\lambda\leqslant r\}$$
$$=-\max\{-f_1(Q),0\}-\max\{-g_1(Q),0\}+h_1(Q).$$

因此, 鲁棒对等模型 (3.8) 等价于下面的参数规划子模型

$$\begin{array}{ll} \max & h_1(Q)-u-v \\ \text{s.t.} & f_1(Q)+u\geqslant 0, \\ & g_1(Q)+v\geqslant 0, \\ & r_1\leqslant Q<r_2, \quad Q\in\mathbb{N}^+, \\ & u\geqslant 0, v\geqslant 0, \end{array} \tag{3.10}$$

其中 u 和 v 是两个附加变量.

其次, 如果零售商的订购量满足 $r_2 \leqslant Q < r_3$, 则鲁棒对等模型 (3.8) 经简单推导等价于如下的参数规划子模型

$$\begin{aligned}
\max \quad & h_2(Q) - u - v \\
\text{s.t.} \quad & f_2(Q) + u \geqslant 0, \\
& g_2(Q) + v \geqslant 0, \\
& r_2 \leqslant Q < r_3, \quad Q \in \mathbb{N}^+, \\
& u \geqslant 0, \quad v \geqslant 0,
\end{aligned} \tag{3.11}$$

其中函数 f_2, g_2, h_2 定义为

$$\begin{cases}
f_2(Q) = \dfrac{-(p+g-s)(r_3-r_2)[2Q - r_1(1+\theta_r)]}{4(r_3-r_2)} \\
\qquad + \dfrac{(p+g-s)[r_2(1-\theta_r) + (Q-r_2)^2\theta_l]}{4(r_3-r_2)} \\
\qquad - g\dfrac{4\theta_r(r_2-r_1) + \theta_l(r_3-4r_1)}{4}, \\
g_2(Q) = g\dfrac{\theta_r(r_3-4r_4) - 2\theta_l(2r_2+r_3+2r_4)}{4} - \dfrac{(p+g-s)\theta_l(Q-r_2)^2}{4(r_3-r_2)} \\
\qquad + (p+g-w-c)\theta_l Q, \\
h_2(Q) = (1-\theta_l)\left[(p+g-w-c)Q - \dfrac{(p+g-s)(2Q-r_1-r_2)}{4}\right. \\
\qquad \left. - g\dfrac{r_1+r_2+r_3+r_4}{4}\right].
\end{cases}$$

最后, 如果零售商的订购量满足 $r_3 \leqslant Q \leqslant r_4$, 则鲁棒对等模型 (3.8) 经简单推导等价于如下的参数规划子模型

$$\begin{aligned}
\max \quad & h_3(Q) - u - v \\
\text{s.t.} \quad & f_3(Q) + u \geqslant 0, \\
& g_3(Q) + v \geqslant 0, \\
& r_3 \leqslant Q \leqslant r_4, \quad Q \in \mathbb{N}^+, \\
& u \geqslant 0, \quad v \geqslant 0,
\end{aligned} \tag{3.12}$$

其中函数 f_3, g_3, h_3 定义为

$$
\begin{cases}
f_3(Q) = \dfrac{(p+g-s)[r_1(\theta_l+\theta_r)-r_2\theta_r-r_3\theta_l]}{4} - g\dfrac{4r_1(\theta_l+\theta_r)-4r_2\theta_r-r_3\theta_l}{4}, \\
g_3(Q) = -g\dfrac{4r_4(\theta_l+\theta_r)+4r_2\theta_l+r_3(2\theta_l-\theta_r)}{4} \\
\qquad -(p+g-s)\left[\theta_l\left(Q-\dfrac{r_2}{2}-r_3\right)+\dfrac{(\theta_l-\theta_r)[Q^2-2r_4(Q-r_3)-r_3^2]}{4(r_4-r_3)}\right. \\
\qquad \left. -\dfrac{2\theta_r(Q-r_3)}{4(r_4-r_3)}+\dfrac{\theta_l(r_3+r_2)}{4}\right]+(p+g-w-c)\theta_l Q, \\
h_3(Q) = (1-\theta_l)\left\{(p+g-w-c)Q-(p+g-s)\left[\dfrac{2r_3-r_1-r_2}{4}\right.\right. \\
\qquad \left.\left. +\dfrac{(Q-r_3)(2r_4-3r_3+Q)}{4(r_4-r_3)}\right]-g\dfrac{r_1+r_2+r_3+r_4}{4}\right\}.
\end{cases}
$$

至此, 鲁棒对等模型 (3.8) 被等价地重构为三个参数规划子模型 (3.10)—(3.12). 根据子模型的结构特点, 3.2.2 节将设计一个区域分解方法用于寻找鲁棒最优解.

3.2.2 可行域分解法

鲁棒优化模型 (3.8) 的可行域根据决策变量 Q 的取值被分成三个互不相交的子区域. 这三个子区域正好是三个子模型 (3.10)—(3.12) 的可行域. 从这个角度来说, 可以知道鲁棒优化模型 (3.8) 的全局最优解可以通过求解三个混合整数规划子模型 (3.10)—(3.12) 来得到. 对于混合整数规划模型来说, 优化软件 LINGO 是求解该模型的一个有效工具. 在本章中使用优化软件 LINGO 11 来求解对应的子模型. 因为在得到全局最优解之前, 并不知道全局最优解在哪个子区间得到, 所以必须求解鲁棒优化模型 (3.8) 对应的三个子模型, 寻找其局部最优解, 然后通过比较三个子模型的目标函数值, 找到鲁棒优化模型 (3.8) 的全局最优解, 该方法称为可行域分解方法. 给定波动参数 θ_l 和 θ_r, 上述可行域分解方法的过程总结如下.

步骤 1 求解混合整数规划子模型 (3.10)—(3.12), 并记局部最优解为 $(Q_i, u_i, v_i), i=1,2,3$.

步骤 2 在局部最优解 $(Q_i, u_i, v_i), i=1,2,3$ 处计算并比较目标函数的鲁棒值 $z_i(Q_i)-u_i-v_i$, 记最大利润为

$$
z^*(Q^*)-u^*-v^* = \max_{1\leqslant i\leqslant 3}\Big(z_i(Q_i)-u_i-v_i\Big).
$$

步骤 3 返回 Q^* 作为鲁棒优化模型 (3.8) 的全局鲁棒最优解, 其鲁棒最优值为 $z^*(Q^*)-u^*-v^*$.

3.3 应用实例

3.3.1 问题描述

为了说明本章的建模思想及所建模型的有效性, 考虑一个蒸发式空冷器的单周期库存问题实例. 在夏季来临之前, 一家零售商计划订购固定数量的蒸发式空冷器出售. 由于市场波动和产品创新率的影响, 蒸发式空冷器的准确需求分布信息是不可获得的, 因此零售商根据不确定的市场需求预测做出决策. 在这种情况下, 零售商需要在配送不确定的情况下确定蒸发式空冷器的最优订货量. 基于零售商多年的销售经验, 零售商可以得到该款产品市场需求的部分信息, 即销售期内该款空冷器的市场需求数量 ξ 在 800 台到 1200 台之间, 零售商判断市场需求近似服从梯形分布 $[800, 1000, 1100, 1200]$, 而且当 $r \in [1000, 1100]$ 时, 模糊事件 $\{\xi = r\}$ 的可能性近似为 1. 但由于缺乏历史销售数据, 市场需求 ξ 的准确可能性分布是不能得到的. 为了描述这种情况, 将该不确定的市场需求刻画为广义参数区间值梯形模糊变量, 即 $\xi \sim \mathrm{Tra}[800, 1000, 1100, 1200; \theta_l, \theta_r]$, 其中参数 θ_l 和 θ_r 表示需求 ξ 在区间 $[800, 1200]$ 取值的不确定程度. 在销售期结束时, 剩余产品被回收, 未满足的需求将产生商誉成本. 蒸发式空冷器库存问题中的参数值由表 3.1 给出. 3.3.2 节将使用鲁棒优化模型 (3.5) 为上述蒸发式空冷器的单周期库存问题建模, 其相关鲁棒对等模型为 (3.8), 同时讨论分布不确定性对名义最优解的影响.

表 3.1　模型参数值

w_s/ 美元	c_r/ 美元	g/ 美元	s/ 美元	p/ 美元
55	5	15	20	130

3.3.2 计算结果

为了得到零售商的最优订购量, 需要求解鲁棒对等模型 (3.8). 根据 3.2.2 节设计的可行域分解方法, 通过优化软件求解三个等价混合整数规划子模型 (3.10)—(3.12), 其中 $r_1 = 800, r_2 = 1000, r_3 = 1100$ 以及 $r_4 = 1200$. 本节所有的计算都是在个人计算机上通过优化软件 LINGO 11 完成的. 操作系统为 Windows10, 计算机配置为: Intel Pentium(R) Dual-Core E5700, 3.00GHz CPU 和 8.00GB RAM. 为了分析波动参数 θ_r 和 θ_l 对分布鲁棒单周期库存优化模型最优解的影响, 下面分别对波动参数 θ_r 和 θ_l 做灵敏度分析.

情形 I　波动参数 θ_r 对最优解的影响.

令波动参数 θ_l 分别取 0.02, 0.04, 0.045, 0.048 和 0.05, 通过计算可得最优订购量与波动参数 θ_r 之间的关系以及均值收益与波动参数 θ_r 之间的关系, 计算结果见图 3.1. 从图中可以看出, 最优订购量 Q^* 和均值收益都是关于波动参数 θ_r 的递减函数.

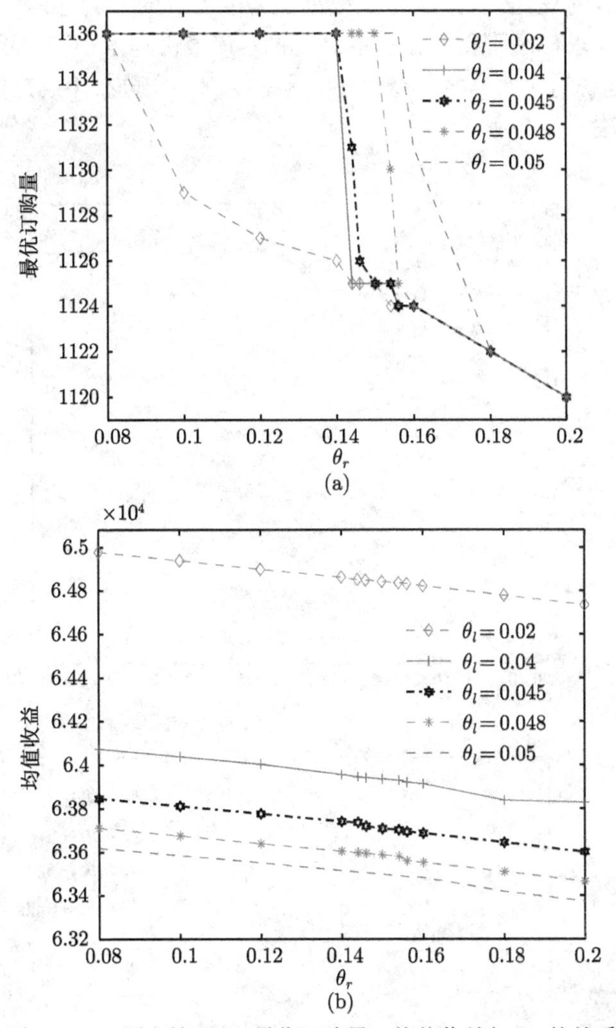

图 3.1 θ_l 固定情形下, 最优订购量、均值收益与 θ_r 的关系

情形 II 波动参数 θ_l 对最优解的影响.

令波动参数 θ_r 分别取 0.196, 0.2, 0.202, 0.204 和 0.206, 通过计算可得最优订购量与波动参数 θ_l 之间的关系以及均值收益与波动参数 θ_l 之间的关系, 计算结果见图 3.2. 从图中可以看出, 最优订购量 Q^* 是关于波动参数 θ_l 的递增函数, 而均值收益是关于波动参数 θ_l 的递减函数.

由图 3.1 和图 3.2 可知, 最优订购量随着波动参数 θ_r 的增加而减小, 而随着

波动参数 θ_l 的增加而增加. 均值收益随着波动参数 θ_r 或 θ_l 增加都减小, 即市场需求分布的不确定程度变大时, 均值收益是递减的. 波动参数 θ_l 和 θ_r 变化意味着需求不确定程度的变化, 决策者可以根据经验或专家的预测选择合适的参数取值, 从而在较少的需求信息下得到模型的最优解. 该最优解是在某个不确定分布集下得到的, 也就是说这个解是鲁棒最优解, 具有抵御一定分布不确定性的能力, 这正是鲁棒优化方法的优势所在.

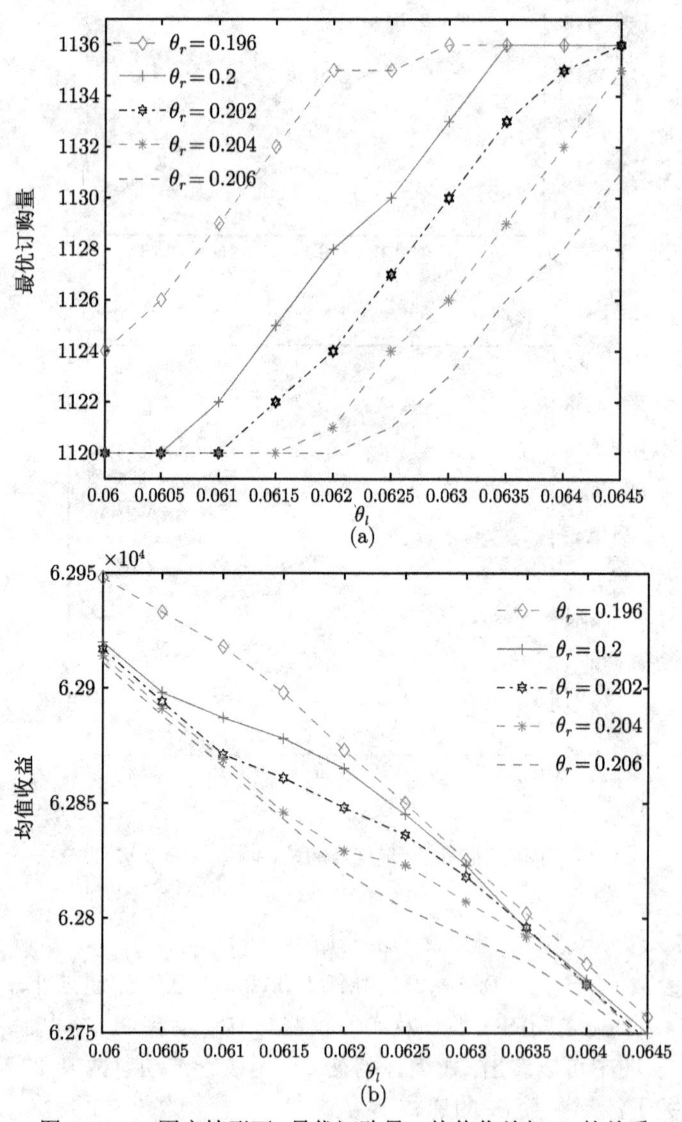

图 3.2 θ_r 固定情形下, 最优订购量、均值收益与 θ_l 的关系

3.3.3 鲁棒代价

如果零售商根据历史数据获得了市场需求 ξ 的准确可能性分布信息, 那么零售商的最优订购量应该通过求解下面的优化模型得到,

$$\begin{aligned} \max_{Q} \quad & \int_{[r_1,r_4]} \pi(Q,r)\mathrm{dCr}\{\xi \leqslant r\} \\ \text{s.t.} \quad & r_1 \leqslant Q \leqslant r_4, \quad Q \in \mathbb{N}^+. \end{aligned} \tag{3.13}$$

为了便于比较, 将市场需求由 $\xi \sim \mathrm{Tra}(800,1000,1100,1200;\theta_l,\theta_r)$ 的名义可能性分布刻画得到的最优订购量 Q^* 称为名义最优解, 对应的最优值称为名义最优值.

为了清晰地展示不确定分布集对单周期库存模型最优解的影响, 下面引入测量指标“鲁棒代价”: 名义最优值与鲁棒最优值之差. 当市场需求 ξ 服从梯形可能性分布 Tra(800, 1000, 1100, 1200) 时, 根据模型 (3.13) 可以得到名义最优订购量 1136 部, 对应的名义均值收益为 66030 美元. 表 3.2 和表 3.3 分别给出波动参数 θ_l 和 θ_r 固定情形下, 鲁棒代价的变化趋势. 结论是鲁棒代价随着波动参数 θ_l 或 θ_r 的增加而增加, 也就是说, 随着市场需求的不确定程度增加, 零售商得到的均值收益是逐渐减小的.

表 3.2 θ_l 固定情形下单周期库存问题的鲁棒代价

θ_l	θ_r	Q^*/部	均值收益/美元	鲁棒代价/美元
0.02	0.08	1131	64978.55	1051.45
0.02	0.10	1129	64939.79	1090.21
0.02	0.12	1127	64899.60	1130.4
0.02	0.14	1126	64863.20	1166.8
0.02	0.16	1124	64821.32	1208.68
0.02	0.18	1122	64778.15	1251.85
0.02	0.20	1120	64734.23	1295.77

表 3.3 θ_r 固定情形下单周期库存问题的鲁棒代价

θ_l	θ_r	Q^*/部	均值收益/美元	鲁棒代价/美元
0.060	0.202	1120	62917.26	3112.74
0.0605	0.202	1120	62894.59	3135.41
0.061	0.202	1120	62871.92	3158.08
0.0615	0.202	1122	62861.28	3168.72
0.062	0.202	1124	62848.39	3181.61
0.0625	0.202	1127	62836.19	3193.81
0.063	0.202	1130	62818.93	3211.07
0.0635	0.202	1133	62796.63	3233.37
0.064	0.202	1135	62771.39	3258.61
0.0645	0.202	1336	62746.59	3283.41

3.4 本章小结

本章研究了市场需求分布信息部分已知情形下的单周期库存问题. 当市场需求的可能性分布属于不同的不确定分布集时, 分别通过分布鲁棒优化方法求解了对应的单周期库存优化模型. 主要研究内容有以下几个方面. 首先, 针对市场需求选择变量的可能性分布构成的不确定分布集, 提出了一个新的分布鲁棒单周期库存优化模型, 并在一定的决策准则下给出分布鲁棒单周期库存模型的鲁棒对等. 通过推导并分析零售商均值收益的解析表达式, 将鲁棒对等模型转化为三个等价的混合整数规划子模型并设计了基于可行域分解的方法求解. 其次, 当不确定市场需求的准确可能性分布可以得到, 即市场需求被描述为离散型模糊变量或连续型模糊变量时, 分别推导出零售商最优订购量的解析表达式. 最后, 运用优化软件 LINGO 11 对应用实例进行求解, 得到了一个可以抵御市场需求不确定性的最优订购量, 说明该方法相对于其他参数优化方法更具优越性.

第 4 章　鲁棒经济可持续发展问题

可持续发展问题从根本上可理解为环境、经济、能源和社会方面的综合问题. 它旨在分配资源以平衡经济、能源、环境和社会的关系 [18,19]. 这个问题源于对能源消耗、全球人口增长和温室气体排放之间的关系以及对长期可持续性的影响的日益关注. 可持续发展问题的一个重要的特征是具有多个相互冲突的准则: 经济、能源、环境与社会 [20,21]. 经济的快速增长需要大量的劳动力资源和能源消耗, 进而导致高水平的污染. 因此, 实现可持续发展的关键之一就是处理这四者之间的关系. 然而, 在规划可持续发展问题的过程中, 往往存在大量的不确定性, 这就使决策者可能无法获得精确的数据信息. 因此, 不确定性也成为决策者制定可持续性政策需要面临的一个重要挑战.

本章首先提出一个鲁棒多目标可持续发展模型 [22]. 这一模型融合了经济、环境和能源三个相互冲突的目标. 考虑人均国内生产总值 (GDP). 电消耗量、温室气体排放量和失业率是不确定的, 并且通过不确定集刻画不确定参数. 然后, 基于盒子–广义多面体和盒子–椭球不确定集, 将分别得到所提模型的计算可处理的鲁棒对等模型. 最后, 根据不确定参数的信息获取情况, 将从两个角度对阿联酋 2030 年可持续发展目标进行研究: ① 不确定参数无分布信息; ② 不确定参数的可能性分布是已知的. 当不确定参数无任何分布信息时, 本章将采用鲁棒模型进行研究, 并通过与确定模型的比较说明鲁棒模型的有效性. 当不确定参数的可能性分布可获得时, 本章将建立模糊可持续发展模型并在同一支撑信息下与鲁棒模型进行比较. 关于可持续发展问题的最新研究进展请参考文献 [23].

4.1　鲁棒多目标可持续发展模型

本章考虑一个可持续发展问题 [22]. 它作为全球关注的一个主题, 其目的是通过分配劳动力, 实现经济 (GDP)、能源 (电消耗量)、环境 (温室气体 (GHG) 排放量)、社会 (劳动力) 之间的平衡, 从而实现可持续发展. 此问题的简要说明如图 4.1. 在这里, 以经济部门为单位分配劳动力, 同时满足 GDP 增长、电量消耗、温室气体排放量和每个经济部门实现可持续性所需的员工数量. 因此, 本章将最大化 GDP、最小化用电量和温室气体排放作为目标函数来同时优化. 这里考虑以下假设:

(1) 目标函数和约束与决策变量是线性相关的;

(2) 每个部门都存在失业率且是不确定的;

(3) 设定时间周期为一年.

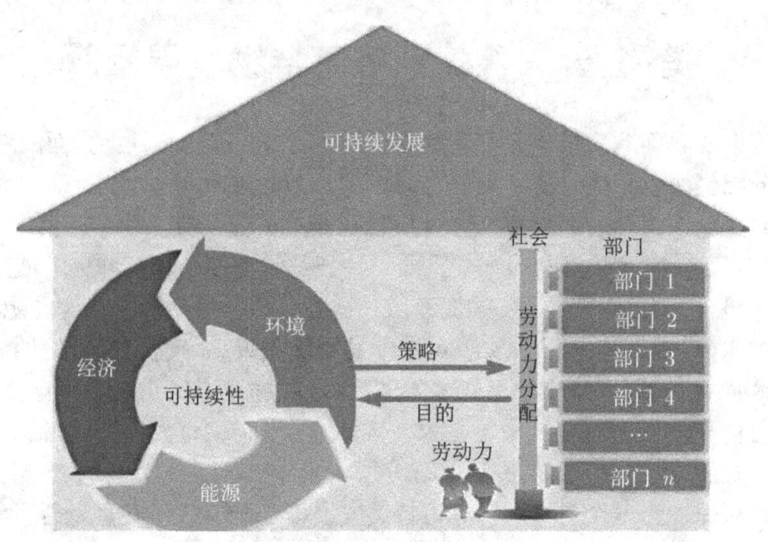

图 4.1 可持续发展问题的图示

为了描述可持续发展问题, 首先列出问题模型中使用的符号和参数, 如表 4.1.

表 4.1 模型参数的数据集

	符号	描述
集合	$[I]=\{i=a,b,c,d\}$	不确定参数集
	$[J]=\{j=1,\cdots,n\}$	经济部门集合
	$\mathcal{U}_i$	不确定集 $i\in[I]$
参数	$\boldsymbol{a}_j$	第 j 个经济部门的人均 GDP 贡献
	$\boldsymbol{b}_j$	第 j 个经济部门的人均用电量
	$\boldsymbol{c}_j$	第 j 个经济部门的 GHG 排放量
	$\boldsymbol{d}_j$	第 j 个经济部门的劳动力贡献
	e_j	当前第 j 个经济部门的劳动力数量
	t	劳动力总数的预定上限
	$\boldsymbol{z}_i$	L 维的波动向量 $i\in[I]$
决策变量	x_j	第 j 个经济部门的最优劳动力数量

首先, 我们详细说明问题中的三个目标.

(1) 一年内基于全国最优资源配置下的部门 GDP 总量计算公式如下

$$F_1(\boldsymbol{x},\boldsymbol{a}(\boldsymbol{z}_a))=\boldsymbol{a}(\boldsymbol{z}_a)^{\mathrm{T}}\boldsymbol{x}, \tag{4.1}$$

其中 $\boldsymbol{x}=(x_1,x_2,\cdots,x_n)$, $\boldsymbol{a}(\boldsymbol{z}_a)=(\boldsymbol{a}_1(\boldsymbol{z}_a),\boldsymbol{a}_2(\boldsymbol{z}_a),\cdots,\boldsymbol{a}_n(\boldsymbol{z}_a))$.

(2) 所有经济部门的人均用电量 (单位: 吉瓦时 (GW·h)) 的累计数量为 $F_2(\boldsymbol{x}, \boldsymbol{b}(\boldsymbol{z}_b))$:

$$F_2(\boldsymbol{x}, \boldsymbol{b}(\boldsymbol{z}_b)) = \boldsymbol{b}(\boldsymbol{z}_b)^{\mathrm{T}}\boldsymbol{x}, \tag{4.2}$$

其中 $\boldsymbol{b}(\boldsymbol{z}_b) = (\boldsymbol{b}_1(\boldsymbol{z}_b), \boldsymbol{b}_2(\boldsymbol{z}_b), \cdots, \boldsymbol{b}_n(\boldsymbol{z}_b))$.

(3) $F_3(\boldsymbol{x}, \boldsymbol{c}(\boldsymbol{z}_c))$, 部门总的温室气体排放量 (单位: 吉克 (Gg)), 表达如下

$$F_3(\boldsymbol{x}, \boldsymbol{c}(\boldsymbol{z}_c)) = \boldsymbol{c}(\boldsymbol{z}_c)^{\mathrm{T}}\boldsymbol{x}, \tag{4.3}$$

其中 $\boldsymbol{c}(\boldsymbol{z}_c) = (\boldsymbol{c}_1(\boldsymbol{z}_c), \boldsymbol{c}_2(\boldsymbol{z}_c), \cdots, \boldsymbol{c}_n(\boldsymbol{z}_c))$.

人均 GDP 贡献 $\boldsymbol{a}$, 人均电量消耗 $\boldsymbol{b}$ 和人均温室气体排放量 $\boldsymbol{c}$ 具有一定的不确定性. 决策者往往不能精确地获得这些数据, 这就导致总的部门 GDP $F_1(\boldsymbol{x}, \boldsymbol{a}(\boldsymbol{z}_a))$、总的电消耗量 $F_2(\boldsymbol{x}, \boldsymbol{b}(\boldsymbol{z}_b))$ 和总的温室气体排放量 $F_3(\boldsymbol{x}, \boldsymbol{c}(\boldsymbol{z}_c))$ 也是不确定的.

通过引入辅助决策变量 F_1^0, F_2^0, F_3^0, 不确定目标 (4.1)—(4.3) 就可以转化为确定目标, 表达式为 (4.4)—(4.9).

接下来介绍该问题的约束. 约束 (4.10) 保证了所有经济部门的总的劳动力不能超过 t, 其中 $\boldsymbol{d}(\boldsymbol{z}_d) = (\boldsymbol{d}_1(\boldsymbol{z}_d), \boldsymbol{d}_2(\boldsymbol{z}_d), \cdots, \boldsymbol{d}_n(\boldsymbol{z}_d))$ 是不确定的. 约束 (4.11) 确保了每个经济部门的劳动人数为整数并考虑每个经济部门的劳动人数不得低于当前部门的劳动数量.

鲁棒多目标可持续发展模型可以被建立如下

$$\begin{aligned}
\max \quad & F_1^0 && (4.4)\\
\min \quad & F_2^0 && (4.5)\\
\min \quad & F_3^0 && (4.6)\\
\text{s.t.} \quad & \boldsymbol{a}(\boldsymbol{z}_a)^{\mathrm{T}}\boldsymbol{x} \geqslant F_1^0, \quad \forall \boldsymbol{a} \in \mathcal{U}_a, && (4.7)\\
& \boldsymbol{b}(\boldsymbol{z}_b)^{\mathrm{T}}\boldsymbol{x} \leqslant F_2^0, \quad \forall \boldsymbol{b} \in \mathcal{U}_b, && (4.8)\\
& \boldsymbol{c}(\boldsymbol{z}_c)^{\mathrm{T}}\boldsymbol{x} \leqslant F_3^0, \quad \forall \boldsymbol{c} \in \mathcal{U}_c, && (4.9)\\
& \boldsymbol{d}(\boldsymbol{z}_d)^{\mathrm{T}}\boldsymbol{x} \leqslant t, \quad \forall \boldsymbol{d} \in \mathcal{U}_d, && (4.10)\\
& x_j \geqslant e_j, \quad x_j \in \mathbb{Z}^+, \quad j \in [J]. && (4.11)
\end{aligned}$$

这是一个多目标半无限规划问题.

现在使用 ϵ-约束方法将这个多目标规划转化为单目标规划. 根据决策者的偏好, 将 GDP 作为单目标规划的目标. 因此, 多目标规划问题就可以转化为下面的单目标规划:

$$
\begin{aligned}
\max \quad & F_1^0 \\
\text{s.t.} \quad & F_2^0 \leqslant (1-\epsilon_E)E_{\max}, \\
& F_3^0 \leqslant (1-\epsilon_G)G_{\max}, \\
& \text{约束 } (4.7)\text{—}(4.11),
\end{aligned}
\tag{4.12}
$$

其中, ϵ_E 表示总用电量的目标降低率, ϵ_G 表示总温室气体排放量的目标降低率. $E_{\max}$ 和 $G_{\max}$ 分别表示在不考虑能源和环境影响时最大化部门 GDP 所对应的最大的总耗电量和总温室气体排放量.

模型 (4.12) 能够抵御不确定性. 但是, 该模型具有无穷多个约束, 这就使得该模型面临计算上不可处理的挑战. 为了克服这一困难, 需要建立一种表示方法, 将模型的半无限约束等价地表示为清晰凸约束的有限系统. 这就需要关注鲁棒优化方法. 在给定不确定集的情况下, 鲁棒优化方法可以提供模型 (4.12) 的鲁棒对等模型, 这个鲁棒对等模型是一个有限的可计算的凸约束系统.

4.2 鲁棒对等可持续发展模型

本节将建立可持续发展问题的可处理形式. 基于两类不确定集下, 通过鲁棒优化方法找到该问题的鲁棒形式. 在这个问题 (4.12) 中, 不确定人均贡献 $\boldsymbol{a}$, $\boldsymbol{b}$, $\boldsymbol{c}$ 和 $\boldsymbol{d}$ 在不确定集中变化. 其中, 给定的不确定集由扰动向量 $\boldsymbol{z}_i=(z_i^1,z_i^2,\cdots,z_i^L)^{\mathrm{T}}$ $(i\in[I])$ 进行参数化, 并且扰动向量属于给定的波动集 $\mathcal{Z}_i$, $i\in[I]$. 例如, 约束 (4.7) 可以表示为

$$
\boldsymbol{a}(\boldsymbol{z}_a)^{\mathrm{T}}\boldsymbol{x}\geqslant F_1^0,\quad \mathcal{U}_a=\left\{\boldsymbol{a}(\boldsymbol{z}_a)=[a^0]^{\mathrm{T}}+\sum_{l\in[L]}a^l z_a^l:\forall\ \boldsymbol{z}_a\ \in\ \mathcal{Z}_a\right\}.
$$

相似地, 约束 (4.8)—(4.10) 也可以写成这种形式. 不确定参数 $[\boldsymbol{a};\ \boldsymbol{b};\ \boldsymbol{c};\ \boldsymbol{d}]$ 围绕着名义值 $[a^0;\ b^0;\ c^0;\ d^0]$ 波动.

4.2.1 基于盒子–椭球不确定集下的鲁棒对等模型

本子节研究了基于盒子–椭球不确定集下的鲁棒对等模型. 其中, 该不确定集由下列盒子–椭球波动集进行了参数化:

$$
\mathcal{Z}_i=\left\{\boldsymbol{z}_i\in\mathbb{R}^L,\ -1\leqslant z_i^l\leqslant 1,\sqrt{\sum_{l\in[L]}\left(\frac{z_i^l}{\sigma_l}\right)^2}\leqslant\Omega_i,\ l\in[L]\right\},
\tag{4.13}
$$

其中, $\sigma_l>0$ 为给定参数, $\Omega_i>0$ $(i\in[I])$ 是控制不确定集大小的可调整的安全参数.

定理 4.1 [22] 对于可持续发展问题 (4.12), 假设不确定人均贡献 $\boldsymbol{a}$, $\boldsymbol{b}$, $\boldsymbol{c}$, $\boldsymbol{d}$ 被波动向量 $\boldsymbol{z}_i$ 参数化, 并且波动向量属于盒子–椭球波动集 (4.13). 则可持续发展问题 (4.12) 的鲁棒对等模型可由下列体系表示

$$
\begin{aligned}
\max \quad & F_1^0 \\
\text{s.t.} \quad & F_2^0 \leqslant (1-\epsilon_E)E_{\max}, \\
& F_3^0 \leqslant (1-\epsilon_G)G_{\max}, \\
& -\sum_{l\in[L]}|r_l| - \Omega_a\sqrt{\sum_{l\in L}\sigma_l^2 s_l^2} + [a^0]^{\mathrm{T}}\boldsymbol{x} \geqslant F_1^0, \\
& r_l + s_l = [a^l]^{\mathrm{T}}\boldsymbol{x}, \quad l\in[L], \\
& \sum_{l\in[L]}|q_l| + \Omega_b\sqrt{\sum_{l\in[L]}\sigma_l^2\omega_l^2} + [b^0]^{\mathrm{T}}\boldsymbol{x} \leqslant F_2^0, \\
& q_l + \omega_l = -[b^l]^{\mathrm{T}}\boldsymbol{x}, \quad l\in[L], \\
& \sum_{l\in[L]}|g_l| + \Omega_c\sqrt{\sum_{l\in[L]}\sigma_l^2 h_l^2} + [c^0]^{\mathrm{T}}\boldsymbol{x} \leqslant F_3^0, \\
& g_l + h_l = -[c^l]^{\mathrm{T}}\boldsymbol{x}, \quad l\in[L], \\
& \sum_{l\in[L]}|f_l| + \Omega_d\sqrt{\sum_{l\in[L]}\sigma_l^2 k_l^2} + [d^0]^{\mathrm{T}}\boldsymbol{x} \leqslant t, \\
& f_l + k_l = -[d^l]^{\mathrm{T}}\boldsymbol{x}, \quad l\in[L], \\
& \text{约束 (4.11)}.
\end{aligned}
\tag{4.14}
$$

证明 现在开始证明模型 (4.14) 是问题 (4.12) 的鲁棒对等.

首先, 需要找到约束 (4.7) 的鲁棒对等. 影响约束 (4.7) 的波动向量 $\boldsymbol{z}_a$ 属于下列波动集

$$
\mathcal{Z}_a = \left\{\boldsymbol{z}_a \in \mathbb{R}^L,\ -1 \leqslant z_a^l \leqslant 1, \sqrt{\sum_{l\in[L]}\left(\frac{z_a^l}{\sigma_l}\right)^2} \leqslant \Omega_a,\ l\in[L]\right\}.
$$

该波动集的锥表示为

$$
\mathcal{Z}_a = \{\boldsymbol{z}_a \in \mathbb{R}^L : A_1\boldsymbol{z}_a + \boldsymbol{a}_1 \in \mathbf{K}^1, A_2\boldsymbol{z}_a + \boldsymbol{a}_2 \in \mathbf{K}^2\},
$$

其中 $A_1\boldsymbol{z}_a \equiv [\boldsymbol{z}_a; 0]$, $\boldsymbol{a}_1 = [\mathbf{0}_{L\times 1}; 1]$ 和 $\mathbf{K}^1 = \{(\boldsymbol{y}, t) \in \mathbb{R}^L \times \mathbb{R} : t \geqslant \|\boldsymbol{y}\|_\infty\}$, $\mathbf{K}_*^1 = \{(\boldsymbol{y}, t) \in \mathbb{R}^L \times \mathbb{R} : t \geqslant \|\boldsymbol{y}\|_1\}$, 这是 $\mathbf{K}^1$ 的锥对偶.

$A_2\boldsymbol{z}_a = [\boldsymbol{\Sigma}^{-1}\boldsymbol{z}_a; 0]$, 其中 $\boldsymbol{\Sigma} = \mathrm{Diag}\{\sigma_1, \cdots, \sigma_L\}$. $\boldsymbol{a}_2 = [\mathbf{0}_{L\times 1}; \Omega_a]$, $\mathbf{K}^2 = \{(\boldsymbol{y}, t) \in \mathbb{R}^L \times \mathbb{R} : t \geqslant \|\boldsymbol{y}\|_2\}$, 这里 $\mathbf{K}_*^2 = \mathbf{K}^2$.

设 $\boldsymbol{\varphi}^1 = [\boldsymbol{\tau}_1; \pi_1]$, $\boldsymbol{\varphi}^2 = [\boldsymbol{\tau}_2; \pi_2]$, 其中 π_1, π_2 为一维变量, $\boldsymbol{\tau}_1, \boldsymbol{\tau}_2$ 为 L 维变量. 不等式 (4.7) 就可表示为如下体系:

$$\begin{aligned}
&\pi_1 + \Omega_a \pi_2 - [a^0]^{\mathrm{T}} \boldsymbol{x} \leqslant -F_1^0, \\
&(\boldsymbol{\tau}_1 + \boldsymbol{\Sigma}^{-1} \boldsymbol{\tau}_2)_l = [a^l]^{\mathrm{T}} \boldsymbol{x}, \quad l \in [L], \\
&\|\boldsymbol{\tau}_1\|_1 \leqslant \pi_1 \quad [\Leftrightarrow [\boldsymbol{\tau}_1; \pi_1] \in \mathbf{K}_*^1], \\
&\|\boldsymbol{\tau}_2\|_\infty \leqslant \pi_2 \quad [\Leftrightarrow [\boldsymbol{\tau}_2; \pi_2] \in \mathbf{K}_*^2].
\end{aligned}$$

对于这个体系的每个可行解, 都有 $\pi_1 \geqslant \bar{\pi}_1 \equiv \|\boldsymbol{\tau}_1\|_1$, $\pi_2 \geqslant \bar{\pi}_2 \equiv \|\boldsymbol{\tau}_2\|_2$. 当在这个体系中用 $\bar{\pi}_1, \bar{\pi}_2$ 代替变量 π_1, π_2 时, 所得到的解仍然为可行解. 基于以上的分析, 消减后的体系为

$$\begin{aligned}
&-\sum_{l \in [L]} |r_l| - \Omega_a \sqrt{\sum_{l \in L} \sigma_l^2 s_l^2} + [a^0]^{\mathrm{T}} \boldsymbol{x} \geqslant F_1^0, \\
&r_l + s_l = [a^l]^{\mathrm{T}} \boldsymbol{x}, \quad l \in [L],
\end{aligned} \tag{4.15}$$

其中, 该体系的每一个可行解对约束 (4.7) 都是可行的.

以上证明了体系 (4.15) 是约束 (4.7) 的鲁棒对等. 相似于以上的推导过程, 约束 (4.8)—(4.10) 基于盒子–椭球不确定集下也可以转化为这种鲁棒对等形式.

因此, 不确定可持续发展问题 (4.12) 可以等价地转化为鲁棒对等模型 (4.14).

□

鲁棒对等模型 (4.14) 带有有限个约束, 在计算上是可处理的. 此外, 满足鲁棒对等模型 (4.14) 的 $\boldsymbol{x}$ 都是问题 (4.12) 的解.

4.2.2 基于盒子–广义多面体不确定集下的鲁棒对等模型

本子节研究了基于盒子–广义多面体不确定集下问题 (4.12) 的鲁棒对等模型, 其中该不确定集由下列的盒子–广义多面体波动参数化:

$$\mathcal{Z}_i = \left\{ \boldsymbol{z}_i \in \mathbb{R}^L : -1 \leqslant z_i^l \leqslant 1, \sum_{l \in [L]} \left| \frac{z_i^l}{\sigma_l} \right| \leqslant \gamma_i, l \in [L] \right\}, \tag{4.16}$$

其中, σ_l 为给定的参数, $\gamma_i > 0$ $(i \in [I])$ 为控制不确定集大小的安全参数.

定理 4.2 [22] 对于可持续发展问题 (4.12), 假设不确定人均贡献 $\boldsymbol{a}$, $\boldsymbol{b}$, $\boldsymbol{c}$, $\boldsymbol{d}$ 由波动向量 $\boldsymbol{z}_i$ 参数化, 其中该波动向量属于盒子–广义多面体波动集 (4.16). 则可持续发展问题 (4.12) 的鲁棒对等可由下列体系表示

$$\begin{aligned}
\max \quad & F_1^0 \\
\text{s.t.} \quad & F_2^0 \leqslant (1 - \epsilon_E) E_{\max}, \\
& F_3^0 \leqslant (1 - \epsilon_G) G_{\max},
\end{aligned}$$

$$
\begin{aligned}
&-\sum_{l\in[L]}|r_l|-\gamma_a\max_l|\sigma_l s_l|+[a^0]^{\mathrm{T}}\boldsymbol{x}\geqslant F_1^0,\\
&r_l+s_l=[a^l]^{\mathrm{T}}\boldsymbol{x},\quad l\in[L],\\
&\sum_{l\in[L]}|q_l|+\gamma_b\max_l|\sigma_l\omega_l|+[b^0]^{\mathrm{T}}\boldsymbol{x}\leqslant F_2^0,\\
&q_l+\omega_l=-[b^l]^{\mathrm{T}}\boldsymbol{x},\quad l\in[L],\\
&\sum_{l\in[L]}|g_l|+\gamma_c\max_l|\sigma_l h_l|+[c^0]^{\mathrm{T}}\boldsymbol{x}\leqslant F_3^0,\\
&g_l+h_l=-[c^l]^{\mathrm{T}}\boldsymbol{x},\quad l\in[L],\\
&\sum_{l\in[L]}|f_l|+\gamma_d\max_l|\sigma_l k_l|+[d^0]^{\mathrm{T}}\boldsymbol{x}\leqslant t,\\
&f_l+k_l=-[d^l]^{\mathrm{T}}\boldsymbol{x},\quad l\in[L],\\
&\text{约束 (4.11)}.
\end{aligned}
\tag{4.17}
$$

证明 这个证明过程相似于定理 4.1. □

鲁棒对等模型 (4.17) 也是计算可处理的. 鲁棒对等模型 (4.17) 的每个可行解对不确定问题 (4.12) 都是可行的.

4.3 案例研究

本节从两个角度对阿联酋 2030 年可持续发展目标进行了案例研究: ① 不确定参数无分布信息; ② 不确定参数的可能性分布是已知的. 所有的数学模型都是由个人计算机 (Intel(R)Core(TM)i5-4200M 2.50GHz CPU 和 RAM 4.00GB) 上的 CPLEX studio1263.win-x86-64 求解的.

4.3.1 数据来源与分析

阿联酋 2021 年的愿景强调了实现“竞争性和弹性经济”和“可持续环境”的雄心 [24]. Mokri 等 [25] 指出, 阿联酋是世界第十大人均用电国, 过去十年平均年增长率约为 8.8%. 2006—2011 年, 阿联酋的电力需求年增长率高达 10.8%, 与同期 11%的人口年增长趋势密切相关 [25]. 此外, 阿联酋 97.5%的发电量依赖于天然气发电厂 [26], 这自然会产生温室气体排放和其他颗粒物从而导致环境污染. 考虑到目前能源消费、温室气体排放量和人口数量都很高且不断增加, 朝着经济、环境、能源和人口的方向实现和谐可持续发展的预期, 探索可持续发展势在必行. 因此, 规划阿联酋的可持续发展是极其有必要的. 本章利用文献 [27] 中提供的数据进行了研究. 考虑的经济部门有 8 个: ① 农业; ② 原油、天然气和采石; ③ 制造业和电力; ④ 建筑和房地产; ⑤ 贸易和运输; ⑥ 餐饮和酒店; ⑦ 银行和金融公司; ⑧ 政府、社会和个人服务. 根据文献 [27], 2030 年的人口规模 $t = 945200$ 人.

4.3.2　鲁棒可持续发展问题

在这个问题中, 分布自由的不确定人均贡献 $\boldsymbol{a}, \boldsymbol{b}, \boldsymbol{c}$ 和 $\boldsymbol{d}$ 围绕着名义数据 a^0, b^0, c^0 和 d^0 波动, 且在盒子–椭球不确定集和盒子–广义多面体不确定集中取值. 将文献 [27] 中的数据考虑为不确定参数 $[\boldsymbol{a};\ \boldsymbol{b};\ \boldsymbol{c}]$ 的名义数据 $[a^0;\ b^0;\ c^0]$, 而不确定参数 $\boldsymbol{d}_j$ 在区间 [0.98, 1.0] 中取值且名义值 $d_j^0 = 0.99$ $(j = 1, \cdots, 8)$. 设安全参数 Ω 为 0.5, 1.0, 1.5, 2.0 且 γ 为 1.0, 2.0, 3.0, 4.0. 为了便于表示, 对于每组给定的安全参数 Ω 和 γ, 假设对于每个 l 参数 σ_l 是相等的且取值为 0.1, 0.3, 0.5, 0.7. 与此同时, 不确定参数 $[\boldsymbol{a};\ \boldsymbol{b};\ \boldsymbol{c}]$ 的波动数据为名义数据 $[a^0;\ b^0;\ c^0]$ 的 10%, 并且 $(\epsilon_E, \epsilon_G) = (0.25, 0.60)$. 表 4.2 总结了这些波动数据.

表 4.2　不确定参数的波动数据集

部门	波动数据			
	a_j^l/美元	b_j^l/(GW·h)	c_j^l/Gg	d_j^l/%
农业	0.003521739	0.000478696	0.001728696	1
原油、天然气和采石	0.46969697	0.005912121	0.171707576	1
制造业和电力	0.018134206	0.002502291	0.006629133	1
建筑和房地产	0.00838565	0.001873543	0.000267227	1
贸易和运输	0.017690457	0.001614274	0.000627506	1
餐饮和酒店	0.008095238	0.000738571	0.000258095	1
银行和金融公司	0.105138889	0.014509722	0.003349306	1
政府、社会和个人服务	0.009569444	0.000872083	0.000305000	1

在表 4.2 中, $\boldsymbol{a}^l = a_j^l[\mathbf{0}_{j-1,1}; 1; \mathbf{0}_{8-j,1}]$, $b^l = b_j^l[\mathbf{0}_{j-1,1}; 1; \mathbf{0}_{8-j,1}]$, $c^l = c_j^l[\mathbf{0}_{j-1,1}; 1; \mathbf{0}_{8-j,1}]$ 和 $d^l = d_j^l[\mathbf{0}_{j-1,1}; 1; \mathbf{0}_{8-j,1}]$, $1 \leqslant j, l \leqslant 8$, 并且假设 $l = j$.

实验结果与分析　为了评估所提出模型和方法的适用性, 基于不同的不确定集和参数 σ_l, 产生了 32 个测试问题. 表 4.3 和表 4.4, 图 4.2—图 4.4 中分别列出了盒子–椭球和盒子–广义多面体不确定集的测试问题的结果汇总.

如表 4.3 和表 4.4 所示, 调整参数 σ_l 的值会影响每个经济部门 j 的劳动力分配数量 x_j. 一方面, 可以观察到在盒子–椭球不确定集下劳动力在 8 个经济部门的分布情况. 例如, 在 $\Omega = 0.5$ 的情况下, 当参数 σ_l 的值从 0.3 调整为 0.5 时, x_2 从 1977456 改为 1956015, x_5 从 4095152 改为 4117006, x_7 从 358507 改为 353165, 而 x_1, x_3, x_4, x_6, x_8 保持不变. 此事件同样发生在其他情况下 (例如, $\sigma_l = 0.1$, 0.7). 另一方面, 可以看出在盒子–广义多面体不确定集下劳动力在 8 个经济部门之间的分布情况. 例如, 在 $\gamma = 4.0$ 的情况下, 参数 σ_l 的值从 0.1 调整为 0.3 时, x_2 和 x_7 会下降, x_5 和 x_8 会上升, 而 x_1, x_3, x_4, x_6 保持不变. 因此, 对

于每组安全参数 Ω, γ, 当参数 σ_l 上升时, x_2, x_7 会下降, 而 x_5 会上升. 事实表明, 政策制定者可以很容易地调整参数 σ_l 的值以使得 8 个经济部门获得更好的劳动力分配, 从而实现可持续发展.

表 4.3 基于盒子–椭球不确定集的最优结果

Ω	σ_l	x_1	x_2	x_3	x_4	x_5	x_6	x_7	x_8
0.5	0.1	230000	1999329	611000	1338000	4072813	210000	363884	720000
	0.3	230000	1977456	611000	1338000	4095152	210000	358507	720000
	0.5	230000	1956015	611000	1338000	4117006	210000	353165	720000
	0.7	230000	1934993	611000	1338000	4138389	210000	347855	720000
1.0	0.1	230000	1988338	611000	1338000	4084044	210000	361191	720000
	0.3	230000	1945453	611000	1338000	4127755	210000	350506	720000
	0.5	230000	1904220	611000	1338000	4169611	210000	339949	720000
	0.7	230000	1864549	611000	1338000	4209619	210000	329514	720091
1.5	0.1	230000	1977456	611000	1338000	4095152	210000	358507	720000
	0.3	230000	1914379	611000	1338000	4159315	210000	342577	720000
	0.5	230000	1854864	611000	1338000	4219481	210000	326915	720000
	0.7	230000	1806035	611000	1338000	4271191	210000	308867	720013
2.0	0.1	230000	1966682	611000	1338000	4106139	210000	355832	720000
	0.3	230000	1884195	611000	1338000	4189876	210000	334715	720000
	0.5	230000	1807780	611000	1338000	4266809	210000	314040	720000
	0.7	230000	1799913	611000	1338000	4297493	210000	273229	720000

表 4.4 基于盒子–广义多面体不确定集的最优结果

γ	σ_l	x_1	x_2	x_3	x_4	x_5	x_6	x_7	x_8
1.0	0.1	230000	1988464	611000	1338000	4082356	210000	363531	720000
	0.3	230000	1945823	611000	1338000	4122557	210000	357602	720000
	0.5	230000	1904824	611000	1338000	4160733	210000	351903	720000
	0.7	230000	1865376	611000	1338000	4197000	210000	346422	720000
2.0	0.1	230000	1966932	611000	1338000	4102717	210000	360537	720000
	0.3	230000	1884911	611000	1338000	4179099	210000	349136	720000
	0.5	230000	1808926	611000	1338000	4248058	210000	338580	720000
	0.7	230000	1806446	611000	1338000	4264391	210000	317262	720002
3.0	0.1	230000	1945823	611000	1338000	4122557	210000	357602	720000
	0.3	230000	1827393	611000	1338000	4231468	210000	341145	720000
	0.5	230000	1805826	611000	1338000	4268506	210000	311906	720000
	0.7	230000	1802944	611000	1338000	3180032	210000	353604	1769774
4.0	0.1	230000	1925124	611000	1338000	4141890	210000	354725	720000
	0.3	230000	1807686	611000	1338000	4256106	210000	327947	720092
	0.5	230000	1803425	611000	1338000	3200765	210000	356099	1747638
	0.7	230000	1798327	611000	1338000	4306699	210000	260879	720090

如表 4.3 和表 4.4 所示, 对于不同的安全参数 Ω, γ, 每个经济部门的劳动力分配数量是不同的. 对于每个 σ_l, 如果安全参数 Ω 分别为 0.5, 1.0, 1.5, 2.0, 则 x_2 和 x_7 会明显降低, x_5 会升高, 而其他部门的劳动力分配情况大致保持不变. 例如,

在 $\sigma_l = 0.1$ 的情况下, 当安全参数 Ω 的值从 0.5 变为 0.1 时, x_2 从 1999329 降到 1988338, x_7 从 363884 降到 361191 并且 x_5 从 4082356 升到 4197000. 在同样的情况下, 当安全参数 γ 分别为 1.0, 2.0, 3.0, 4.0 时, x_2, x_7 下降, x_5 上升, 而其他部门的劳动力分配大致不变. 这意味着政策制定者可以调整 ω 或 γ 以更好地分配劳动力, 实现可持续发展. 通过比较表 4.3 和表 4.4 发现, 基于不同的不确定集劳动力分配情况也是不同的. 例如, 在 $\sigma_l = 0.5$ 的情况下, 当 Ω, γ 都等于 2 时, x_2 分别为 1807780, 1808926. 此事件同样发生在 $\sigma_l = 0.1, 0.3, 0.7$ 的情况下. 通过分析, 决策者可以根据实际情况选择适当的不确定集.

接下来, 参数的改变和不确定集的大小分别对三个目标的影响绘制在图 4.2—图 4.4 中, 其中右水平轴对应参数 σ_l, 左水平轴对应不确定集的不确定度水平并且纵轴对应于目标值. 当参数 σ_l 被固定时, GDP、电消耗量和温室气体排放量的值随着不确定集的水平的增大而减少. 此外, 在任何不确定度的选择下, 三个目标值随着参数 σ_l 的减少而减少. 当 $\Omega = \gamma = 2$, $\sigma_l = 0.5$ 时, 比较盒子–椭球不确定集和盒子–广义多面体不确定集对应的目标值, 就会发现盒子–椭球不确定集对应的三个目标值分别比盒子–广义多面体不确定集小. 这些发现显示了参数 σ_l、不同的不确定集及其大小分别对 GDP、电消耗量和温室气体排放量的影响, 这有助于决策者做出更好的决策.

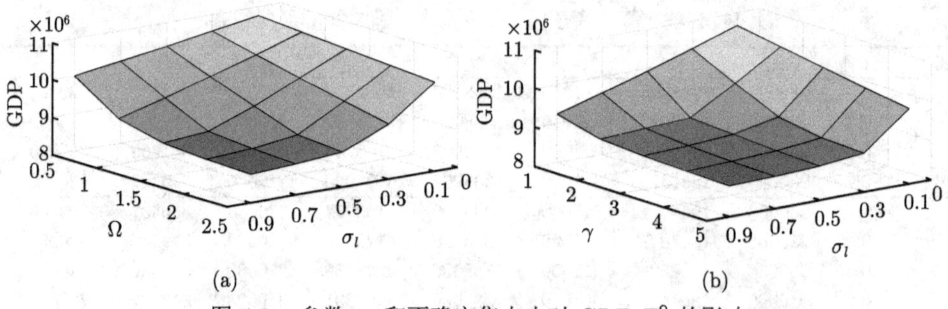

(a) (b)

图 4.2 参数 σ_l 和不确定集大小对 GDP F_1^0 的影响

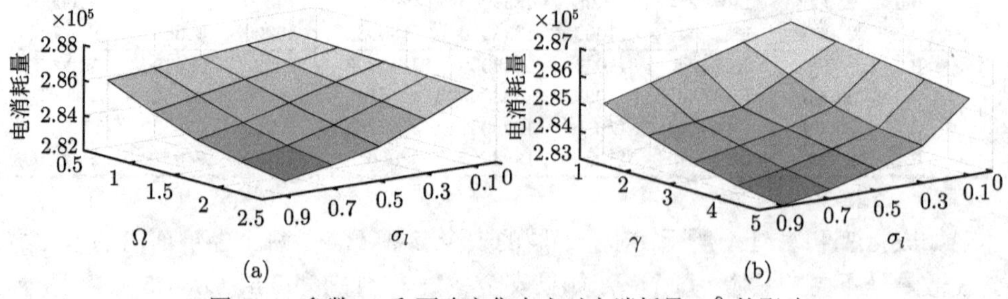

(a) (b)

图 4.3 参数 σ_l 和不确定集大小对电消耗量 F_2^0 的影响

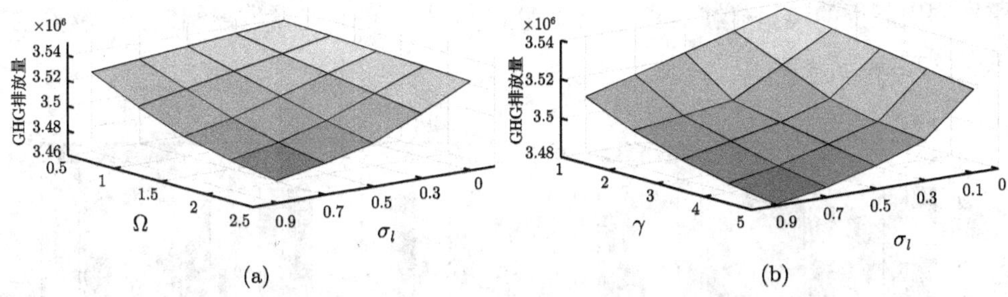

图 4.4 参数 σ_l 和不确定集大小对 GHG 排放量 F_3^0 的影响

4.3.3 与确定模型比较

为了评价该模型的优越性, 在确定模型和鲁棒模型两种不同的环境下得到了一些比较结果. 如果不确定参数 $\boldsymbol{a}$, $\boldsymbol{b}$, $\boldsymbol{c}$, $\boldsymbol{d}$ 分别取其名义值 a^0, b^0, c^0, d^0, 则不确定参数将被简化为确定参数. 这里 (ϵ_E, ϵ_G)=(0.25, 0.60). 表 4.5 和图 4.5 总结了比较结果.

通过表 4.5, 可以看出确定模型产生的解与鲁棒解是有一些差异的. 对于 x_2, 在 $\Omega = 2.5(\sigma_l = 0.7)$ 的情况下, 名义解 2010432 比鲁棒解 1795730 更高些. 可以看出, 带有鲁棒性的模型比确定的模型更能提供实质性的最优决策. 这主要是因为参数波动很大程度地影响着最优解. 如果忽略不确定性可能会为决策者提供错误的决策, 即数据的不确定性不容忽视.

表 4.5 比较结果

	名义解	$\Omega = 2.5$ ($\sigma_l = 0.7$)	$\Omega = 3$ ($\sigma_l = 0.5$)	$\gamma = 5$ ($\sigma_l = 0.7$)	$\gamma = 6$ ($\sigma_l = 0.5$)
x_1	230000	230000	230000	230000	230000
x_2	2010432	1795730	1798637	1795824	1797216
x_3	611003	611000	611000	611000	611000
x_4	1338000	1338000	1338000	1338000	1338000
x_5	4061453	4316998	4303804	4317165	4310429
x_6	210000	210000	210000	210000	210000
x_7	366586	246455	264455	246443	255478
x_8	720000	720001	720249	720143	720143
F_2^0	286900	283300	283600	283330	283480
F_3^0	3540600	3484900	3489500	3485200	3487700

此外, 图 4.5 报告了分别基于盒子–椭球和盒子–广义多面体不确定集下的目标 GDP 的比较结果. 很容易发现, 鲁棒 GDP 比名义 GDP 要小. 不足为奇的是, 尽管鲁棒模型产生了较小的 GDP, 但表 4.5 所示的电量消耗和温室气体排放量略高于鲁棒解, 即所提的鲁棒模型实现了较低的耗电量和温室气体排放量. 因此, 决

策者利用所提的模型能够为 2030 年阿联酋 (UAE) 的可持续发展制定一个良好的战略规划.

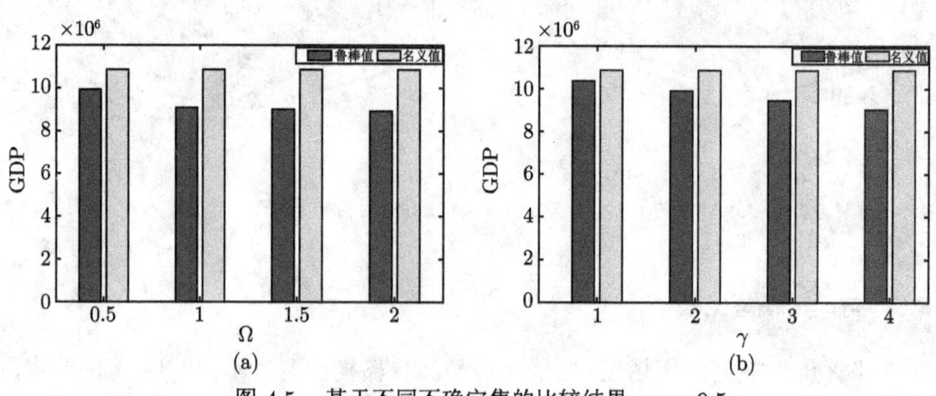

图 4.5　基于不同不确定集的比较结果, $\sigma_l = 0.5$

4.3.4　灵敏度分析

为了识别鲁棒模型中重要的参数, 进行了敏感性分析, 研究了参数变化对目标 GDP 的影响. 本节对参数 (ϵ_E, ϵ_G) 以及不确定参数 $\boldsymbol{a}$, $\boldsymbol{b}$, $\boldsymbol{c}$ 的波动数据进行了灵敏度分析. 这里 $\Omega = \gamma = 2$, σ_l=0.5. 图 4.6 和表 4.6 提供了灵敏度分析结果.

图 4.6 揭示了分别基于盒子–椭球和盒子–广义多面体不确定集下不确定参数的波动数据对目标值 GDP 的灵敏性. 横轴对应于波动数据, 纵轴对应于 GDP. 可以推断出无论在哪一个不确定集下随着波动数据的增大, GDP 都会减小.

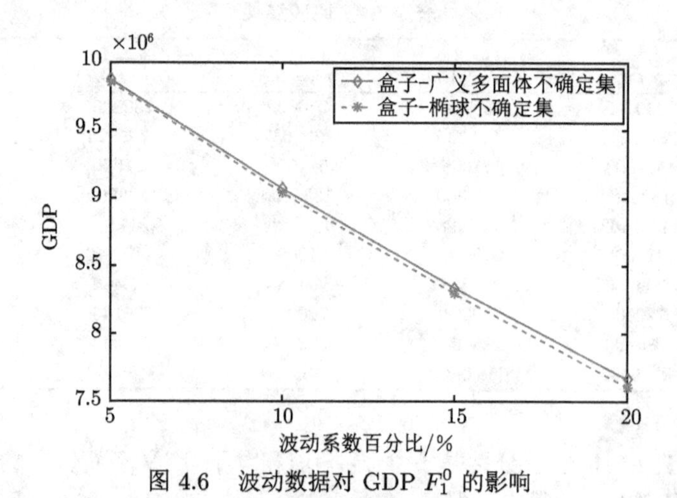

图 4.6　波动数据对 GDP F_1^0 的影响

参数 ϵ_E, ϵ_G 对目标 GDP 的影响展示在表 4.6. 容易看出, 参数 ϵ_E, ϵ_G 越大, GDP 越低. 由表 4.6 可知, 基于盒子交椭球不确定集下 $\epsilon_E = 0.1$ 对应的最优目

标值 GDP = 938190 比 $\epsilon_E = 0.15, 0.20, 0.25, 0.30, 0.35$ 对应的目标值更大. 这是一个合理的结果, 因为耗电量和温室气体排放量随着 ϵ_E, ϵ_G 的增大而减少. 因此, 根据这三个目标之间的关系, 结果是具有现实意义的.

表 4.6 关于 GDP 的灵敏度分析, $\sigma_l = 0.5$

ϵ_E ($\epsilon_G = 0.6$)	F_1^0 $\Omega = 2$	F_1^0 $\gamma = 2$	ϵ_G ($\epsilon_E = 0.25$)	F_1^0 $\Omega = 2$	F_1^0 $\gamma = 2$
0.05	9493200	9538300	0.45	11657000	11683000
0.10	9381900	9429800	0.50	10789000	10812000
0.15	9269500	9312900	0.55	9915100	9941800
0.20	9155500	9192100	0.60	9039800	9071300
0.25	9039800	9071300	0.65	8162800	8200800
0.30	8922000	8950500	0.70	7283700	7330400
0.35	8785400	8815700	0.75	6402200	6447100

4.3.5 模糊可持续发展问题

在这一小节中, 当不确定参数的可能性分布是可获取的时候, 用模糊优化方法 [5,28] 研究了这个可持续发展问题. 在这种情况下, 建立了以下模糊可持续发展模型, 其中不确定的人均贡献 $\boldsymbol{a}$, $\boldsymbol{b}$, $\boldsymbol{c}$, $\boldsymbol{d}$ 被假定为模糊变量.

$$
\begin{array}{ll}
\max & F_1^0 \\
\text{s.t.} & F_2^0 \leqslant (1-\epsilon_E)E_{\max}, \\
& F_3^0 \leqslant (1-\epsilon_G)G_{\max}, \\
& \mathrm{Cr}\left\{\boldsymbol{a}^{\mathrm{T}}\boldsymbol{x} \geqslant F_1^0\right\} \geqslant 1-\alpha, \\
& \mathrm{Cr}\left\{\boldsymbol{b}^{\mathrm{T}}\boldsymbol{x} \leqslant F_2^0\right\} \geqslant 1-\beta, \\
& \mathrm{Cr}\left\{\boldsymbol{c}^{\mathrm{T}}\boldsymbol{x} \leqslant F_3^0\right\} \geqslant 1-\gamma, \\
& \mathrm{Cr}\left\{\boldsymbol{d}^{\mathrm{T}}\boldsymbol{x} \leqslant t\right\} \geqslant 1-\eta, \\
& \text{约束 (4.11)},
\end{array}
\tag{4.18}
$$

其中 α, β, γ, $\eta \in (0, 0.5)$ 是给定的违背水平. 为了得到该模型的解, 假设人均贡献 $\boldsymbol{a}$, $\boldsymbol{b}$, $\boldsymbol{c}$, $\boldsymbol{d}$ 为三角模糊变量. 即 $\boldsymbol{a}_j = \mathrm{Tri}[a_{jl}^0, a_j^0, a_{jr}^0]$, $\boldsymbol{b}_j = \mathrm{Tri}[b_{jl}^0, b_j^0, b_{jr}^0]$, $\boldsymbol{c}_j = \mathrm{Tri}[c_{jl}^0, c_j^0, c_{jr}^0]$, $\boldsymbol{d}_j = \mathrm{Tri}[d_{jl}^0, d_j^0, d_{jr}^0]$. 这就很自然地使 $\boldsymbol{a}^{\mathrm{T}}\boldsymbol{x}$, $\boldsymbol{b}^{\mathrm{T}}\boldsymbol{x}$, $\boldsymbol{c}^{\mathrm{T}}\boldsymbol{x}$, $\boldsymbol{d}^{\mathrm{T}}\boldsymbol{x}$ 为模糊变量. 基于以上的分析, 模型 (4.18) 可以转化为如下

$$
\begin{array}{ll}
\max & F_1^0 \\
\text{s.t.} & F_2^0 \leqslant (1-\epsilon_E)E_{\max},
\end{array}
$$

$$
\begin{aligned}
&F_3^0 \leqslant (1-\epsilon_G)G_{\max},\\
&F_1^0 - \sum_{j=1}^{8} a_{jl}^0 x_j \leqslant 2\alpha\left[\sum_{j=1}^{8}(a_j^0 - a_{jl}^0)x_j\right],\\
&\sum_{j=1}^{8} b_{jr}^0 x_j - F_2^0 \leqslant 2\beta\left[\sum_{j=1}^{8}(b_{jr}^0 - b_j^0)x_j\right],\\
&\sum_{j=1}^{8} c_{jr}^0 x_j - F_3^0 \leqslant 2\gamma\left[\sum_{j=1}^{8}(c_{jr}^0 - c_j^0)x_j\right],\\
&\sum_{j=1}^{8} d_{jr}^0 x_j - t \leqslant 2\eta\left[\sum_{j=1}^{8}(d_{jr}^0 - d_j^0)x_j\right],\\
&\text{约束 (4.11)},
\end{aligned}
\tag{4.19}
$$

其中, $a_{jl}^0=(1-\Delta_{jl}^a)a_j^0$, $b_{jr}^0=(1+\Delta_{jr}^b)b_j^0$, $c_{jr}^0=(1+\Delta_{jr}^c)c_j^0$, $d_{jr}^0=d_j^0+\Delta_{jr}^d$.

实验结果与分析 本节设定 $(\epsilon_E,\epsilon_G)=(0.25,0.60)$, 并且考虑 a_j^0, b_j^0, c_j^0 和 t 的值与前面所述的值相同. 当 $\alpha=\beta=\gamma=\eta=0.05$ 时, 考虑下列六组容忍参数:

(I) $[\Delta_l^a;\ \Delta_r^b;\ \Delta_r^c;\ \Delta_r^d]=[0.05;\ 0.05;\ 0.05;\ 0.02]$;

(II) $[\Delta_l^a;\ \Delta_r^b;\ \Delta_r^c;\ \Delta_r^d]=[0.05;\ 0.1;\ 0.15;\ 0.02]$;

(III) $[\Delta_l^a;\ \Delta_r^b;\ \Delta_r^c;\ \Delta_r^d]=[0.1;\ 0.1;\ 0.1;\ 0.01]$;

(IV) $[\Delta_l^a;\ \Delta_r^b;\ \Delta_r^c;\ \Delta_r^d]=[0.15;\ 0.1;\ 0.05;\ 0.01]$;

(V) $[\Delta_l^a;\ \Delta_r^b;\ \Delta_r^c;\ \Delta_r^d]=[0.1;\ 0.1;\ 0.15;\ 0.01]$;

(VI) $[\Delta_l^a;\ \Delta_r^b;\ \Delta_r^c;\ \Delta_r^d]=[0.15;\ 0.15;\ 0.15;\ 0.02]$.

实验结果列在表 4.7 中. 此外, 考虑下列六组违背水平 $[\alpha;\ \beta;\ \gamma;\ \eta]$: (i) $\alpha=\beta=0.5$, $\gamma=\eta=0.1$; (ii) $\alpha=\beta=\gamma=\eta=0.1$; (iii) $\alpha=\beta=0.1$, $\gamma=\eta=0.15$; (iv) $\alpha=\beta=\gamma=\eta=0.15$; (v) $\alpha=\beta=0.15$, $\gamma=\eta=0.20$; (vi) $\alpha=\beta=\gamma=\eta=0.20$. 这些结果展示在表 4.8 中.

从表 4.7 和表 4.8 中可以看出, 在不同的容差参数和违背水平下, 对应的解和目标值是不同的. 一方面, 劳动分配决策与容忍参数和违背水平有关. 具体而言, 随着容忍参数和违背水平的变化, 第二部门、第五部门和第七部门分配的劳动人数发生了显著变化. 例如, 当容忍参数由 (I) 变为 (II) 时, 第二部门的劳动人数由 1900587 变为 1739197. 当违背水平由 (i) 变为 (ii) 时, 第二部门的劳动人数由 1831165 变为 1830866. 另一方面, 目标值与容忍参数和违背水平也是相关的. 例如, 当容忍参数由 (II) 改为 (III) 时, GDP 由 9101100 变为 8943000, 电消耗量由 283510 变为 283090, 温室气体排放量由 3488100 变为 2481500. 当违背水平由 (ii) 改为 (iii) 时, GDP 相应地由 9139200 变为 9225000, 电消耗量由 283510 变为

283930, 温室气体排放量由 3488100 变为 3494600.

表 4.7 基于不同容忍参数的计算结果, 违背水平为 0.05

	(I)	(II)	(III)	(IV)	(V)	(VI)
x_1	230000	230000	230000	230000	230000	230000
x_2	1900587	1739197	1810307	1891133	1735890	1740476
x_3	611002	611003	611004	611004	611004	611004
x_4	1338000	1338000	1338000	1338000	1338000	1338000
x_5	4163307	4364020	4308933	4255045	4358548	4443135
x_6	210000	210000	210000	210000	210000	210000
x_7	298045	258721	233217	206279	258019	178326
x_8	720000	720000	720000	720000	720000	720000
F_1^0	9830600	9101100	8943000	8796400	8656600	8187600
F_2^0	284350	283510	283090	283090	283090	283510
F_3^0	3501100	3488100	3481500	3481500	3481500	3488100

表 4.8 基于不同违背水平的计算结果, 容忍参数为情景 (III)

	(i)	(ii)	(iii)	(iv)	(v)	(vi)
x_1	230000	230000	230000	230000	230000	230000
x_2	1831165	1830866	1852123	1851818	1873483	1873172
x_3	611004	611003	611004	611004	611003	611003
x_4	1338000	1338000	1338000	1338000	1338000	1338000
x_5	4302703	4284227	4277719	4258869	4252076	4232842
x_6	210000	210000	210000	210000	210000	210000
x_7	228069	246845	241595	260750	255397	274942
x_8	720000	720000	720000	720000	720000	720000
F_1^0	9026200	9139200	9225000	9339500	9427800	9543900
F_2^0	283510	283510	283930	283930	284350	284350
F_3^0	3488100	3488100	3494600	3494600	3501100	3501100

4.3.6 与鲁棒模型比较

带有固定分布的模糊模型与只知道支撑信息的模型相比, 保守性要更小. 为了证明这一点, 本节将带有三角可能性分布的模糊模型和基于盒子不确定性下的鲁棒模型进行了比较实验. 对于鲁棒模型, 本节设定参数 $\boldsymbol{a}_j$, $\boldsymbol{b}_j$, $\boldsymbol{c}_j$, $\boldsymbol{d}_j$ 的支撑集为 $[(1-\Delta_{jl}^a)a_j^0,\ (1+\Delta_{jl}^a)a_j^0]$, $[(1-\Delta_{jr}^b)b_j^0,\ (1+\Delta_{jr}^b)b_j^0]$, $[(1-\Delta_{jr}^c)c_j^0,\ (1+\Delta_{jr}^c)c_j^0]$, $[d_j^0-\Delta_{jr}^d,\ d_j^0+\Delta_{jr}^d]$. 表 4.9 总结了基于情况 (I), (III) 和 (VI) 下的比较结果.

由比较结果, 可以看出模糊模型和鲁棒模型的最优决策完全不同. 对于目标值 F_1^0, 可以看到模糊目标值总是大于鲁棒目标值, 这说明盒子不确定性下的鲁棒模型比具有固定分布的模糊模型更保守. 此外, 将与目标值对应的盒子不确定集下的鲁棒最优解代入模糊模型中, 可以发现这组解对模糊模型总是可行的, 即这组解能够保证模糊模型中可信性约束的有效性, 通过这个观察, 发现盒子不确定集下的鲁棒模型所提供的最优解是固定分布下模糊模型的解, 而不一定是最优解. 因此, 如果可能性分布可获取, 则模糊模型可以看作对盒子不确定性集下的鲁棒模型的改进. 显然, 模糊模型可以提供更实质和更好的决策.

表 4.9 比较结果, 违背水平为 0.05

	(I)		(III)		(VI)	
	模糊	鲁棒	模糊	鲁棒	模糊	鲁棒
x_1	230000	230000	230000	230000	230000	230000
x_2	1900587	1877012	1810307	1790128	1740476	1710800
x_3	611002	611003	611004	611004	611004	611003
x_4	1338000	1338000	1338000	1338000	1338000	1338000
x_5	4163307	4180190	4308933	4333008	4443135	4472538
x_6	210000	210000	210000	210000	210000	210000
x_7	298045	285795	233217	219860	178326	159659
x_8	720000	720000	720000	720000	720000	720000
F_1^0	9830600	9664600	8943000	8750600	8187600	7914900
F_2^0	284350	282670	283090	282670	283510	282670
F_3^0	3501100	3475000	3481500	3475000	3501100	3475000

4.4 本章小结

可持续发展问题近几年备受学术界的关注. 这个问题具有两个重要的挑战: 多个相互冲突的准则和大量的不确定性. 基于这两个挑战, 本章采用鲁棒优化的思想对该问题进行了研究, 将它建立为一个鲁棒多目标可持续发展模型. 这个模型同时优化三个目标: 最大化 GDP、最小化温室气体排放量和最小化电消耗量. 然而, 多个相互冲突的目标不可能同时达到最优. 因此, 利用 ϵ-约束法将多目标模型转化为单个目标模型. 在所建立的模型中, 人均 GDP、温室气体排放量、电消耗量和失业率均具有鲁棒不确定性, 并用不确定集来刻画. 然而, 不确定性的存在导致所提模型在计算上不易处理. 为此, 本章在基于盒子–椭球和盒子–广义多面体不确定集分别推导出鲁棒模型的可处理的鲁棒对等形式. 最后, 本章从两个角度对阿联酋 2030 年可持续发展目标进行了研究: ① 当不确定参数无任何分布信息时, 本章采用鲁棒模型对阿联酋进行了研究, 并通过与确定模型的比较说明鲁棒模型的有效性; ② 当不确定参数的可能性分布可获得时, 本章建立模糊可持续发展模型对阿联酋进行研究, 并在同一个支撑信息下与鲁棒模型进行了比较.

第 5 章 分布鲁棒可信性经济–环境–能源–社会可持续发展问题

可持续发展指满足当前需要而又不削弱子孙后代满足其需要之能力的发展[29]. 可持续发展是 20 世纪 80 年代提出的一个新的发展观, 它的提出是顺应时代的变迁、社会经济发展的需要和人类环保意识的增强而产生的[30,31]. 1987 年, 布伦特兰夫人担任世界环境与发展委员会主席时在世界上第一次提出“可持续发展”概念. 作为一个全球关注的议题, 可持续发展问题正引起越来越多研究人员和从业人员的兴趣[24,32]. 然而, 现有关于可持续发展问题的文献主要侧重于多准则决策分析[33,34], 忽略了人均国内生产总值 (GDP) 贡献参数、人均能源消耗和人均温室气体 (GHG) 排放量等不确定信息对最优劳动分配决策的影响. 事实上, 可持续发展必须在不确定的情况下执行适当的政策, 将经济、环境、能源和社会标准等几个相互竞争的方面结合起来[35,36].

本章利用分布鲁棒可信性优化方法来研究经济-环境-能源-社会可持续发展问题[37]. 基于 2 型模糊理论, 提出了一种可持续性发展问题的分布鲁棒优化模型. 在所建立的新模型中, 不确定的人均 GDP 贡献参数、人均电力消耗和人均 GHG 排放量用参数区间值模糊变量刻画, 其可能性分布位于相应的不确定分布集中. 在决策环境的两个假设下, 本章推导出原分布鲁棒模糊可持续发展模型的鲁棒模型. 为了求解所提出的新模型, 将鲁棒模型转化为计算上可处理的等价确定子模型, 并利用等价子模型的结构特点, 设计了一种域分解方法. 最后, 应用于阿拉伯联合酋长国 (简称为阿联酋) 的关键经济部门, 为规划未来的劳动力和资源配置提供定量依据, 以期实现可持续发展的愿景.

5.1 双参数不确定分布集

本节定义一种新的不确定分布集, 刻画可持续发展问题中模型参数的可变可能性分布. 关于 2 型模糊理论的概念和符号, 有些在本节中用到但没有明确列出定义, 感兴趣的读者可以进一步参阅 [1,4].

定义 5.1[1] 假设实数 $r_i \in \mathbb{R}$ $(i = 1, 2, 3)$ 满足 $r_1 < r_2 < r_3$. 称 ξ 为参数区间值三角模糊变量, 如果对任意 $x \in [r_1, r_2]$, 它的第二可能性分布 $\tilde{\mu}_\xi(x)$ 为下面区间

$$\left[\frac{x-r_1}{r_2-r_1}-\theta_l\min\left\{\frac{x-r_1}{r_2-r_1},\frac{r_2-x}{r_2-r_1}\right\},\frac{x-r_1}{r_2-r_1}+\theta_r\min\left\{\frac{x-r_1}{r_2-r_1},\frac{r_2-x}{r_2-r_1}\right\}\right];$$

对任意 $x\in[r_2,r_3]$, 它的第二可能性分布 $\tilde{\mu}_\xi(x)$ 为下面区间

$$\left[\frac{r_3-x}{r_3-r_2}-\theta_l\min\left\{\frac{r_3-x}{r_3-r_2},\frac{x-r_2}{r_3-r_2}\right\},\frac{r_3-x}{r_3-r_2}+\theta_r\min\left\{\frac{r_3-x}{r_3-r_2},\frac{x-r_2}{r_3-r_2}\right\}\right],$$

其中 $\theta_l,\theta_r\in[0,1]$ 是刻画 ξ 取值为 x 的不确定程度的两个参数. 简便起见, 我们把满足上述分布的参数区间值三角模糊变量 ξ 记为 $\mathrm{Tri}[r_1,r_2,r_3;\theta_l,\theta_r]$.

根据 [1], 如果模糊变量 ξ^L 的参数可能性分布为

$$\mu_{\xi^L}(r;\theta)=\begin{cases}(1-\theta_l)\dfrac{r-r_1}{r_2-r_1}, & r\in\left[r_1,\dfrac{r_1+r_2}{2}\right],\\ \dfrac{r-r_1}{r_2-r_1}-\theta_l\dfrac{r_2-r}{r_2-r_1}, & r\in\left(\dfrac{r_1+r_2}{2},r_2\right],\\ \dfrac{r_3-r}{r_3-r_2}-\theta_l\dfrac{r-r_2}{r_3-r_2}, & r\in\left(r_2,\dfrac{r_2+r_3}{2}\right],\\ (1-\theta_l)\dfrac{r_3-r}{r_3-r_2}, & r\in\left(\dfrac{r_2+r_3}{2},r_3\right],\end{cases}$$

则称 ξ^L 为 ξ 的下选择模糊变量; 如果模糊变量 ξ^U 的参数可能性分布为

$$\mu_{\xi^U}(r;\theta)=\begin{cases}(1+\theta_r)\dfrac{r-r_1}{r_2-r_1}, & r\in\left[r_1,\dfrac{r_1+r_2}{2}\right],\\ \dfrac{r-r_1}{r_2-r_1}+\theta_r\dfrac{r_2-r}{r_2-r_1}, & r\in\left(\dfrac{r_1+r_2}{2},r_2\right],\\ \dfrac{r_3-r}{r_3-r_2}+\theta_r\dfrac{r-r_2}{r_3-r_2}, & r\in\left(r_2,\dfrac{r_2+r_3}{2}\right],\\ (1+\theta_r)\dfrac{r_3-r}{r_3-r_2}, & r\in\left(\dfrac{r_2+r_3}{2},r_3\right],\end{cases}$$

则称 ξ^U 为 ξ 的上选择模糊变量. 当 $\theta_l=\theta_r=0$ 时, 相应的模糊变量记作 ξ^n, 此时的可能性分布称为 ξ 的主可能性分布函数.

基于 ξ 的上、下选择模糊变量, 我们定义如下概念.

定义 5.2 [37] 假设参数区间值模糊变量 ξ 的第二可能性分布为 $\tilde{\mu}_\xi(r)=[\mu_{\xi^L}(r;\theta_l),\mu_{\xi^U}(r;\theta_r)]$. 对任意 $\lambda_1,\lambda_2\in[0,1]$, 如果模糊变量 ξ^λ 具有如下参数可能性分布

$$\mu_{\xi^\lambda}(r;\theta,\lambda)=\begin{cases}(1-\lambda_1)\mu_{\xi^L}(r;\theta_l)+\lambda_1\mu_{\xi^U}(r;\theta_r), & r\in[r_1,r_2],\\ (1-\lambda_2)\mu_{\xi^L}(r;\theta_l)+\lambda_2\mu_{\xi^U}(r;\theta_r), & r\in[r_2,r_3],\end{cases}\tag{5.1}$$

其中 $\theta=(\theta_l,\theta_r)$, $\lambda=(\lambda_1,\lambda_2)$, 则称 ξ^λ 为 ξ 的双参数选择模糊变量.

定义 5.2 推广了文献 [1] 中关于参数区间值模糊变量的选择方法. 如果 $\lambda_1 = \lambda_2$, 定义 5.2 退化为文献 [1] 讨论的情况. 显然, 可能性分布 $\mu_{\xi^\lambda}(r;\theta,\lambda)$ 在 $[\mu_{\xi^L}(r;\theta_l), \mu_{\xi^U}(r;\theta_r)]$ 中的位置依赖于参数 λ_1 和 λ_2 的取值. 当参数 λ_1 和 λ_2 在区间 $[0,1]$ 上变化时, 选择变量 ξ^λ 的可能性分布可以遍历参数区间值模糊变量 ξ 的整个支撑.

对参数区间值三角模糊变量 ξ 的双参数选择变量 ξ^λ, 有以下结论.

定理 5.1 [37] 假设 $\xi \sim \mathrm{Tri}[r_1, r_2, r_3; \theta_l, \theta_r]$ 是参数区间值三角模糊变量, 若记 $\theta = (\theta_l, \theta_r)$ 和 $\lambda = (\lambda_1, \lambda_2)$, 则双参数选择变量 ξ^λ 的可能性分布为

$$
\begin{aligned}
&\mu_{\xi^\lambda}(r;\theta,\lambda)\\
=&\begin{cases}
(1+\lambda_1\theta_r-(1-\lambda_1)\theta_l)\dfrac{r-r_1}{r_2-r_1}, & r\in\left[r_1,\dfrac{r_1+r_2}{2}\right],\\
\dfrac{(1-\lambda_1\theta_r+(1-\lambda_1)\theta_l)r+(\lambda_1\theta_r-(1-\lambda_1)\theta_l)r_2-r_1}{r_2-r_1}, & r\in\left(\dfrac{r_1+r_2}{2},r_2\right],\\
\dfrac{(-1+\lambda_2\theta_r-(1-\lambda_2)\theta_l)r-(\lambda_2\theta_r-(1-\lambda_2)\theta_l)r_2+r_3}{r_3-r_2}, & r\in\left(r_2,\dfrac{r_2+r_3}{2}\right],\\
(1+\lambda_2\theta_r-(1-\lambda_2)\theta_l)\dfrac{r_3-r}{r_3-r_2}, & r\in\left(\dfrac{r_2+r_3}{2},r_3\right].
\end{cases}
\end{aligned}
\tag{5.2}
$$

证明 根据模糊变量 $\mu_{\xi^L}(r;\theta)$ 和 $\mu_{\xi^U}(r;\theta)$ 的可能性分布及定义 5.2, 则有

$$
\begin{aligned}
&\mu_{\xi^\lambda}(r;\theta,\lambda)\\
=&\begin{cases}
(1-\lambda_1)\mu_{\xi^L}(r;\theta_l)+\lambda_1\mu_{\xi^U}(r;\theta_r), & r\in[r_1,r_2],\\
(1-\lambda_2)\mu_{\xi^L}(r;\theta_l)+\lambda_2\mu_{\xi^U}(r;\theta_r), & r\in[r_2,r_3]
\end{cases}\\
=&\begin{cases}
(1-\lambda_1)(1-\theta_l)\dfrac{r-r_1}{r_2-r_1}+\lambda_1(1+\theta_r)\dfrac{r-r_1}{r_2-r_1}, & r\in\left[r_1,\dfrac{r_1+r_2}{2}\right],\\
(1-\lambda_1)\left[\dfrac{r-r_1}{r_2-r_1}-\theta_l\dfrac{r_2-r}{r_2-r_1}\right]+\lambda_1\left[\dfrac{r-r_1}{r_2-r_1}+\theta_r\dfrac{r_2-r}{r_2-r_1}\right], & r\in\left(\dfrac{r_1+r_2}{2},r_2\right],\\
(1-\lambda_2)\left[\dfrac{r_3-r}{r_3-r_2}-\theta_l\dfrac{r-r_2}{r_3-r_2}\right]+\lambda_2\left[\dfrac{r_3-r}{r_3-r_2}+\theta_r\dfrac{r-r_2}{r_3-r_2}\right], & r\in\left(r_2,\dfrac{r_2+r_3}{2}\right],\\
(1-\lambda_2)(1-\theta_l)\dfrac{r_3-r}{r_3-r_2}+\lambda_2(1+\theta_r)\dfrac{r_3-r}{r_3-r_2}, & r\in\left(\dfrac{r_2+r_3}{2},r_3\right]
\end{cases}
\end{aligned}
$$

$$
=\begin{cases}(1+\lambda_1\theta_r-(1-\lambda_1)\theta_l)\dfrac{r-r_1}{r_2-r_1}, & r\in\left[r_1,\dfrac{r_1+r_2}{2}\right],\\ \dfrac{(1-\lambda_1\theta_r+(1-\lambda_1)\theta_l)r+(\lambda_1\theta_r-(1-\lambda_1)\theta_l)r_2-r_1}{r_2-r_1}, & r\in\left(\dfrac{r_1+r_2}{2},r_2\right],\\ \dfrac{(-1+\lambda_2\theta_r-(1-\lambda_2)\theta_l)r-(\lambda_2\theta_r-(1-\lambda_2)\theta_l)r_2+r_3}{r_3-r_2}, & r\in\left(r_2,\dfrac{r_2+r_3}{2}\right],\\ (1+\lambda_2\theta_r-(1-\lambda_2)\theta_l)\dfrac{r_3-r}{r_3-r_2}, & r\in\left(\dfrac{r_2+r_3}{2},r_3\right].\end{cases}
$$

结论得证. □

基于定理 5.1, 我们定义不确定分布集以衡量可能性分布的波动.

定义 5.3 [37] 假设 $\xi\sim\mathrm{Tri}[r_1,r_2,r_3;\theta_l,\theta_r]$ 是参数区间值三角模糊变量, ξ^λ 是 λ 选择变量. 对任意 $\lambda_1,\lambda_2\in[0,1]$, 记 ξ^λ 的可能性分布为 $\mu_{\xi^\lambda}(r;\theta,\lambda)$. 称可能性分布的集合

$$
\mathcal{F}=\left\{\mu_{\xi^\lambda}(r;\theta,\lambda)\mid\mu_{\xi^\lambda}(r;\theta,\lambda)\text{由}(5.2)\text{式确定,其中 }\lambda_1,\lambda_2\in[0,1]\right\} \tag{5.3}
$$

为由 ξ 决定的双参数不确定分布集 $\mathcal{F}$.

由定义 5.3 可知, 在双参数不确定分布集 $\mathcal{F}$ 中包含有无限多个可能性分布 $\mu_{\xi^\lambda}(r;\theta,\lambda)$. 事实上, 当 $\lambda_1=\lambda_2=0$ 时, 对应下选择模糊的可能性分布 $\mu_{\xi^L}(r;\theta)$; 当 $\lambda_1=\lambda_2=1$ 时, 对应上选择模糊的可能性分布 $\mu_{\xi^U}(r;\theta)$. 当 $\lambda_1,\lambda_2\in(0,1)$ 时, 存在可能性分布 $\mu_{\xi^\lambda}(r;\theta,\lambda)$ 满足 $\mu_{\xi^L}(r;\theta)<\mu_{\xi^\lambda}(r;\theta,\lambda)<\mu_{\xi^U}(r;\theta)$. 因此, 不确定分布集 $\mathcal{F}$ 可以反映分布信息关于 ξ 的名义可能性分布的波动情况.

注 5.1 文献中通常默认刻画不确定数据的模糊参数具有已知的可能性分布, 以便于计算目标函数中出现的期望值或约束条件中含有的可信性测度. 当分布信息部分已知时, 即仅仅获知分布类型而无精确的可能性分布时, 决策者要想找到合适的方法表示模糊参数具有很大的挑战性. 不确定分布集概念的提出有助于降低确定真实可能性分布的困难, 是处理部分信息已知下决策的有效方法. 在所提出的不确定分布集中, 蕴含着一族可变可能性分布. 这些分布由波动参数 θ 和位置选择参数 λ 控制, 为我们的分布鲁棒模型寻找计算可处理形式提供了可行途径.

5.2 节中, 假设人均 GDP 贡献、能源贡献和环境贡献参数的分布在相应的双参数不确定分布集中变化, 基于分布鲁棒优化思想建立可持续发展问题的新模型.

5.2 分布鲁棒可持续发展模型

5.2.1 模型假设和符号

可持续发展问题涉及四方面主要因素: GDP 增长、电力消耗、GHG 排放和关键经济部门的劳动力人数. 该问题关注有效劳动力安排决策以期实现经济增长、

电力需求和环境保护的可持续发展. 现实世界中, 人均 GDP 贡献参数、人均能源消耗和人均 GHG 排放量由于种种原因, 通常是不确定的, 精确获知它们的分布信息比较困难. 这样, 决策者面临的最大问题是在获得不确定参数的准确分布前如何分配不同经济部门的劳动力人数, 使得在能源和温室气体排放限制下最大化 GDP 增长.

为了克服这一难题, 文献中已有学者提出各种不同的不确定可持续发展优化模型. 在这些模型中, 不确定参数用已知概率分布的随机变量 [27] 或者已知可能性分布的模糊变量 [24] 来刻画. 不同于文献中已存在的研究, 本章将给出一种灵活的鲁棒方法来处理可持续发展问题中人均 GDP、人均能源消耗和人均 GHG 排放量引起的不确定性. 具体的建模方法是基于期望值准则和可信性机会约束 [38] 建立了模糊环境下分布鲁棒可持续发展新模型. 在我们的鲁棒性参数优化模型中, 用可变可能性分布来刻画人均 GDP、人均能源消耗和人均 GHG 排放量, 而这些可变可能性分布位于双参数不确定分布集中, 通过区间值模糊变量的选择方法得到, 受波动参数和位置选择参数控制. 接下来, 将采用分布鲁棒可信性优化思想建立新的可持续发展模型.

为了方便建立可持续发展问题的分布鲁棒可信性数学模型, 在本节中, 首先假设如下条件成立:

(1) 不考虑政治因素和文化对可持续发展问题的影响.

(2) 考虑到近几十年来经济的快速发展, 假设主要经济部门的所需劳动力人数持续增加.

(3) 决策者风险中立.

(4) 对不确定的人均 GDP 贡献、人均能源消耗贡献和人均 GHG 排放贡献参数, 其分布信息部分已知. 也就是说, 决策者可以得到有限分布信息, 例如分布的支撑, 或者结构性质, 只不过无法确切知道不确定参数的精准可能性分布.

其次, 为了叙述方便起见, 对书中所涉及的符号进行说明.

指标集

I: 部门集合, 用 i 表示, $i=1,2,\cdots,m$;

$\mathbb{Z}^+$: 正整数集合.

固定参数

C: 预期能源消耗总量;

E: 预期 GHG 排放总量;

N: 劳动力总人数;

n_i: 第 i 个部门所需要的劳动力人数;

θ_l: 名义可能性分布的下波动参数;

θ_r: 名义可能性分布的上波动参数;

λ: 区间值模糊变量的选择参数.

模糊变量

ξ_i: 人均 GDP 贡献参数, 具有区间值三角可能性分布;

$\xi(\boldsymbol{x},\lambda)$: 线性组合 $\xi=\sum_i \xi_i x_i$ 的 λ 选择模糊变量;

η_i: 人均能源消耗贡献系数, 具有区间值三角可能性分布;

$\eta(\boldsymbol{x},\lambda)$: 线性组合 $\eta=\sum_i \eta_i x_i$ 的 λ 选择模糊变量;

ζ_i: 人均 GHG 排放贡献系数, 具有区间值三角可能性分布;

$\zeta(\boldsymbol{x},\lambda)$: 线性组合 $\zeta=\sum_i \zeta_i x_i$ 的 λ 选择模糊变量.

决策变量

x_i: 第 i 个部门安排的劳动力人数.

5.2.2 可持续发展问题建模过程

1. 目标函数

可持续发展问题是在优化 GDP 增长目标下确定每一个关键经济部门的劳动力数量. GDP 总量由 m 个部门经济贡献的总和表示, 即 $\sum_i \xi_i x_i$, 其中第 i 个经济部门的劳动力对目标的贡献为 $\xi_i x_i$.

决策过程中我们的目标是最大化 GDP 总量. 因为人均 GDP 贡献 ξ_i 为区间值三角模糊变量, 可知线性组合 $\xi=\sum_i \xi_i x_i$ 仍是区间值三角模糊变量 [39]. 为了表示区间值可能性分布, 根据定义 5.2 和定义 5.3, 记它的双参数选择变量为 $\xi(\boldsymbol{x},\lambda)$, 相应的双参数不确定分布集为 $\mathcal{F}$. 对可能性分布为 $\mu_{\xi^\lambda}(r;\theta,\lambda)\in\mathcal{F}$ 的选择变量 $\xi(\boldsymbol{x},\lambda)$, 依据风险中立准则建立目标函数如下

$$\max \quad \mathrm{E}\left[\xi(\boldsymbol{x},\lambda)\right], \tag{5.4}$$

其中 E 代表模糊变量的期望值算子 [5].

2. 约束条件

持续经济增长伴随日益增加的能源需求及对生态环境的持续破坏. 除了追求经济效益, 可持续发展致力于积极控制能源消耗. 如果电力需求完全满足, 可以表示为 $\eta=\sum_i \eta_i x_i \leqslant C$. 然而上述限制条件在实际中常常不易实现. 因为对第 i 个经济部门的雇员, 其人均能源消耗参数 η_i 的真实值事先未知, 这样要求电力需求约束尽可能被满足. 为此, 对任意给定的置信水平 $\alpha\in(0,1)$, 刻画电力需求的可信性约束如下

$$\mathrm{Cr}\left\{\eta(\boldsymbol{x},\lambda)\leqslant C\right\}\geqslant\alpha. \tag{5.5}$$

各个经济部门的 GHG 排放累计量可由 $\zeta=\sum_i \zeta_i x_i$ 表示. 不断增加的 GHG 排放对人类的生存环境产生负面影响, 迫切需要控制在适当范围内. 此要求可以

表示为 $\sum_i \zeta_i x_i \leqslant E$. 考虑到难以预测部门 i 的人均 GHG 排放参数 ζ_i, 将其描述为区间值三角模糊变量. 对任意给定的置信水平 $\beta \in (0,1)$, 环境控制的可信性约束如下

$$\mathrm{Cr}\left\{\zeta(\boldsymbol{x},\lambda) \leqslant E\right\} \geqslant \beta. \tag{5.6}$$

社会的可持续发展离不开人的参与. 下面的一组约束 (5.7) 是对劳动力的基本要求:

$$\begin{aligned} &\sum_i x_i \leqslant N, \\ &x_i \geqslant n_i, \quad \forall i \in I, \\ &x_i \in \mathbb{Z}^+. \end{aligned} \tag{5.7}$$

第一个不等式表示各经济部门所需劳动力总数不能超过社会现有劳动力总量. 整个社会正在经历巨大的经济发展, 需要劳动力数量也在不断增加, 第二个约束保证最优解中各经济部门的劳动力不低于当前数量. 第三个条件是决策变量的取整限制.

3. 鲁棒新模型

在目标函数 (5.4) 和约束 (5.5)–(5.7) 中, 不确定人均 GDP 贡献 ξ_i、人均能源消耗参数 η_i 和人均 GHG 排放参数 ζ_i 由区间值三角模糊变量刻画. 最优的劳动力分配决策很大程度上依赖于这些不确定参数的分布. 基于分布鲁棒优化思想, 我们正式建立可持续发展模型如下

$$\left\{\begin{array}{l} \max\limits_{\boldsymbol{x}} \ \mathrm{E}\left[\xi(\boldsymbol{x},\lambda)\right], \\ \text{s.t. 约束 (5.5)—(5.7)} \end{array}\right\}_{\mu_{\xi(\boldsymbol{x},\lambda)}\in\mathcal{F}_1,\, \mu_{\eta(\boldsymbol{x},\lambda)}\in\mathcal{F}_2,\, \mu_{\zeta(\boldsymbol{x},\lambda)}\in\mathcal{F}_3}. \tag{5.8}$$

显然, 分布鲁棒可持续发展模型 (5.8) 包含一族模糊期望值模型

$$\begin{cases} \max\limits_{\boldsymbol{x}} & \mathrm{E}\left[\xi(\boldsymbol{x},\lambda)\right], \\ \text{s.t.} & \text{约束 (5.5)—(5.7)}, \end{cases} \tag{5.9}$$

其中 $\mu_{\xi(\boldsymbol{x},\lambda)}, \mu_{\eta(\boldsymbol{x},\lambda)}, \mu_{\zeta(\boldsymbol{x},\lambda)}$ 分别在不确定分布集 $\mathcal{F}_1, \mathcal{F}_2, \mathcal{F}_3$ 中变化.

注 5.2 通常, 模糊优化模型中不确定参数的可能性分布已知, 不考虑名义可能性分布的微小波动对最优解的影响. 然而, 实际中并不是这样, 当不确定参数的可能性分布无法精确获得时, 基于名义可能性分布所得最优解的最优性甚至可行性一般会遭到破坏. 当精确的名义可能性分布无法获知时, 分布鲁棒优化模型可以为决策者提供抵御不确定性的解, 这正是其优势所在.

5.2.3 鲁棒对等优化模型

易见, 求解一族可持续发展模型 (5.9) 的内在困难是没有与之相应的最优解和最优值的概念. 一个很自然的问题是, 如何针对分布鲁棒模型定义这些概念呢? 下面给出两条假设为分布鲁棒的可持续发展模型 (5.8) 确定一个有意义的决策环境.

假设 1: 模型 (5.8) 中的劳动力安排决策 $\boldsymbol{x}$ 是“这里且现在”决策.

假设 2: 当不确定参数的可能性分布 $\mu_{\xi(\boldsymbol{x},\lambda)}$, $\mu_{\eta(\boldsymbol{x},\lambda)}$, $\mu_{\zeta(\boldsymbol{x},\lambda)}$ 分别在 (5.3) 式定义的不确定分布集 $\mathcal{F}_1,\mathcal{F}_2$, $\mathcal{F}_3$ 中变化时, 决策者对所做决策的结果负全责.

上面的假设确定了分布鲁棒可持续发展模型 (5.8) 的一个有意义的可行解, 通常称为分布鲁棒可行解. 为了寻找所提分布鲁棒模型的最大目标函数值, 模型 (5.8) 的鲁棒对等模型表示如下

$$
\begin{array}{ll}
\max\limits_{\boldsymbol{x}} & \inf\limits_{\mu_{\xi(\boldsymbol{x},\lambda)}\in\mathcal{F}_1} \mathrm{E}\left[\xi(\boldsymbol{x},\lambda)\right] \\
\text{s.t.} & \inf\limits_{\mu_{\eta(\boldsymbol{x},\lambda)}\in\mathcal{F}_2} \mathrm{Cr}\left\{\eta(\boldsymbol{x},\lambda)\leqslant C\right\}\geqslant\alpha, \\
& \inf\limits_{\mu_{\zeta(\boldsymbol{x},\lambda)}\in\mathcal{F}_3} \mathrm{Cr}\left\{\zeta(\boldsymbol{x},\lambda)\leqslant E\right\}\geqslant\beta, \\
& \text{约束 (5.7)}.
\end{array}
\tag{5.10}
$$

鲁棒对等模型 (5.10) 的最优解和最优值分别称为分布鲁棒模型 (5.8) 的分布鲁棒最优解和最优值.

值得注意的是鲁棒对等模型 (5.10) 的目标函数中包含无限多个 Choquet 积分, 限制条件中包含无限多个可信性约束. 但是所提不确定分布集下期望目标和可信性约束是计算可处理的, 在 5.3 节中, 设计算法求解鲁棒对等模型 (5.10).

5.3 模型分析

5.3.1 计算期望目标和可信性约束

首先考虑 GDP 目标函数 (5.4), 下面的定理给出它的解析表达式.

定理 5.2 [37] 假设人均 GDP 贡献 ξ_i 为区间值三角模糊变量 $\mathrm{Tri}[r^{\xi}_{i1},r^{\xi}_{i2},r^{\xi}_{i3};\theta^{\xi}_{il},\theta^{\xi}_{ir}]$, 线性组合 $\sum_i\xi_i x_i$ 的 λ 选择变量记作 $\xi(\boldsymbol{x},\lambda)$. 如果 $\xi_i, i=1,2,\cdots,m$ 的名义可能性分布相互独立, 则 GDP 目标函数 (5.4) 等价于

$$
\begin{aligned}
\mathrm{E}\left[\xi(\boldsymbol{x},\lambda)\right]=&\frac{r^{\xi}_1+2r^{\xi}_2+r^{\xi}_3}{4}+\frac{\theta^{\xi}_r[\lambda_1(r^{\xi}_1-r^{\xi}_2)+\lambda_2(r^{\xi}_3-r^{\xi}_2)]}{8}\\
&-\frac{\theta^{\xi}_l[(1-\lambda_1)(r^{\xi}_1-r^{\xi}_2)+(1-\lambda_2)(r^{\xi}_3-r^{\xi}_2)]}{8},
\end{aligned}
$$

其中 $r_1^\xi = \sum_i r_{i1}^\xi x_i$, $r_2^\xi = \sum_i r_{i2}^\xi x_i$, $r_3^\xi = \sum_i r_{i3}^\xi x_i$, $\theta_l^\xi = \max_i \theta_{il}^\xi$ 和 $\theta_r^\xi = \min_i \theta_{ir}^\xi$.

证明 已知 $\xi_i, i = 1,2,\cdots,m$ 是区间值三角模糊变量, 且它们的名义可能性分布相互独立, 所以线性组合 $\xi = \sum_i \xi_i x_i$ 仍是区间值三角模糊变量 [1], 即 $\xi \sim \mathrm{Tri}[r_1^\xi, r_2^\xi, r_3^\xi; \theta_l^\xi, \theta_r^\xi]$, 其中 $r_1^\xi = \sum_i r_{i1}^\xi x_i$, $r_2^\xi = \sum_i r_{i2}^\xi x_i$, $r_3^\xi = \sum_i r_{i3}^\xi x_i$, $\theta_l^\xi = \max_i \theta_{il}^\xi$ 和 $\theta_r^\xi = \min_i \theta_{ir}^\xi$.

由于 $\xi(\boldsymbol{x}, \lambda)$ 是 ξ 的 λ 选择变量, 根据定理 5.1 可知其参数可能性分布. 从而, 由命题 1.8 [38] 可得模糊事件 $\{\xi(\boldsymbol{x}, \lambda) \leqslant r\}$ 的可信性为

$$
\begin{aligned}
&\mathrm{Cr}\{\xi(\boldsymbol{x}, \lambda) \leqslant r\} \\
&= \begin{cases}
0, & r \in (-\infty, r_1^\xi), \\
(1 + \lambda_1 \theta_r^\xi - (1-\lambda_1)\theta_l^\xi) \dfrac{r - r_1^\xi}{2(r_2^\xi - r_1^\xi)}, & r \in \left[r_1^\xi, \dfrac{r_1^\xi + r_2^\xi}{2}\right], \\
\dfrac{(1 - \lambda_1 \theta_r^\xi + (1-\lambda_1)\theta_l^\xi) r + (\lambda_1 \theta_r^\xi - (1-\lambda_1)\theta_l^\xi) r_2^\xi - r_1^\xi}{2(r_2^\xi - r_1^\xi)}, & \\
& r \in \left(\dfrac{r_1^\xi + r_2^\xi}{2}, r_2^\xi\right], \\
1 - \dfrac{(-1 + \lambda_2 \theta_r^\xi - (1-\lambda_2)\theta_l^\xi) r - (\lambda_2 \theta_r^\xi - (1-\lambda_2)\theta_l^\xi) r_2^\xi + r_3^\xi}{2(r_3^\xi - r_2^\xi)}, & \\
& r \in \left(r_2^\xi, \dfrac{r_2^\xi + r_3^\xi}{2}\right], \\
1 - (1 + \lambda_2 \theta_r^\xi - (1-\lambda_2)\theta_l^\xi) \dfrac{r_3^\xi - r}{2(r_3^\xi - r_2^\xi)}, & r \in \left(\dfrac{r_2^\xi + r_3^\xi}{2}, r_3^\xi\right], \\
1, & r \in (r_3^\xi, +\infty).
\end{cases}
\end{aligned}
$$

所以, 期望目标函数的计算结果如下

$$
\mathrm{E}[\xi(\boldsymbol{x}, \lambda)] = \frac{r_1^\xi + 2r_2^\xi + r_3^\xi}{4} + \frac{\theta_r^\xi[\lambda_1(r_1^\xi - r_2^\xi) + \lambda_2(r_3^\xi - r_2^\xi)]}{8}
$$

$$-\frac{\theta_l^{\xi}[(1-\lambda_1)(r_1^{\xi}-r_2^{\xi})+(1-\lambda_2)(r_3^{\xi}-r_2^{\xi})]}{8}.$$

结论得证. □

下面推导能源需求约束 (5.5) 的解析表达式.

定理 5.3 [37] 假设人均能源消耗量 η_i 为区间值三角模糊变量 $\mathrm{Tri}[r_{i1}^{\eta}, r_{i2}^{\eta}, r_{i3}^{\eta}; \theta_{il}^{\eta}, \theta_{ir}^{\eta}]$, 线性组合 $\sum_i \eta_i x_i$ 的 λ 选择变量记作 $\eta(\boldsymbol{x},\lambda)$. 如果 $\eta_i, i=1,2,\cdots,m$ 的名义可能性分布相互独立, 那么

(1) 若 $\alpha\in(0,(1+\lambda_1\theta_r^{\eta}-(1-\lambda_1)\theta_l^{\eta})/4]$, 则能源需求可信性约束 (5.5) 等价于

$$C\geqslant r_1^{\eta}+\frac{2\alpha(r_2^{\eta}-r_1^{\eta})}{1+\lambda_1\theta_r^{\eta}-(1-\lambda_1)\theta_l^{\eta}};$$

(2) 若 $\alpha\in[(1+\lambda_1\theta_r^{\eta}-(1-\lambda_1)\theta_l^{\eta})/4, 0.5]$, 则能源需求可信性约束 (5.5) 等价于

$$C\geqslant r_2^{\eta}-\frac{(1-2\alpha)(r_2^{\eta}-r_1^{\eta})}{1-\lambda_1\theta_r^{\eta}+(1-\lambda_1)\theta_l^{\eta}};$$

(3) 若 $\alpha\in[0.5,(3+\lambda_2\theta_r^{\eta}-(1-\lambda_2)\theta_l^{\eta})/4]$, 则能源需求可信性约束 (5.5) 等价于

$$C\geqslant r_2^{\eta}+\frac{(2\alpha-1)(r_3^{\eta}-r_2^{\eta})}{1-\lambda_2\theta_r^{\eta}+(1-\lambda_2)\theta_l^{\eta}};$$

(4) 若 $\alpha\in[(3+\lambda_2\theta_r^{\eta}-(1-\lambda_2)\theta_l^{\eta})/4, 1)$, 则能源需求可信性约束 (5.5) 等价于

$$C\geqslant r_3^{\eta}-\frac{2(1-\alpha)(r_3^{\eta}-r_2^{\eta})}{1+\lambda_2\theta_r^{\eta}-(1-\lambda_2)\theta_l^{\eta}},$$

其中 $r_1^{\eta}=\sum_i r_{i1}^{\eta}x_i$, $r_2^{\eta}=\sum_i r_{i2}^{\eta}x_i$, $r_3^{\eta}=\sum_i r_{i3}^{\eta}x_i$, $\theta_l^{\eta}=\max_i\theta_{il}^{\eta}$ 和 $\theta_r^{\eta}=\min_i\theta_{ir}^{\eta}$.

证明 下面只证明 (1), 同理可证 (2)—(4).

已知 $\eta_i, i=1,2,\cdots,m$ 是区间值三角模糊变量, 且它们的名义可能性分布相互独立, 所以线性组合 $\eta=\sum_i\eta_i x_i$ 仍是区间值三角模糊变量, 即 $\eta\sim\mathrm{Tri}[r_1^{\eta},r_2^{\eta},r_3^{\eta};\theta_l^{\eta},\theta_r^{\eta}]$, 其中 $r_1^{\eta}=\sum_i r_{i1}^{\eta}x_i$, $r_2^{\eta}=\sum_i r_{i2}^{\eta}x_i$, $r_3^{\eta}=\sum_i r_{i3}^{\eta}x_i$, $\theta_l^{\eta}=\max_i\theta_{il}^{\eta}$ 和 $\theta_r^{\eta}=\min_i\theta_{ir}^{\eta}$.

由于 $\eta(\boldsymbol{x},\lambda)$ 是 η 的 λ 选择变量, 根据定理 5.1 可知其参数可能性分布. 从而, 由命题 1.8 [38] 可得模糊事件 $\{\eta(\boldsymbol{x},\lambda)\leqslant C\}$ 的可信性为

$$
\begin{aligned}
&\mathrm{Cr}\{\eta(\boldsymbol{x},\lambda)\leqslant C\}\\
=&\begin{cases}
0, & C\in(-\infty,r_1^\eta),\\
(1+\lambda_1\theta_r^\eta-(1-\lambda_1)\theta_l^\eta)\dfrac{C-r_1^\eta}{2(r_2^\eta-r_1^\eta)}, & C\in\left[r_1^\eta,\dfrac{r_1^\eta+r_2^\eta}{2}\right],\\
\dfrac{(1-\lambda_1\theta_r^\eta+(1-\lambda_1)\theta_l^\eta)C+(\lambda_1\theta_r^\eta-(1-\lambda_1)\theta_l^\eta)r_2^\eta-r_1^\eta}{2(r_2^\eta-r_1^\eta)}, & \\
 & C\in\left(\dfrac{r_1^\eta+r_2^\eta}{2},r_2^\eta\right],\\
1-\dfrac{(-1+\lambda_2\theta_r^\eta-(1-\lambda_2)\theta_l^\eta)C-(\lambda_2\theta_r^\eta-(1-\lambda_2)\theta_l^\eta)r_2^\eta+r_3^\eta}{2(r_3^\eta-r_2^\eta)}, & \\
 & C\in\left(r_2^\eta,\dfrac{r_2^\eta+r_3^\eta}{2}\right],\\
1-(1+\lambda_2\theta_r^\eta-(1-\lambda_2)\theta_l^\eta)\dfrac{r_3^\eta-C}{2(r_3^\eta-r_2^\eta)}, & C\in\left(\dfrac{r_2^\eta+r_3^\eta}{2},r_3^\eta\right],\\
1, & C\in(r_3^\eta,+\infty).
\end{cases}
\end{aligned}
$$

注意到 $C=(r_1^\eta+r_2^\eta)/2$, 有

$$
\mathrm{Cr}\{\eta(\boldsymbol{x},\lambda)\leqslant C\}=\frac{1+\lambda_1\theta_r^\eta-(1-\lambda_1)\theta_l^\eta}{4}.
$$

对任意 $0<\alpha<(1+\lambda_1\theta_r^\eta-(1-\lambda_1)\theta_l^\eta)/2$, 则有

$$
(1+\lambda_1\theta_r^\eta-(1-\lambda_1)\theta_l^\eta)\frac{C-r_1^\eta}{2(r_2^\eta-r_1^\eta)}=\alpha,
$$

即

$$
\eta_{\inf,\mathrm{Cr}}^{\lambda}(\alpha)=r_1^\eta+\frac{2\alpha(r_2^\eta-r_1^\eta)}{1+\lambda_1\theta_r^\eta-(1-\lambda_1)\theta_l^\eta}.
$$

结论 (1) 得证. □

最后我们分析一下环境保护约束 (5.6) 的解析表达式.

定理 5.4 [37] 假设人均 GHG 排放贡献 ζ_i 为区间值三角模糊变量 $\mathrm{Tri}[r_{i1}^\zeta,r_{i2}^\zeta,r_{i3}^\zeta;\theta_{il}^\zeta,\theta_{ir}^\zeta]$, 线性组合 $\sum_i\zeta_ix_i$ 的 λ 选择变量记作 $\zeta(\boldsymbol{x},\lambda)$. 如果 $\zeta_i,i=1,2,\cdots,m$ 的名义可能性分布相互独立, 那么

(1) 若 $\alpha \in (0,(1+\lambda_1\theta_r^\zeta-(1-\lambda_1)\theta_l^\zeta)/4]$, 则环境保护可信性约束 (5.6) 等价于

$$E \geqslant r_1^\zeta + \frac{2\beta(r_2^\zeta - r_1^\zeta)}{1+\lambda_1\theta_r^\zeta-(1-\lambda_1)\theta_l^\zeta};$$

(2) 若 $\alpha \in [(1+\lambda_1\theta_r^\zeta-(1-\lambda_1)\theta_l^\zeta)/4, 0.5]$, 则环境保护可信性约束 (5.6) 等价于

$$E \geqslant r_2^\zeta - \frac{(1-2\beta)(r_2^\zeta - r_1^\zeta)}{1-\lambda_1\theta_r^\zeta+(1-\lambda_1)\theta_l^\zeta};$$

(3) 若 $\alpha \in [0.5, (3+\lambda_2\theta_r^\zeta-(1-\lambda_2)\theta_l^\zeta)/4]$, 则环境保护可信性约束 (5.6) 等价于

$$E \geqslant r_2^\zeta + \frac{(2\beta-1)(r_3^\zeta - r_2^\zeta)}{1-\lambda_2\theta_r^\zeta+(1-\lambda_2)\theta_l^\zeta};$$

(4) 若 $\alpha \in [(3+\lambda_2\theta_r^\zeta-(1-\lambda_2)\theta_l^\zeta)/4, 1)$, 则环境保护可信性约束 (5.6) 等价于

$$E \geqslant r_3^\zeta - \frac{2(1-\beta)(r_3^\zeta - r_2^\zeta)}{1+\lambda_2\theta_r^\zeta-(1-\lambda_2)\theta_l^\zeta},$$

其中 $r_1^\zeta = \sum_i r_{i1}^\zeta x_i$, $r_2^\zeta = \sum_i r_{i2}^\zeta x_i$, $r_3^\zeta = \sum_i r_{i3}^\zeta x_i$, $\theta_l^\zeta = \max_i \theta_{il}^\zeta$ 和 $\theta_r^\zeta = \min_i \theta_{ir}^\zeta$.

证明 定理证明过程类似于定理 5.3. □

5.3.2 可持续发展模型的等价参数形式

根据定理 5.2, 经济目标 GDP 的期望值有下面等价表达式:

$$\begin{aligned}\mathrm{E}\left[\xi(\boldsymbol{x},\lambda)\right] = {} & \lambda_1\frac{(\theta_l^\xi+\theta_r^\xi)(r_1^\xi-r_2^\xi)}{8}+\lambda_2\frac{(\theta_l^\xi+\theta_r^\xi)(r_3^\xi-r_2^\xi)}{8}\\ & +\frac{r_1^\xi+2r_2^\xi+r_3^\xi}{4}-\frac{\theta_l^\xi(r_1^\xi-2r_2^\xi+r_3^\xi)}{8},\end{aligned}$$

其中 $r_1^\xi = \sum_i r_{i1}^\xi x_i$, $r_2^\xi = \sum_i r_{i2}^\xi x_i$, $r_3^\xi = \sum_i r_{i3}^\xi x_i$, $\theta_l^\xi = \max_i \theta_{il}^\xi$ 和 $\theta_r^\xi = \min_i \theta_{ir}^\xi$.

基于上述符号, 模型 (5.10) 中目标函数的鲁棒对等可表示为

$$\begin{aligned}&\inf_{\mu_{\xi(\boldsymbol{x},\lambda)}\in\mathcal{F}_1}\mathrm{E}\left[\xi(\boldsymbol{x},\lambda)\right]\\ &= -\max\left\{-\frac{(\theta_l^\xi+\theta_r^\xi)(r_2^\xi-r_1^\xi)}{8},0\right\}-\max\left\{-\frac{(\theta_l^\xi+\theta_r^\xi)(r_3^\xi-r_2^\xi)}{8},0\right\}\\ &\quad+\frac{r_1^\xi+2r_2^\xi+r_3^\xi}{4}-\frac{\theta_l^\xi(r_1^\xi-2r_2^\xi+r_3^\xi)}{8}.\end{aligned} \tag{5.11}$$

引入辅助变量 u 和 v, 式 (5.11) 可以等价表示为

$$\max_{\boldsymbol{x}} \quad -u-v+\frac{1}{4}\sum_i (r_{i1}^{\xi}+2r_{i2}^{\xi}+r_{i3}^{\xi})x_i-\frac{\theta_l^{\xi}}{8}\sum_i (r_{i1}^{\xi}-2r_{i2}^{\xi}+r_{i3}^{\xi})x_i, \tag{5.12}$$

相应的约束条件为

$$\begin{aligned} & u \geqslant -\frac{(\theta_l^{\xi}+\theta_r^{\xi})\sum_i (r_{i2}^{\xi}-r_{i1}^{\xi})x_i}{8}, \\ & v \geqslant -\frac{(\theta_l^{\xi}+\theta_r^{\xi})\sum_i (r_{i3}^{\xi}-r_{i2}^{\xi})x_i}{8}, \\ & u, v \geqslant 0. \end{aligned} \tag{5.13}$$

令 $J_1^{\alpha}=\{0.5\leqslant \alpha<(3+\lambda_2\theta_r^{\eta}-(1-\lambda_2)\theta_l^{\eta})/4\}$. 由定理 5.3 可知, 当 $\alpha\in J_1^{\alpha}$ 时, 模型 (5.10) 中能量需求约束的鲁棒对等如下

$$-\max\{(\theta_l^{\eta}+\theta_r^{\eta})(C-r_2^{\eta}),0\}+(1+\theta_l^{\eta})(C-r_2^{\eta})\geqslant (2\alpha-1)(r_3^{\eta}-r_2^{\eta}). \tag{5.14}$$

引入辅助变量 w, 式 (5.14) 可以等价表示为

$$\begin{aligned} & -w+(1+\theta_l^{\eta})\left(C-\sum_i r_{i2}^{\eta}x_i\right)\geqslant (2\alpha-1)\sum_i (r_{i3}^{\eta}-r_{i2}^{\eta})x_i, \\ & w\geqslant (\theta_l^{\eta}+\theta_r^{\eta})\left(C-\sum_i r_{i2}^{\eta}x_i\right), \\ & w\geqslant 0. \end{aligned} \tag{5.15}$$

同理令 $J_2^{\alpha}=\{(3+\lambda_2\theta_r^{\eta}-(1-\lambda_2)\theta_l^{\eta})/4\leqslant \alpha<1\}$, 则当 $\alpha\in J_2^{\alpha}$ 时, 有

$$-\max\{-(\theta_l^{\eta}+\theta_r^{\eta})(C-r_3^{\eta}),0\}+(1-\theta_l^{\eta})(C-r_3^{\eta})\geqslant -2(1-\alpha)(r_3^{\eta}-r_2^{\eta}), \tag{5.16}$$

其等价形式为

$$\begin{aligned} & -w+(1-\theta_l^{\eta})\left(C-\sum_i r_{i3}^{\eta}x_i\right)\geqslant -2(1-\alpha)\sum_i (r_{i3}^{\eta}-r_{i2}^{\eta})x_i, \\ & w\geqslant -(\theta_l^{\eta}+\theta_r^{\eta})\left(C-\sum_i r_{i3}^{\eta}x_i\right), \\ & w\geqslant 0. \end{aligned} \tag{5.17}$$

令 $K_1^\beta = \{0.5 \leqslant \beta < (3 + \lambda_2\theta_r^\zeta - (1-\lambda_2)\theta_l^\zeta)/4\}$. 由定理 5.4 可知, 当 $\beta \in K_1^\beta$ 时, 模型 (5.10) 中环境保护约束的鲁棒对等可以等价表示为

$$
\begin{aligned}
& -y + (1+\theta_l^\zeta)\left(E - \sum_i r_{i2}^\zeta x_i\right) \geqslant (2\beta - 1)\sum_i (r_{i3}^\zeta - r_{i2}^\zeta)x_i, \\
& y \geqslant (\theta_l^\zeta + \theta_r^\zeta)\left(E - \sum_i r_{i2}^\zeta x_i\right), \\
& y \geqslant 0.
\end{aligned}
\tag{5.18}
$$

同理令 $K_2^\beta = \{(3 + \lambda_2\theta_r^\zeta - (1-\lambda_2)\theta_l^\zeta)/4 \leqslant \beta < 1\}$, 则当 $\beta \in K_2^\beta$ 时, 有等价形式如下

$$
\begin{aligned}
& -y + (1-\theta_l^\zeta)\left(E - \sum_i r_{i3}^\zeta x_i\right) \geqslant -2(1-\beta)\sum_i (r_{i3}^\zeta - r_{i2}^\zeta)x_i, \\
& y \geqslant -(\theta_l^\zeta + \theta_r^\zeta)\left(E - \sum_i r_{i3}^\zeta x_i\right), \\
& y \geqslant 0.
\end{aligned}
\tag{5.19}
$$

综上所述, 我们可以得到鲁棒对等模型 (5.10) 的参数规划子模型, 对应的目标函数和约束条件见表 5.1. 这样, 要求解所提可持续发展鲁棒对等模型 (5.10), 只需分别求解表 5.1 中的子模型即可.

表 5.1 参数规划子模型

子模型	目标	约束	范围
(I)	(5.12)	(5.7), (5.13), (5.15) 和 (5.18)	$\alpha \in J_1^\alpha$ 且 $\beta \in K_1^\beta$
(II)	(5.12)	(5.7), (5.13), (5.15) 和 (5.19)	$\alpha \in J_1^\alpha$ 且 $\beta \in K_2^\beta$
(III)	(5.12)	(5.7), (5.13), (5.17) 和 (5.18)	$\alpha \in J_2^\alpha$ 且 $\beta \in K_1^\beta$
(IV)	(5.12)	(5.7), (5.13), (5.17) 和 (5.19)	$\alpha \in J_2^\alpha$ 且 $\beta \in K_2^\beta$

5.3.3 基于参数的域分解算法

综上所述, 由定理 5.2—定理 5.4, 分布鲁棒对等模型 (5.10) 分解为四个子模型 (I)—(IV). 因此, 对于给定的置信水平 α 和 β, 模型 (5.10) 的可行域分解为四个互不相交的子区域, 每个子区域恰好是子模型的可行域. 这样, 欲求解模型 (5.10), 只需在每一子区域上求解相应的子模型. 子模型 (I)—(IV) 均为含参数的整数线性规划. 给定参数 α, β 和 θ 取值, 子模型可以通过软件, 如 CPLEX 进行求解. 考虑到事先并不知道鲁棒对等模型的最优解在哪个子区域上取得, 所以需要比较子模型的最优值, 选择其中目标值中最大的子模型的最优解作为对等模型的最优解,

相应的最优值为分布鲁棒模型的最优值. 我们把这种求解方法称为基于参数的域分解方法.

对于任意给定的置信水平 α,β 和 θ, 整个求解过程可分为下面的三个步骤:

步骤 1 通过 CPLEX 软件分别求解参数子规划 (I)—(IV), 将所得局部最优解记为 $\boldsymbol{x}_k$, $k=1,2,3,4$.

步骤 2 计算局部最优解 $\boldsymbol{x}_k$ 对应的目标值 $F(\boldsymbol{x}_k;\theta,\alpha,\beta)$, 根据公式

$$\begin{aligned} F(\boldsymbol{x}^*) &= \max_{1\leqslant k\leqslant 4} F(\boldsymbol{x}_k;\theta,\alpha,\beta) \\ &= \max_{1\leqslant k\leqslant 4} -u-v+\sum_i \frac{r_{i1}^{\xi}+2r_{i2}^{\xi}+r_{i3}^{\xi}}{4}x_{ki}-\frac{\theta_l^{\xi}}{8}\sum_i (r_{i1}^{\xi}-2r_{i2}^{\xi}+r_{i3}^{\xi})x_{ki} \end{aligned}$$

寻找全局最优值.

步骤 3 通过比较, 返回具有最大 GDP 值 $F(\boldsymbol{x}^*)$ 的子模型最优解作为鲁棒对等模型的全局最优解 $\boldsymbol{x}^*$.

5.4 案例研究

为了验证分布鲁棒可持续发展模型的有效性, 本节将其应用于阿联酋的劳动力分配问题. 所有的测试程序采用 CPLEX 软件, 基于分支定界法求解.

5.4.1 问题描述

我们将所提方法应用于阿联酋的案例分析, 旨在实现其到 2030 年的可持续发展目标. 阿联酋位于阿拉伯半岛东部, 北濒波斯湾, 西北与卡塔尔为邻, 西和南与沙特阿拉伯交界, 是世界第十大产油国. 自 1971 年独立以来, 经济快速增长, 整体发展迅速. 正如文献 [25] 所强调, 从 2000 年到 2010 年, 电力需求的年增长率约为 8.8%, 在接下来的五年里占 10.8%, 这与人口年增长率约为 11%的趋势相一致. 阿联酋的人口统计数据显示, 截至 2014 年 10 月, 阿联酋人口约 840 万人, 外籍人口占 88.5%, 主要来自印度、巴基斯坦、孟加拉国、菲律宾、埃及、叙利亚、伊朗、巴勒斯坦等国, 是世界上人口增长最快的 10 个国家之一 [33]. 由于电力消耗和人口增长, 温室气体的排放, 例如二氧化碳 (CO_2)、二氧化硫 (SO_2) 和其他颗粒物, 正在加速累积. 阿联酋的 CO_2 排放量从 1990 年的 60.8 吨增加到 2008 年的 146.9 吨 [40]. 因此, 关注能源消费、环境责任、经济和人口发展之间的相互作用并探讨它们之间的潜在平衡, 对长期致力于可持续性具有重要意义.

在开始进行系列实验之前, 首先生成基本的输入数据, 用于形成具体数学模型并寻找解决方案. 以文献 [27] 中表 2 的原始数据集来构建后续实验的测试数据. 在文献 [27] 表 2 中, 按照类型或技术类似的行业归为一组, 依逻辑性将考察

的行业划分为八个部门, 并列举出每个部门的雇员人数 (以千人为单位). 基于文献已有工作, 设定 2030 年的目标如下: 用电量 C (以 GW·h 为单位)、温室气体排放量 E (以 Gg CO_2 等值计) 和员工人数 N, 分别为 286980, 284739 和 9452000. 这些数值是根据阿联酋 2021 年远景和阿布扎比 2030 年经济远景计划制定的经济和发展目标估算出来的.

观察文献 [27] 表 2 中原始数据可见, 大部分数据, 如 0.03521739 或 4.69696970, 都不太整齐, 实际中很难准确知道. 假定这些数据是不确定的, 并且可能在最有可能的取值周围存在微小扰动, 这是很自然的. 鲁棒优化是基于这一发现而开发的一种规划范式. 经典鲁棒方法中只需知道不确定参数的支撑信息, 可以忽略具体分布信息. 我们的分布鲁棒方法不同于现有工作, 假设分布信息部分已知. 为此, 对原始数据集进行修改生成数据, 对提出的 2 型模糊不确定性下可持续发展问题进行有效性验证. 在可持续发展问题中, 我们采用具有参数区间值可能分布的不对称型三角模糊变量来刻画人均 GDP、人均用电量和人均 GHG 排放量的不确定性. 对于第 i 部门, 假设不确定人均 GDP 是区间值三角模糊变量 $\xi_i \sim \mathrm{Tri}[r_{i1}^{\xi}, r_{i2}^{\xi}, r_{i3}^{\xi}; \theta_{il}^{\xi}, \theta_{ir}^{\xi}]$, 其中 r_{i2}^{ξ} 是文献 [27] 表 2 中第三列数据, r_{i1}^{ξ} 和 r_{i3}^{ξ} 分别表示为 $(1-\Delta_{il}^{\xi})r_{i2}^{\xi}$, $(1+\Delta_{ir}^{\xi})r_{i2}^{\xi}$, 系数 $\Delta_{il}^{\xi}, \Delta_{ir}^{\xi}, \theta_{il}^{\xi}$ 和 θ_{ir}^{ξ} 在区间 [0, 1] 上随机生成. 同理, 人均电力消耗与人均 GHG 排放量分别表示为 $\eta_i \sim \mathrm{Tri}[(1-\Delta_{il}^{\eta})r_{i2}^{\eta}, r_{i2}^{\eta}, (1+\Delta_{ir}^{\eta})r_{i2}^{\eta}; \theta_{il}^{\eta}, \theta_{ir}^{\eta}]$ 和 $\zeta_i \sim \mathrm{Tri}[(1-\Delta_{il}^{\zeta})r_{i2}^{\zeta}, r_{i2}^{\zeta}, (1+\Delta_{ir}^{\zeta})r_{i2}^{\zeta}; \theta_{il}^{\zeta}, \theta_{ir}^{\zeta}]$, 其中 r_{i2}^{η} 和 r_{i2}^{ζ} 分别对应文献 [27] 表 2 中第四列和第五列数据.

5.4.2 计算结果

为了说明所提出的分布鲁棒模型及其求解方法的可应用性, 根据可信度水平、耗电量、温室气体排放量和劳动力总数等因素, 生成了一系列测试问题. 为表示简便, 假设容差参数为 $\Delta_{il}^{\xi} = \Delta_{il}^{\eta} = \Delta_{il}^{\zeta} = \Delta_l = 0.05$ 和 $\Delta_{ir}^{\xi} = \Delta_{ir}^{\eta} = \Delta_{ir}^{\zeta} = \Delta_r = 0.05$. 波动参数 $\theta_{il}^{\xi}, \theta_{ir}^{\xi}, \theta_{il}^{\eta}, \theta_{ir}^{\eta}, \theta_{il}^{\zeta}$ 和 θ_{ir}^{ζ} 在区间 [0, 1] 上随机生成. 根据公式 $\theta_l = \max_i \theta_{il}$ 和 $\theta_r = \min_i \theta_{ir}$ 可知, $\theta_l^{\xi} = 0.2$, $\theta_r^{\xi} = 0.18$, $\theta_l^{\eta} = 0.1357$, $\theta_r^{\eta} = 0.45$, $\theta_l^{\zeta} = 0.38$ 和 $\theta_r^{\zeta} = 0.62$. 基于文献 [27], 劳动力总数、耗电量和温室气体排放量分别设置为 $N = 9452000$, $C = 286980$, $E = 284739$. 当可信性约束的置信水平设置为 $\alpha \in \{0.98, 0.95, 0.70, 0.64, 0.55\}$ 和 $\beta \in \{0.99, 0.95, 0.90, 0.85, 0.65, 0.60, 0.58\}$ 时, 计算结果见表 5.2.

表 5.2 给出阿联酋可持续发展中不同部门分配的劳动力数量, 最右端的列中是对应的期望 GDP 目标值. 正如表 5.2 所示, 劳动力数量和 GDP 目标值随着置信水平 α 和 β 的改变而有所不同. 劳动力指派决策与 α 和 β 的取值密切相关. 例如, 在实验中, 参数 (α, β) 的取值分别为 (0.95, 0.92) 和 (0.75, 0.90) 时, “银行和金融公司” 部门的劳动力数量由 720093 下降到 720000. 此外, 固定参数 α 的取值,

表 5.2　参数 α 和 β 不同取值下的计算结果　(单位: 人)

α	β	分布鲁棒最优解								最优值
		x_1	x_2	x_3	x_4	x_5	x_6	x_7	x_8	
0.98	0.99	230000	91080	611000	1338000	5336262	210000	915656	720000	2651520
0.98	0.95	230000	91456	611000	1338000	5336003	210000	915531	720010	2653109
0.98	0.92	230000	91929	611000	1338000	5335698	210000	915372	720000	2655109
0.98	0.85	230000	92404	611000	1338000	5335372	210000	915215	720009	2657118
0.95	0.99	230000	91013	611000	1338000	5332103	210001	919874	720009	2654905
0.95	0.95	230000	91389	611000	1338000	5331859	210000	919748	720000	2656495
0.95	0.92	230000	91673	611000	1338000	5331575	210000	919659	720093	2657693
0.95	0.85	230000	92337	611000	1338000	5331226	210000	919432	720000	2660504
0.95	0.65	230000	92533	611000	1338000	5331100	210000	919367	720000	2661333
0.95	0.60	230000	94597	611000	1338000	5329724	210000	918679	720000	2670061
0.95	0.58	230000	95437	611000	1338000	5329162	210000	918399	720000	2673612
0.75	0.90	230000	91826	611000	1338000	5329340	210000	921834	720000	2660295
0.70	0.90	230000	91527	611000	1338000	5310859	210000	940607	720007	2675359
0.64	0.90	230000	91162	611000	1338000	5288266	210000	963572	720000	2693792
0.64	0.65	230000	91833	611000	1338000	5287814	210000	963349	720004	2696630
0.64	0.58	230000	94738	611000	1338000	5285869	210000	962381	720012	2708914
0.55	0.58	230000	94175	611000	1338000	5251064	210000	997760	720000	2737308

期望 GDP 目标值随着参数 β 取值变大而单调增加. 例如, 取参数 $\alpha = 0.95$, β 的取值分别为 0.99, 0.95, 0.92, 0.85, 0.65, 0.60, 0.58, 期望 GDP 目标值从 2654905 增加至 2673612.

接下来的实验中, 设置容差参数为 $\Delta_l = 0.05$ 和 $\Delta_r = 0.05$, 波动参数为 $\theta_{il}^{\xi} = \theta_{il}^{\eta} = \theta_{il}^{\zeta} = \theta_l = 0.22$, $\theta_{ir}^{\xi} = \theta_{ir}^{\eta} = \theta_{ir}^{\zeta} = \theta_r = 0.08$. 劳动力总量 N 在集合 {8979400, 9452000, 9924600} 中取值. 同理, 电力消耗总量 C 在集合 {258282, 272631, 286980, 301329, 315678} 中取值, GHG 排放量 E 在集合 {256265, 270502, 284739, 298976, 313212.9} 中取值. 当可信性约束的置信水平 $\alpha = 0.98$ 和 $\beta = 0.95$ 时, 计算结果见表 5.3.

表 5.3 参数 C, E 和 N 不同取值下的计算结果

N	E	分布鲁棒最优值				
		C=258282	C=272631	C=286980	C=301329	C=315678
8979400	256265	2387383	2473038	2558693	2644349	2730005
	270502	2421224	2506880	2592535	2678190	2763847
	284739	2455066	2540722	2626378	2712035	2797691
	298976	2488909	2574566	2660222	2745878	2831534
	313212.9	2522752	2608408	2694064	2779719	2865375
9452000	256265	2415887	2501542	2587198	2672853	2758508
	270502	2449728	2535384	2621038	2706695	2792350
	284739	2483570	2569225	2654880	2740536	2826192
	298976	2517411	2603067	2688722	2774378	2860033
	313212.9	2551253	2636909	2722564	2808219	2893874
9924600	256265	2444386	2530042	2615697	2701353	2787008
	270502	2478228	2563883	2649540	2735196	2820853
	284739	2512071	2597727	2683384	2769040	2854695
	298976	2545916	2631571	2717226	2802882	2888537
	313212.9	2579756	2665413	2751068	2836723	2922379

表 5.3 给出分布鲁棒模型在参数变化时的最优值. 例如, 当 $N = 8979400, E = 256265$ 时, 随着电力消耗总量 C 的增加, 最优 GDP 目标值分别为 2387383, 2473038, 2558693, 2644349 和 2730005. 当 $N = 9452000, C = 315678$ 时, 随着 GHG 排放量 E 的增加, 最优 GDP 目标值分别为 2758508, 2792350, 2826192, 2860033 和 2893874. 此外, 当 $N = 9924600$ 时, 随着电力消耗总量 C 和 GHG 排放量 E 的逐渐增加, 相应的 GDP 目标值分别为 2444386, 2563883, 2683384, 2802882 和 2922379. 实验的计算结果与直观认识相一致, 当电力消耗总量 C 或 GHG 排放量 E 的上界增加时, 国家会实现更高 GDP 目标值.

5.4.3 灵敏度分析

为了验证关键参数对分布鲁棒模型的重要性，下述系列实验讨论参数的灵敏度分析，调查参数改变对模型最优值和输出结果的影响. 此部分实验中，假设 $\theta_{il}^{\xi} = \theta_{il}^{\eta} = \theta_{il}^{\zeta} = \theta_l$ 和 $\theta_{ir}^{\xi} = \theta_{ir}^{\eta} = \theta_{ir}^{\zeta} = \theta_r$，其他参数取值为 $\Delta_l = 0.05$, $\Delta_r = 0.05$, $\alpha = 0.95$, $\beta = 0.95$, $N = 9452000$, $C = 286980$, $E = 284739$.

图 5.1 反映分布鲁棒最优解与上波动参数 θ_r 的关系. 当参数 θ_r 在区间 [0.05, 0.40] 上以步长 0.05 增加时，决策变量 x_1 的取值保持 230000 不变. 类似观察发生在决策 x_3, x_4 和 x_6，它们的取值分别是 $x_3 = 611000$, $x_4 = 1338000$ 和 $x_6 = 210000$. 这样，图 5.1 主要关注其他决策变量的取值. 从图 5.1 可见，第二个部门和第七个部门的劳动力数量随上波动参数 θ_r 的增加而单调减少，而第五个部门的劳动力数量变化趋势与此相反，随上波动参数 θ_r 的增加而单调增加. 特别地，第八个部门的劳动力数量开始稳定取定值，在上波动参数 θ_r 取值为 0.30 时达到最大，之后单调减少. 图 5.2 反映分布鲁棒最优值与上波动参数 θ_r 的关系. 从图 5.2 可见，当上波动参数 θ_r 沿顺时针方向逐渐增大时，半径所代表的 GDP 目标值从 2659737 减小到 2657638. 分布鲁棒模型的最优值随波动参数 θ_r 的增大而递减.

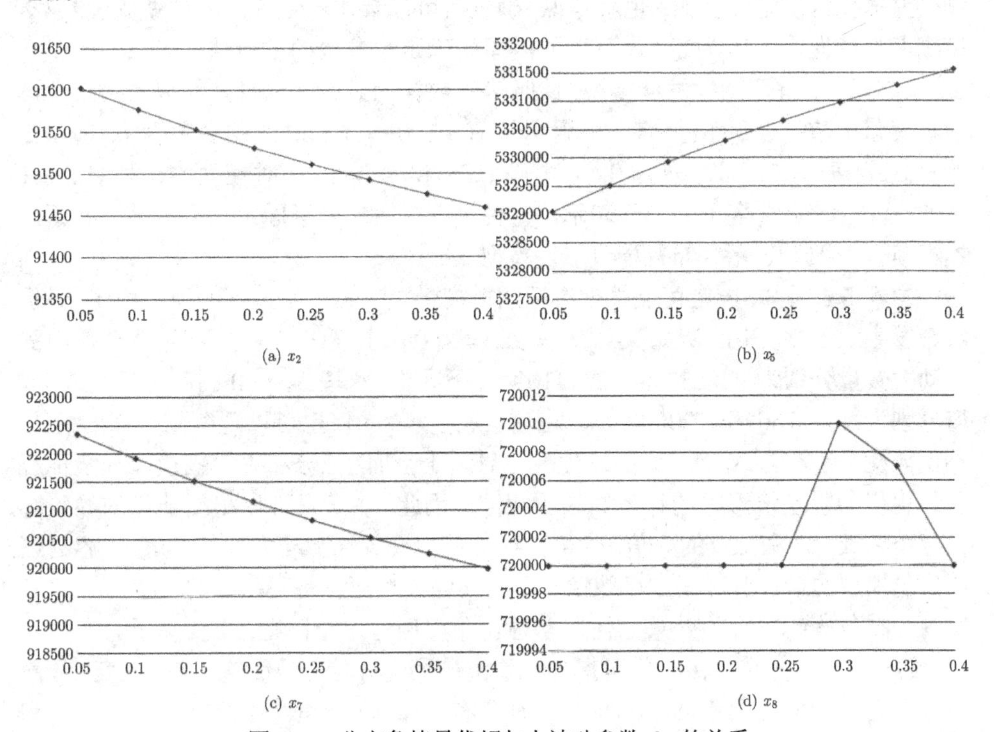

(a) x_2 (b) x_5

(c) x_7 (d) x_8

图 5.1 分布鲁棒最优解与上波动参数 θ_r 的关系

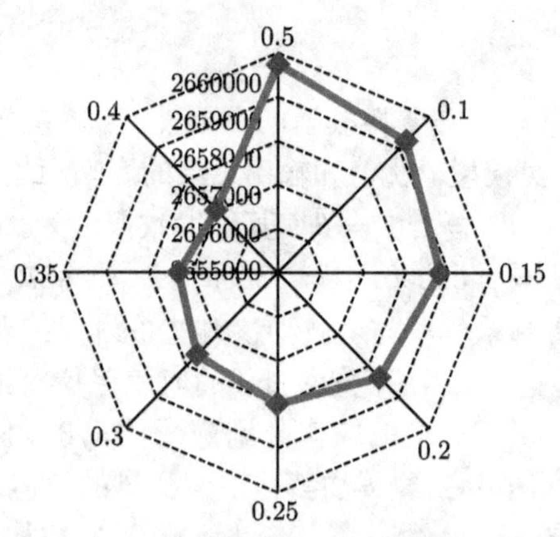

图 5.2　分布鲁棒最优值与上波动参数 θ_r 的关系

5.4.4　模型比较和鲁棒代价

本小节将在两种不同环境下重新计算我们的可持续发展实验, 一种是模型参数具有确定性输入数据, 另一种是模型参数具有固定可能性分布的不确定性输入数据. 比较研究进一步显示分布鲁棒模型的优势. 当 $\Delta_l = 0$ 和 $\Delta_r = 0$ 时, 模糊变量退化为确定性参数. 也就是说, 确定值可以看作一个特殊的模糊变量, 属于模糊变量的左右容差为零, 最可能的值即为确定性参数的单点值. 当 $\Delta_l \neq 0$ 和 $\Delta_r \neq 0$ 时, 求解可持续发展模型, 此时输入数据为具有固定可能性分布的三角形模糊变量. 表 5.4 给出置信水平为 $\alpha = 0.95, \beta = 0.95$, 波动参数为 $\theta_l^{\xi} = 0.2$, $\theta_r^{\xi} = 0.18$, $\theta_l^{\eta} = 0.1357$, $\theta_r^{\eta} = 0.45$, $\theta_l^{\zeta} = 0.38$ 和 $\theta_r^{\zeta} = 0.62$ 时模型的计算结果, 其中“类型”一列中, 符号“ D”表示确定性模型,“ F”表示固定的可能性分布下的模糊模型,“ R”表示分布鲁棒可信性模型.

由表 5.4 可知, 固定可能性分布下的模糊模型与确定参数下的模型相比, 最优决策发生实质性变化. 例如, 当 $\Delta_l = \Delta_r = 0.05$ 时, 第七个部门和第八个部门的劳动力数量分别为 922833 和 720141, 明显不同于 $\Delta_l = \Delta_r = 0$ 的确定模型, 其取值分别为 1016766 和 720000. 对于其他决策变量的值也可以观察到类似的模式. 不仅如此, 当参数 Δ_l, Δ_r 大小发生变化时, 固定可能性分布下模糊模型的最优解和最优值与确定情形时的计算结果不相同. 因此, 决策者可以根据他们的经验选择两个参数 Δ_l 和 Δ_r 的取值, 为可持续发展问题制订劳动力计划. 此外, 容易证明确定模型的最优解对固定可能性分布的模糊模型而言是不可行的.

分布鲁棒解执行的效果如何? 从理论角度回答这个问题, 主要基于分布鲁棒代价这一概念. 分布鲁棒代价是指分布鲁棒最优值与名义最优值之差. 在表 5.4 最右端一列中我们给出不同 Δ_l 和 Δ_r 时分布鲁棒代价的取值, 反映了参数 Δ_l 和 Δ_r 对名义最优解的影响. 例如, 在 $\Delta_l = 0.03$ 和 $\Delta_r = 0.03$ 时, 分布鲁棒代价

表 5.4　参数 Δ_l 和 Δ_r 不同取值下的分布鲁棒代价

Δ_l	Δ_r	类型	分布鲁棒最优解								最优值	鲁棒代价
			x_1	x_2	x_3	x_4	x_5	x_6	x_7	x_8		
0.00	0.00	D	230000	97304	611000	1338000	5228930	210000	1016766	720000	2768072	—
0.03	0.03	F	230000	93841	611000	1338000	5289746	210000	959413	720000	2702265	—
		R	230000	93690	611000	1338000	5291798	210000	957502	720010	2699910	2355
0.05	0.05	F	230000	92489	611000	1338000	5328394	210000	922833	720141	2660280	—
		R	230000	91389	611004	1338000	5331859	210000	919748	720000	2656495	3785
0.08	0.08	F	230001	91929	611000	1338000	5381607	210000	868902	720001	2617003	—
		R	230000	92273	611000	1338000	5386550	210000	864177	720000	2611895	5108
0.12	0.12	F	230000	84464	611000	1338000	5454410	210000	804126	720000	2524084	—
		R	230000	83948	611000	1338000	5461481	210000	797570	720001	2516018	8066
0.15	0.15	F	230000	81636	611000	1338000	5504075	210001	757289	720000	2470343	—
		R	230000	81022	611000	1338000	5512494	210000	749484	720000	2460742	9601
0.05	0.09	F	230000	87433	611003	1338000	5402261	210000	853303	720000	2606314	—
		R	230000	87027	611000	1338000	5407839	210000	848133	720001	2597320	8994
0.05	0.15	F	230000	81636	611000	1338000	5504075	210000	757289	720000	2532102	—
		R	230000	81022	611000	1338000	5512494	210000	749484	720000	2516109	15993
0.08	0.05	F	230000	91632	611000	1338000	5328394	210000	922833	720141	2640328	—
		R	230000	91389	611004	1338000	5331859	210000	919748	720000	2638564	1764
0.18	0.10	F	230000	86427	611002	1338000	5419931	210000	836640	720000	2510162	—
		R	230000	85983	611000	1338000	5426026	210000	830991	720000	2508463	1699

表 5.5　不同参数取值下的分布鲁棒代价

θ_l	θ_r	α	β	Δ_l	Δ_r	C	E	鲁棒最优值	名义最优值	鲁棒代价
0.12	0.05	0.95	0.95	0.15	0.15	286980	284739	2468956	2470343	1387
0.12	0.05	0.95	0.95	0.15	0.15	386080	384739	3233712	3235580	1868
0.12	0.05	0.95	0.95	0.15	0.15	256080	224739	1661823	1665732	3909
0.08	0.52	0.93	0.95	0.08	0.02	286980	284739	2683861	2684321	460
0.08	0.07	0.92	0.96	0.18	0.12	286980	284739	2494636	2495302	666
0.42	0.05	0.95	0.90	0.05	0.09	286980	284739	2605239	2611866	6627
0.32	0.05	0.95	0.90	0.05	0.09	386080	384739	3418275	3425312	7037
0.08	0.07	0.95	0.86	0.18	0.12	386080	384739	3273970	3275245	1275
0.07	0.18	0.98	0.95	0.08	0.08	386080	384739	3398085	3400117	2032
0.07	0.18	0.92	0.96	0.08	0.08	286980	284739	2602829	2606502	3673
0.12	0.35	0.85	0.95	0.10	0.10	256080	224739	1906986	1922344	15358
0.22	0.08	0.98	0.93	0.10	0.05	256080	224739	2185864	2186139	275

是 2355. 与此同时, 分配在第二、五、七和八部门的劳动力数量分别为 93690, 5291798, 957502, 720010, 与名义最优解存在明显差异.

当模型参数 θ_l, θ_r, α, β, Δ_l, Δ_r, C 和 E 取其他不同值时, 我们继续实验, 并在表 5.5 中报告计算结果. 由表 5.5 可见, 参数取值发生变化时, 鲁棒最优值、名义最优值和鲁棒代价会相应地发生改变. 例如, 模型参数 $\theta_l=0.42$, $\theta_r=0.05$, $\alpha=0.95$, $\beta=0.90$, $\Delta_l=0.05$, $\Delta_r=0.09$, $C=286980$ 和 $E=284739$ 时, 名义模型的最优 GDP 目标值是 2611866, 分布鲁棒模型的最优 GDP 目标值是 2605239, 分布鲁棒代价为 6627.

5.4.5 管理启示

基于上述计算结果, 对可持续发展问题, 下面针对不确定参数的处理展开若干讨论.

(1) 在制定可持续发展的劳动力策略时, 多数决策者更倾向于求解确定性规划模型, 此时只需要选择模糊参数的容差参数 Δ_l 和 Δ_r 取值为零即可. 显然, 确定情况下的可持续发展模型具有更高的 GDP 目标值. 然而当最优解和最优值对模型参数分布敏感时, 具有更多 GDP 优势的确定模型没有实际意义. 我们的应用实例表明, 模型的不确定参数用固定可能性分布的三角模糊变量刻画时, 确定性输入的最优解是不可行的. 由此可见, 对可持续发展问题进行建模, 决策者不能忽视不确定性因素.

(2) 考虑模糊可持续发展模型时, 人均 GDP、人均用电量和人均 GHG 排放量用模糊变量表示, 具有固定的可能性分布. 在这种情况下, 假设模糊变量的精确可能性分布容易获得, 而且分布类型已知. 假如在建模过程中, 模糊变量的可能性分布不能准确地确定, 那么就无法算得最优的劳动力分配方案. 如果决策者想克服此困难, 需要其他方法或技术.

(3) 在我们的分布鲁棒可持续发展模型中, 人均 GDP、人均用电量和人均 GHG 排放量是不确定的, 具有区间值可能性分布, 并且这些分布位于不确定性分布集中. 案例计算结果从不同角度说明所提模型的优势. 决策者可以控制两种类型的参数来管理优化模型, 制订灵活劳动力分配计划, 实现可持续发展目标. 第一类参数是容差参数 Δ_l 和 Δ_r, 分别表示在最可能值基础上水平方向向前和向后偏差比例. 第二类参数是波动参数 θ_l 和 θ_r, 分别表示在名义可能性分布基础上垂直方向向下和向上的轻微偏移程度, 反映了 2 型模糊变量取值的不确定性程度. 决策者可以根据自己的经验或偏好调整模型参数的取值. 表 5.4 报告容差参数 Δ_l 和 Δ_r 取值不同时, 分布鲁棒最优方案对名义最优解的影响. 图 5.1 和图 5.2 给出波动参数 θ_l 和 θ_r 对劳动分配计划和 GDP 目标值的影响. 表 5.5 显示两种类型的参数同时变化时分布鲁棒模型的代价. 计算结果表明在不确定环境下, 已知部分分布信息时分布鲁棒模型优于固定可能性分布下的模糊模型.

5.5 本章小结

本章采用分布鲁棒可信性优化思想研究了可持续发展问题, 将其表示为具有期望目标函数和可信性约束的风险中性模型. 在所提出模型中, 无法事先获知人均 GDP、人均用电量和人均 GHG 排放量的精确分布信息, 只知道不确定参数的取值上下界、分布类型等部分信息. 在量化不确定参数时, 将它们用区间值模糊变量表示, 可能性分布位于相应的不确定分布集中. 一方面, 新模型成功地提供了一个基于可信性的分布鲁棒优化范例, 通过定义不确定分布集将适用于随机部分信息下的分布鲁棒优化思想扩展模糊环境下已知部分分布信息的情景中. 另一方面, 分布鲁棒模型综合模糊优化和经典鲁棒优化的优势. 模糊优化假定不确定参数的固定可能性分布信息完全已知, 而鲁棒优化忽略了除支撑外分布的任何信息. 此外, 所提出的分布鲁棒优化模型为可持续发展问题提供了可计算可处理的方法. 基于期望目标和可信性约束的解析表示, 将原优化问题转化为等价的鲁棒对等模型, 并通过参数域分解方法求得分布鲁棒模型的最优解. 实验部分以阿联酋可持续发展为例, 验证了分布鲁棒优化方法的有效性. 当名义分布有微小扰动时, 分布鲁棒模型中得到的最优劳动分配策略为对冲不确定性提供一个定量依据. 利用鲁棒优化方法, 决策者可以根据自己的偏好, 通过控制容差参数和波动参数的不同值来做出理性决策. 这为决策者提供了一个简单易行的方法来进行可持续发展的战略规划和投资分配.

第 6 章 非精确概率约束的鲁棒对等逼近方法

本章主要介绍如何在不同类型的波动集下找到非精确概率约束问题的鲁棒对等逼近, 进而将一个无限维的优化问题转化为有限维的优化问题进行求解 [41-43]. 为了加细不确定性集, 介绍了球、盒子、多面体和椭球等扰动集相交的几种情况. 具体地, 首先介绍非精确概率约束模型; 其次讨论了非精确概率约束在不同波动集下的鲁棒对等逼近形式; 最后给出了关于金融投资的一个实际案例, 并计算了球交多面体和椭球交广义多面体时的等价投资优化模型, 并给出最优投资策略. 基于本章理论结果的最新应用研究可参见 [44].

6.1 非精确概率约束问题

一般的不确定线性优化问题可表示为如下形式

$$\begin{aligned}
\max_{\boldsymbol{x}} \quad & \boldsymbol{c}^{\mathrm{T}}\boldsymbol{x}+d \\
\text{s.t.} \quad & \boldsymbol{a}_i^{\mathrm{T}}\boldsymbol{x} \leqslant b_i, \quad i=1,\cdots,m, \\
& \boldsymbol{x} \in D,
\end{aligned} \tag{6.1}$$

其中 $\boldsymbol{x}\in\mathbb{R}^n$ 是决策变量, D 是一组确定的约束, 目标参数 $\boldsymbol{c}\in\mathbb{R}^n, d\in\mathbb{R}$ 以及问题参数 $\boldsymbol{a}_i\in\mathbb{R}^n, b_i\in\mathbb{R}, i=1,\cdots,m$ 均是不确定的.

在随机优化中, 不确定模型参数通常假设为随机的. 在最简单的情况下, 这些随机数据服从已知的概率分布 [45,46]. 然而现实生活中这些分布信息大多是部分已知的, 我们只知道分布 P 属于一个已知的分布族 $\mathcal{P}$ [47,48].

求解不确定模型 (6.1) 时, 首先引入风险水平 $\epsilon\in(0,1), \epsilon_i\in(0,1), i=1,\cdots,m$, 并确保约束在一定的概率水平下成立. 为了使得模型 (6.1) 有意义, 引入附加变量 t 并建立如下优化模型

$$\begin{aligned}
\max_{\boldsymbol{x}} \quad & t \\
\text{s.t.} \quad & \Pr\{\boldsymbol{c}^{\mathrm{T}}\boldsymbol{x}+d \geqslant t\} \geqslant 1-\epsilon, \\
& \Pr\{\boldsymbol{a}_i^{\mathrm{T}}\boldsymbol{x} \leqslant b_i\} \geqslant 1-\epsilon_i, \quad i=1,\cdots,m, \\
& \boldsymbol{x} \in D.
\end{aligned} \tag{6.2}$$

因此, 当随机参数的分布部分已知时, 模型 (6.2) 将转化为下面的非精确概率约束优化模型

$$\begin{aligned}\max_{\boldsymbol{x}}\quad & t\\ \text{s.t.}\quad & \Pr_{(\boldsymbol{c},d)\sim P_0}\{\boldsymbol{c}^{\mathrm{T}}\boldsymbol{x}+d\geqslant t\}\geqslant 1-\epsilon,\quad \forall P_0\in\mathcal{P}_0,\\ & \Pr_{(\boldsymbol{a}_i,b_i)\sim P_i}\{\boldsymbol{a}_i^{\mathrm{T}}\boldsymbol{x}\leqslant b_i\}\geqslant 1-\epsilon_i,\quad \forall P_i\in\mathcal{P}_i,\quad i=1,\cdots,m,\\ & \boldsymbol{x}\in D,\end{aligned}\tag{6.3}$$

其中随机参数 $\boldsymbol{c},d$ 的分布 P_0 属于一分布族 $\mathcal{P}_0$, 且 $\boldsymbol{a}_i,b_i$ 的分布 P_i 属于分布族 $\mathcal{P}_i,i=1,\cdots,m$. 除了知道随机参数服从的分布属于一已知分布族外, 其他的都未知, 因此称模型 (6.3) 为非精确概率约束模型.

模型 (6.3) 是具有无限约束的半无限规划问题. 即使分布 P 是很简单的, 它通常也是难以求解的 [49]. 由于计算上的困难性, 一种比较常见的方式是用计算可处理的安全逼近来求解模型. 在下面小节里我们将介绍非精确概率约束的鲁棒对等逼近方法.

6.2 鲁棒对等逼近

众所周知, 概率约束的鲁棒逼近很大程度上依赖于不确定性集合的选择. 下面将介绍在不同类型的不确定集下的鲁棒对等逼近形式. 为了清楚起见, 假设不确定性集是通过波动向量以仿射的方式被参数化的, 波动向量 $\boldsymbol{\zeta}=[\zeta_1,\cdots,\zeta_L]$ 在一给定的波动集 Z 中变化, 具体如下

$$\boldsymbol{c}^{\mathrm{T}}\boldsymbol{x}+d\geqslant t,\quad \forall\left([\boldsymbol{c};d]=[c^0;d^0]+\sum_{l=1}^{L}\zeta_l[c^l;d^l]:\boldsymbol{\zeta}\in Z\in\mathbb{R}^L\right);\tag{6.4}$$

$$\boldsymbol{a}_i^{\mathrm{T}}\boldsymbol{x}\leqslant b_i,\quad \forall\left([\boldsymbol{a}_i;b_i]=[a_i^0;b_i^0]+\sum_{l=1}^{L}\zeta_l[a_i^l;b_i^l]:\boldsymbol{\zeta}\in Z\in\mathbb{R}^L\right).\tag{6.5}$$

Ben-Tal 等 [50] 证实了不确定参数 $\boldsymbol{a},b,\boldsymbol{c},d$ 的值是通过随机波动在其名义值 a^0,b^0,c^0,d^0 附近变化得到的.

接下来, 将讨论在不同的波动集下非精确概率约束模型 (6.3) 的鲁棒对等逼近形式.

6.2.1 球交多面体波动集下的鲁棒对等逼近

表达式 (6.4) 和 (6.5) 中的波动集 Z 是 $||\cdot||_2$ 和 $||\cdot||_1$ 的交集, 即

$$Z=\{\boldsymbol{\zeta}\in\mathbb{R}^L:||\boldsymbol{\zeta}||_2\leqslant\Omega,||\boldsymbol{\zeta}||_1\leqslant\gamma\},\tag{6.6}$$

其中 $\Omega > 0$ 和 $\gamma > 0$ 是给定的参数. 此时, 波动集 Z 的锥表示形式为

$$Z = \{\boldsymbol{\zeta} \in \mathbb{R}^L : \boldsymbol{P}_1\boldsymbol{\zeta} + p_1 \in \mathbf{K}^1, \boldsymbol{P}_2\boldsymbol{\zeta} + p_2 \in \mathbf{K}^2\},$$

其中

(1) $\boldsymbol{P}_1\boldsymbol{\zeta} = [\zeta; 0], \boldsymbol{p}_1 = [\mathbf{0}_{L\times1}; \Omega]$ 且 $\mathbf{K}^1 = \{[\boldsymbol{z}; t] \in \mathbb{R}^L \times \mathbb{R} : t \geqslant ||\boldsymbol{z}||_2\}$, 因此它的对偶锥为 $\mathbf{K}^1_* = \mathbf{K}^1$;

(2) $\boldsymbol{P}_2\boldsymbol{\zeta} = [\zeta; 0], \boldsymbol{p}_2 = [\mathbf{0}_{L\times1}; \gamma]$ 且 $\mathbf{K}^2 = \{[\boldsymbol{z}; t] \in \mathbb{R}^L \times \mathbb{R} : t \geqslant ||\boldsymbol{z}||_1\}$, 因此它的对偶锥为 $\mathbf{K}^2_* = \{[\boldsymbol{z}; t] \in \mathbb{R}^L \times \mathbb{R} : t \geqslant ||z||_\infty\}$.

根据文献 [50] 中的注释 1.3.6, 半无限约束 (6.4) 可以用关于变量 $\boldsymbol{x}, \boldsymbol{y}^s, s = 1, 2$ 的锥约束系统来表示

$$\begin{aligned}
&\sum_{s=1}^{2} \boldsymbol{p}_s^{\mathrm{T}} \boldsymbol{y}^s + t + [-c^0]^{\mathrm{T}} \boldsymbol{x} \leqslant d^0, \\
&\sum_{s=1}^{2} (\boldsymbol{P}_s^{\mathrm{T}} \boldsymbol{y}^s)_l = d^l + [c^l]^{\mathrm{T}} \boldsymbol{x}, \quad l = 1, \cdots, L, \\
&\boldsymbol{y}^s \in \mathbf{K}^s_*, \quad s = 1, 2.
\end{aligned} \tag{6.7}$$

令 $\boldsymbol{y}^1 = [\boldsymbol{\eta}_1; \tau_1]$, $\boldsymbol{y}^2 = [\boldsymbol{\eta}_2; \tau_2]$, $\boldsymbol{\eta}_1$, $\boldsymbol{\eta}_2$ 是 L 维的向量,τ_1, τ_1 是一维的. 将 $\boldsymbol{P}_s, \boldsymbol{p}_s$ 代入系统 (6.7), 于是得到下面关于变量 $\tau_1 \in \mathbb{R}, \tau_2 \in \mathbb{R}, \boldsymbol{\eta}_1 \in \mathbb{R}^L, \boldsymbol{\eta}_2 \in \mathbb{R}^L, \boldsymbol{x}$ 的锥二次约束系统:

$$\begin{gathered}
\Omega\tau_1 + \gamma\tau_2 + t + [-c^0]^{\mathrm{T}} \boldsymbol{x} \leqslant d^0, \\
(\boldsymbol{\eta}_1 + \boldsymbol{\eta}_2)_l = d^l + [c^l]^{\mathrm{T}} \boldsymbol{x}, \quad l = 1, \cdots, L, \\
||\boldsymbol{\eta}_1||_2 \leqslant \tau_1, \quad ||\boldsymbol{\eta}_2||_\infty \leqslant \tau_2.
\end{gathered}$$

类似地, 根据表达式 (6.5) 的锥表示, 可以得到关于变量 $\tau_1, \tau_2, \boldsymbol{\eta}_1, \boldsymbol{\eta}_2, \boldsymbol{x}$ 的锥约束系统:

$$\begin{gathered}
\Omega\tau_1 + \gamma\tau_2 + [a_i^0]^{\mathrm{T}} \boldsymbol{x} \leqslant b_i^0, \quad i = 1, \cdots, m, \\
(\boldsymbol{\eta}_1 + \boldsymbol{\eta}_2)_l = b_i^l - [a_i^l]^{\mathrm{T}} \boldsymbol{x}, \quad l = 1, \cdots, L, i = 1, \cdots, m, \\
||\boldsymbol{\eta}_1||_2 \leqslant \tau_1, \quad ||\boldsymbol{\eta}_2||_\infty \leqslant \tau_2.
\end{gathered}$$

对于上述两个系统的任意可行解, 且 $\tau_1 \geqslant \bar{\tau_1} \equiv ||\boldsymbol{\eta}_1||_2, \tau_2 \geqslant \bar{\tau_2} \equiv ||\boldsymbol{\eta}_2||_\infty$, 当用 $\bar{\tau_1}, \bar{\tau_2}$ 替换 τ_1, τ_2 时, 原可行解仍是可行的. 我们得到关于变量 $\boldsymbol{x}, \boldsymbol{z} = \boldsymbol{\eta}_1, \boldsymbol{\omega} = \boldsymbol{\eta}_2$ 的系统如下

$$\Omega\sqrt{\sum_{l=1}^{L} z_l^2} + \gamma \max_l |\omega_l| + t - [c^0]^{\mathrm{T}} \boldsymbol{x} \leqslant d^0, \tag{6.8}$$

$$z_l + \omega_l = d^l + [c^l]^{\mathrm{T}}\boldsymbol{x}, \quad l = 1, \cdots, L, \tag{6.9}$$

它是不确定线性不等式 (6.4) 在波动集为 (6.6) 时的等价形式.

另外, 下面的系统

$$\Omega\sqrt{\sum_{l=1}^{L} z_l^2} + \gamma \max_l |\omega_l| + [a_i^0]^{\mathrm{T}}\boldsymbol{x} \leqslant b_i^0, \tag{6.10}$$

$$z_l + \omega_l = b_i^l - [a_i^l]^{\mathrm{T}}\boldsymbol{x}, \quad l = 1, \cdots, L, \quad i = 1, \cdots, m \tag{6.11}$$

与不确定线性不等式 (6.5) 的波动集为 (6.6) 时等价.

通过上面的分析, 接下来提出关于非精确概率约束问题的鲁棒对等逼近形式. 假设不确定线性不等式 (6.4) 和 (6.5) 中相互独立的波动变量 $\zeta_1, \cdots, \zeta_L$ 具有以下属性:

$$\zeta_1, \cdots, \zeta_L : \mathrm{E}\{\zeta_l\} = 0, \quad |\zeta_l| \leqslant 1, \quad l = 1, \cdots, L, \quad \{\zeta_l\}_{l=1}^{L}. \tag{6.12}$$

因此, 可以得到下面的结论.

定理 6.1 [41] 在波动集 (6.6) 下的不确定线性约束 (6.4) 的鲁棒对等与锥二次约束 (6.8)—(6.9) 等价. 当相互独立的波动变量 $\zeta_1, \cdots, \zeta_L$ 服从条件 (6.12) 时, 那么锥二次约束 (6.8)—(6.9) 的可行解满足随机波动不等式 (6.4) 的概率至少为 $1 - \exp\left\{-\dfrac{s^2}{2}\right\}, s = \min\left\{\Omega, \dfrac{\gamma}{\sqrt{L}}\right\}$.

证明 已知 (6.8) 和 (6.9) 是表达式 (6.4) 的鲁棒对等, 其中波动集形式是 (6.6). 下面证明当 $\zeta_l, l = 1, \cdots, L$ 满足条件 (6.12) 时, 且有 $(\boldsymbol{x}, \boldsymbol{z}, \boldsymbol{\omega})$ 是 (6.8) 和 (6.9) 的可行解, 那么 $\boldsymbol{x}$ 满足 (6.4) 的概率至少为 $1 - \exp\left\{-\dfrac{s^2}{2}\right\}$, $s = \min\left\{\Omega, \dfrac{\gamma}{\sqrt{L}}\right\}$.

首先根据表达式 (6.4) 可得如下不等式

$$-\sum_{l=1}^{L}([c^l]^{\mathrm{T}}\boldsymbol{x} + d^l)\zeta_l + t \leqslant d^0 + [c^0]^{\mathrm{T}}\boldsymbol{x}.$$

因此, 下面的等价表示也成立

$$\begin{aligned} &\mathrm{Pr}_{\boldsymbol{\zeta}\sim P}\left\{-\sum_{l=1}^{L}([c^l]^{\mathrm{T}}\boldsymbol{x} + d^l)\zeta_l + t \leqslant d^0 + [c^0]^{\mathrm{T}}\boldsymbol{x}\right\} \geqslant 1 - \epsilon \\ \Leftrightarrow\ &\mathrm{Pr}_{\boldsymbol{\zeta}\sim P}\left\{-\sum_{l=1}^{L}([c^l]^{\mathrm{T}}\boldsymbol{x} + d^l)\zeta_l + t > d^0 + [c^0]^{\mathrm{T}}\boldsymbol{x}\right\} \leqslant \epsilon. \end{aligned} \tag{6.13}$$

当 $\zeta_l, l=1,\cdots,L$ 相互独立且满足 $||\boldsymbol{\zeta}||_\infty \leqslant 1$ 时, 有

$$\begin{aligned}
\boldsymbol{c}^{\mathrm{T}}\boldsymbol{x}+d<t &\Rightarrow -\sum_{l=1}^{L}[[c^l]^{\mathrm{T}}\boldsymbol{x}+d^l]\zeta_l+t>d^0+[c^0]^{\mathrm{T}}\boldsymbol{x} \\
&\Rightarrow -\sum_{l=1}^{L}z_l\zeta_l-\sum_{l=1}^{L}\omega_l\zeta_l+t>d^0+[c^0]^{\mathrm{T}}\boldsymbol{x} \qquad [(6.9)] \\
&\Rightarrow -\sum_{l=1}^{L}z_l\zeta_l-\sum_{l=1}^{L}\omega_l\zeta_l+t>\Omega\sqrt{\sum_{l=1}^{L}z_l^2}+\gamma\max_l|\omega_l|+t \qquad [(6.8)].
\end{aligned}$$

不妨设 $(\boldsymbol{x},\boldsymbol{z},\boldsymbol{\omega})$ 是 (6.8)—(6.9) 的可行解. 那么

$$||\boldsymbol{\omega}||_2^2=\sum_{l=1}^{L}\omega_l^2\leqslant\sum_{l=1}^{L}|\omega_l|||\boldsymbol{\omega}||_\infty\leqslant||\boldsymbol{\omega}||_\infty\sum_{l=1}^{L}|\omega_l|\leqslant||\boldsymbol{\omega}||_\infty\sqrt{L}||\boldsymbol{\omega}||_2.$$

因此

$$||\boldsymbol{\omega}||_2\leqslant\sqrt{L}||\boldsymbol{\omega}||_\infty.$$

所以, 有

$$-\sum_{l=1}^{L}z_l\zeta_l-\sum_{l=1}^{L}\omega_l\zeta_l>\Omega\sqrt{\sum_{l=1}^{L}z_l^2}+\frac{\gamma}{\sqrt{L}}\sqrt{\sum_{l=1}^{L}\omega_l^2}.$$

令 $s=\min\left\{\Omega,\dfrac{\gamma}{\sqrt{L}}\right\}$, 可得

$$-\sum_{l=1}^{L}(z_l+\omega_l)\zeta_l>s\left(\sqrt{\sum_{l=1}^{L}z_l^2}+\sqrt{\sum_{l=1}^{L}\omega_l^2}\right).$$

根据三角不等式

$$\sqrt{\sum_{l=1}^{L}z_l^2}+\sqrt{\sum_{l=1}^{L}\omega_l^2}>\sqrt{\sum_{l=1}^{L}(z_l+\omega_l)^2},$$

可得

$$-\sum_{l=1}^{L}(z_l+\omega_l)\zeta_l>s\sqrt{\sum_{l=1}^{L}(z_l+\omega_l)^2}.$$

基于文献 [50] 中命题 2.3.1 的结论, 可以得到如下结果:

$$\mathrm{Pr}_{\boldsymbol{\zeta}\sim P}\{\boldsymbol{c}^{\mathrm{T}}\boldsymbol{x}+d<t\}\leqslant\mathrm{Pr}_{\boldsymbol{\zeta}\sim P}\left\{-\sum_{l=1}^{L}(z_l+\omega_l)\zeta_l>s\sqrt{\sum_{l=1}^{L}(z_l+\omega_l)^2}\right\}$$

$$\leqslant \exp\left\{-\frac{s^2}{2}\right\},$$

其中 $s=\min\left\{\Omega,\frac{\gamma}{\sqrt{L}}\right\}, s>0$, 因此

$$\Pr_{\zeta\sim P}\left\{-\sum_{l=1}^{L}([c^l]^{\mathrm{T}}\boldsymbol{x}+d^l)\zeta_l+t\leqslant d^0+[c^0]^{\mathrm{T}}\boldsymbol{x}\right\}\geqslant 1-\exp\left\{-\frac{s^2}{2}\right\}.$$

结论得证. □

定理 6.2 [41]　在波动集 (6.6) 下的不确定线性约束 (6.5) 的鲁棒对等与锥二次约束 (6.10)—(6.11) 等价. 当相互独立的波动变量 $\zeta_1,\cdots,\zeta_L$ 服从条件 (6.12) 时, 那么锥二次约束 (6.10)—(6.11) 的可行解满足随机波动不等式 (6.5) 的概率至少为 $1-\exp\left\{-\frac{s^2}{2}\right\}, s=\min\left\{\Omega,\frac{\gamma}{\sqrt{L}}\right\}$.

证明　证明过程与定理 6.1 类似. □

6.2.2　盒子、球和多面体交集下的鲁棒对等逼近

本小节考虑不确定线性不等式 (6.4) 和 (6.5) 中的波动集 Z 是盒子、球和多面体的交集, 即

$$Z=\{\boldsymbol{\zeta}\in\mathbb{R}^L:||\boldsymbol{\zeta}||_\infty\leqslant 1,||\boldsymbol{\zeta}||_2\leqslant\Omega,||\boldsymbol{\zeta}||_1\leqslant\gamma\},\tag{6.14}$$

其中 $\Omega>0$ 和 $\gamma>0$ 是给定的参数. 此时, 波动集 Z 的锥表示形式为

$$Z=\{\boldsymbol{\zeta}\in\mathbb{R}^L:\boldsymbol{P}_1\boldsymbol{\zeta}+\boldsymbol{p}_1\in\mathbf{K}^1,\boldsymbol{P}_2\boldsymbol{\zeta}+\boldsymbol{p}_2\in\mathbf{K}^2,\boldsymbol{P}_3\boldsymbol{\zeta}+\boldsymbol{p}_3\in\mathbf{K}^3\},$$

其中

(1) $\boldsymbol{P}_1\boldsymbol{\zeta}=[\boldsymbol{\zeta};0],\boldsymbol{p}_1=[\mathbf{0}_{L\times1};1]$ 且 $\mathbf{K}^1=\{[\boldsymbol{z};t]\in\mathbb{R}^L\times\mathbb{R}:t\geqslant||\boldsymbol{z}||_\infty\}$, 因此它的对偶锥为 $\mathbf{K}^1_*=\{[\boldsymbol{z};t]\in\mathbb{R}^L\times\mathbb{R}:t\geqslant||\boldsymbol{z}||_1\}$;

(2) $\boldsymbol{P}_2\boldsymbol{\zeta}=[\boldsymbol{\zeta};0],\boldsymbol{p}_2=[\mathbf{0}_{L\times1};\Omega]$ 且 $\mathbf{K}^2=\{[\boldsymbol{z};t]\in\mathbb{R}^L\times\mathbb{R}:t\geqslant||\boldsymbol{z}||_2\}$, 因此它的对偶锥为 $\mathbf{K}^2_*=\mathbf{K}^2$;

(3) $\boldsymbol{P}_3\boldsymbol{\zeta}=[\boldsymbol{\zeta};0],\boldsymbol{p}_3=[\mathbf{0}_{L\times1};\gamma]$ 且 $\mathbf{K}^3=\{[\boldsymbol{z};t]\in\mathbb{R}^L\times\mathbb{R}:t\geqslant||\boldsymbol{z}||_1\}$, 因此它的对偶锥为 $\mathbf{K}^3_*=\mathbf{K}^1$.

根据文献 [50] 中的注释 1.3.6, 半无限约束 (6.4) 可以用关于变量 $\boldsymbol{x},\boldsymbol{y}^s,s=$

1, 2, 3 的锥约束系统来表示

$$\begin{aligned}
&\sum_{s=1}^{3}\boldsymbol{p}_s^{\mathrm{T}}\boldsymbol{y}^s+t+[-c^0]^{\mathrm{T}}\boldsymbol{x}\leqslant d^0,\\
&\sum_{s=1}^{3}(\boldsymbol{P}_s^{\mathrm{T}}\boldsymbol{y}^s)_l=d^l+[c^l]^{\mathrm{T}}\boldsymbol{x},\quad l=1,\cdots,L,\\
&\boldsymbol{y}^s\in\mathbf{K}_*^s,\quad s=1,2,3.
\end{aligned}\tag{6.15}$$

令 $\boldsymbol{y}^1=[\boldsymbol{\eta}_1;\tau_1]$, $\boldsymbol{y}^2=[\boldsymbol{\eta}_2;\tau_2]$, $\boldsymbol{y}^3=[\boldsymbol{\eta}_3;\tau_3]$, 其中 $\boldsymbol{\eta}_1$, $\boldsymbol{\eta}_2$ 和 $\boldsymbol{\eta}_3$ 是 L 维的向量, τ_1, τ_2 和 τ_3 是一维的. 将 $\boldsymbol{P}_s,\boldsymbol{p}_s$ 代入系统 (6.15), 于是得到下面关于变量 $\tau_1\in\mathbb{R},\tau_2\in\mathbb{R},\tau_3\in\mathbb{R},\boldsymbol{\eta}_1\in\mathbb{R}^L,\boldsymbol{\eta}_2\in\mathbb{R}^L,\boldsymbol{\eta}_3\in\mathbb{R}^L,\boldsymbol{x}$ 的锥二次约束系统:

$$\begin{gathered}
\tau_1+\Omega\tau_2+\gamma\tau_3+t+[-c^0]^{\mathrm{T}}\boldsymbol{x}\leqslant d^0,\\
(\boldsymbol{\eta}_1+\boldsymbol{\eta}_2+\boldsymbol{\eta}_3)_l=d^l+[c^l]^{\mathrm{T}}\boldsymbol{x},\quad l=1,\cdots,L,\\
||\boldsymbol{\eta}_1||_1\leqslant\tau_1,\quad ||\boldsymbol{\eta}_2||_2\leqslant\tau_2,\quad ||\boldsymbol{\eta}_3||_\infty\leqslant\tau_3.
\end{gathered}$$

类似地, 根据不确定线性不等式 (6.5) 的锥表示, 可以得到关于变量 $\tau_1,\tau_2,\tau_3,\boldsymbol{\eta}_1,\boldsymbol{\eta}_2,\boldsymbol{\eta}_3,\boldsymbol{x}$ 的锥约束系统:

$$\begin{gathered}
\tau_1+\Omega\tau_2+\gamma\tau_3+[a_i^0]^{\mathrm{T}}\boldsymbol{x}\leqslant b_i^0,\quad i=1,\cdots,m,\\
(\boldsymbol{\eta}_1+\boldsymbol{\eta}_2+\boldsymbol{\eta}_3)_l=b_i^l-[a_i^l]^{\mathrm{T}}\boldsymbol{x},\quad l=1,\cdots,L,\quad i=1,\cdots,m,\\
||\boldsymbol{\eta}_1||_1\leqslant\tau_1,\quad ||\boldsymbol{\eta}_2||_2\leqslant\tau_1,\quad ||\boldsymbol{\eta}_3||_\infty\leqslant\tau_2.
\end{gathered}$$

对于上述两个系统的任意可行解, 且 $\tau_1\geqslant\bar{\tau}_1\equiv||\boldsymbol{\eta}_1||_1,\tau_2\geqslant\bar{\tau}_2\equiv||\boldsymbol{\eta}_2||_2,\tau_3\geqslant\bar{\tau}_3\equiv||\boldsymbol{\eta}_3||_\infty$, 当用 $\bar{\tau}_1,\bar{\tau}_2,\bar{\tau}_3$ 替换 τ_1,τ_2,τ_3 时, 原可行解仍是可行的. 我们得到关于变量 $\boldsymbol{x},\boldsymbol{\phi}=\boldsymbol{\eta}_1,\boldsymbol{z}=\boldsymbol{\eta}_2,\boldsymbol{\omega}=\boldsymbol{\eta}_3$ 的系统如下

$$\sum_{l=1}^{L}|\phi_l|+\Omega\sqrt{\sum_{l=1}^{L}z_l^2}+\gamma\max_l|\omega_l|+t-[c^0]^{\mathrm{T}}\boldsymbol{x}\leqslant d^0,\tag{6.16}$$

$$\phi_l+z_l+\omega_l=d^l+[c^l]^{\mathrm{T}}\boldsymbol{x},\quad l=1,\cdots,L,\tag{6.17}$$

它是不确定线性不等式 (6.4) 在波动集为 (6.14) 时的等价形式.

另外, 下面的系统

$$\sum_{l=1}^{L}|\phi_l|+\Omega\sqrt{\sum_{l=1}^{L}z_l^2}+\gamma\max_l|\omega_l|+[a_i^0]^{\mathrm{T}}\boldsymbol{x}\leqslant b_i^0,\tag{6.18}$$

$$\phi_l + z_l + \omega_l = b_i^l - [a_i^l]^{\mathrm{T}} \boldsymbol{x}, \quad l=1,\cdots,L, \quad i=1,\cdots,m \tag{6.19}$$

等价于波动集为 (6.14) 时的不确定线性不等式 (6.5).

基于上面的讨论, 可以得到下面的结论.

定理 6.3 [42] 在波动集 (6.14) 下的不确定线性约束 (6.4) 的鲁棒对等与锥二次约束 (6.16)—(6.17) 等价. 当相互独立的波动变量 $\zeta_1,\cdots,\zeta_L$ 服从条件 (6.12) 时, 那么锥二次约束 (6.16)—(6.17) 的可行解满足随机波动不等式 (6.4) 的概率至少为 $1-\exp\left\{-\dfrac{s^2}{2}\right\}, s=\min\left\{\Omega, \dfrac{\gamma}{\sqrt{L}}\right\}$.

证明 已知 (6.16) 和 (6.17) 是表达式 (6.4) 的鲁棒对等, 其中波动集形式是 (6.14). 当波动变量 $\zeta_l, l=1,\cdots,L$ 满足条件 (6.12) 时, 且有 $(\boldsymbol{x},\boldsymbol{\phi},\boldsymbol{z},\boldsymbol{\omega})$ 是 (6.16) 和 (6.17) 的可行解, 下面证明 $\boldsymbol{x}$ 满足 (6.4) 的概率至少为 $1-\exp\left\{-\dfrac{s^2}{2}\right\}$, $s=\min\left\{\Omega, \dfrac{\gamma}{\sqrt{L}}\right\}$.

首先根据表达式 (6.4) 可得概率不等式 (6.13). 当 $\zeta_l, l=1,\cdots,L$ 相互独立且满足 $||\boldsymbol{\zeta}||_\infty \leqslant 1$ 时, 有

$$\begin{aligned}
&\boldsymbol{c}^{\mathrm{T}}\boldsymbol{x}+d<t\\
&\Rightarrow -\sum_{l=1}^{L}[[c^l]^{\mathrm{T}}\boldsymbol{x}+d^l]\zeta_l+t>d^0+[c^0]^{\mathrm{T}}\boldsymbol{x}\\
&\Rightarrow -\sum_{l=1}^{L}\phi_l\zeta_l-\sum_{l=1}^{L}z_l\zeta_l-\sum_{l=1}^{L}\omega_l\zeta_l+t>d^0+[c^0]^{\mathrm{T}}\boldsymbol{x} \qquad [(6.17)]\\
&\Rightarrow \sum_{l=1}^{L}|\phi_l|-\sum_{l=1}^{L}z_l\zeta_l-\sum_{l=1}^{L}\omega_l\zeta_l+t>\sum_{l=1}^{L}|\phi_l|+\Omega\sqrt{\sum_{l=1}^{L}z_l^2}+\gamma\max_l|\omega_l|+t \quad [(6.16)]\\
&\Rightarrow -\sum_{l=1}^{L}z_l\zeta_l-\sum_{l=1}^{L}\omega_l\zeta_l>\Omega\sqrt{\sum_{l=1}^{L}z_l^2}+\gamma\max_l|\omega_l|.
\end{aligned}$$

不妨设 $(\boldsymbol{x},\boldsymbol{\phi},\boldsymbol{z},\boldsymbol{\omega})$ 是 (6.16)—(6.17) 的可行解. 根据 $||\boldsymbol{\omega}||_2 \leqslant \sqrt{L}||\boldsymbol{\omega}||_\infty$, 有

$$-\sum_{l=1}^{L}z_l\zeta_l-\sum_{l=1}^{L}\omega_l\zeta_l>\Omega\sqrt{\sum_{l=1}^{L}z_l^2}+\frac{\gamma}{\sqrt{L}}\sqrt{\sum_{l=1}^{L}\omega_l^2}.$$

令 $s=\min\left\{\Omega,\frac{\gamma}{\sqrt{L}}\right\}$, 可得

$$-\sum_{l=1}^{L}(z_l+\omega_l)\zeta_l>s\left(\sqrt{\sum_{l=1}^{L}z_l^2}+\sqrt{\sum_{l=1}^{L}\omega_l^2}\right).$$

根据三角不等式

$$\sqrt{\sum_{l=1}^{L}z_l^2}+\sqrt{\sum_{l=1}^{L}\omega_l^2}>\sqrt{\sum_{l=1}^{L}(z_l+\omega_l)^2},$$

可得

$$-\sum_{l=1}^{L}(z_l+\omega_l)\zeta_l>s\sqrt{\sum_{l=1}^{L}(z_l+\omega_l)^2}.$$

基于文献 [50] 中命题 2.3.1 的结论, 可以得到如下结果:

$$\begin{aligned}\Pr_{\boldsymbol{\zeta}\sim P}\{\boldsymbol{c}^{\mathrm{T}}\boldsymbol{x}+d<t\}&\leqslant\Pr_{\boldsymbol{\zeta}\sim P}\left\{-\sum_{l=1}^{L}(z_l+\omega_l)\zeta_l>s\sqrt{\sum_{l=1}^{L}(z_l+\omega_l)^2}\right\}\\&\leqslant\exp\left\{-\frac{s^2}{2}\right\},\end{aligned}$$

其中 $s=\min\left\{\Omega,\frac{\gamma}{\sqrt{L}}\right\}, s>0$, 因此

$$\Pr_{\boldsymbol{\zeta}\sim P}\left\{-\sum_{l=1}^{L}([c^l]^{\mathrm{T}}\boldsymbol{x}+d^l)\zeta_l+t\leqslant d^0+[c^0]^{\mathrm{T}}\boldsymbol{x}\right\}\geqslant1-\exp\left\{-\frac{s^2}{2}\right\}.$$

结论得证. □

定理 6.4 [42] 在波动集 (6.14) 下的不确定线性约束 (6.5) 的鲁棒对等与锥二次约束 (6.18)—(6.19) 等价. 当相互独立的波动变量 $\zeta_1,\cdots,\zeta_L$ 服从条件 (6.12) 时, 那么锥二次约束 (6.18)—(6.19) 的可行解满足随机波动不等式 (6.5) 的概率至少为 $1-\exp\left\{-\frac{s^2}{2}\right\}, s=\min\left\{\Omega,\frac{\gamma}{\sqrt{L}}\right\}$.

证明 证明过程与定理 6.3 类似. □

6.2.3 椭球交广义多面体波动集下的鲁棒对等逼近

本节考虑不确定线性不等式 (6.4) 和 (6.5) 中的波动集 Z 是椭球和广义多面体的交集的情况, 即

$$Z=\left\{\boldsymbol{\zeta}\in\mathbb{R}^L:\left\|\frac{\boldsymbol{\zeta}}{\boldsymbol{\sigma}}\right\|_2\leqslant\Omega,\left\|\frac{\boldsymbol{\zeta}}{\boldsymbol{\sigma}}\right\|_1\leqslant\gamma\right\},\tag{6.20}$$

其中 $\Omega>0,\gamma>0$ 和 $\sigma_l>0,l=1,\cdots,L$ 是给定的参数. 这时, 波动集 Z 的锥表示形式如下

$$Z=\{\boldsymbol{\zeta}\in\mathbb{R}^L:\boldsymbol{P}_1\boldsymbol{\zeta}+\boldsymbol{p}_1\in\mathbf{K}^1,\boldsymbol{P}_2\boldsymbol{\zeta}+\boldsymbol{p}_2\in\mathbf{K}^2\},$$

其中

(1) $\boldsymbol{P}_1\boldsymbol{\zeta}=[\boldsymbol{\Sigma}^{-1}\boldsymbol{\zeta};0]$, $\boldsymbol{\Sigma}=\mathrm{Diag}\{\sigma_1,\cdots,\sigma_L\},\boldsymbol{p}_1=[\mathbf{0}_{L\times1};\Omega]$ 并且 $\mathbf{K}^1=\{[\boldsymbol{z};t]\in\mathbb{R}^L\times\mathbb{R}:t\geqslant||\boldsymbol{z}||_2\}$, 因此它的对偶锥为 $\mathbf{K}^1_*=\mathbf{K}^1$;

(2) $\boldsymbol{P}_2\boldsymbol{\zeta}=[\boldsymbol{\Sigma}^{-1}\boldsymbol{\zeta};0]$, $\boldsymbol{\Sigma}=\mathrm{Diag}\{\sigma_1,\cdots,\sigma_L\},\boldsymbol{p}_2=[\mathbf{0}_{L\times1};\gamma]$ 并且 $\mathbf{K}^2=\{[\boldsymbol{z};t]\in\mathbb{R}^L\times\mathbb{R}:t\geqslant||\boldsymbol{z}||_1\}$, 因此它的对偶锥为 $\mathbf{K}^2_*=\{[\boldsymbol{z};t]\in\mathbb{R}^L\times\mathbb{R}:t\geqslant||z||_\infty\}$.

令 $\boldsymbol{y}^1=[\boldsymbol{\eta}_1;\tau_1],\boldsymbol{y}^2=[\boldsymbol{\eta}_2;\tau_2]$, 其中 $[\boldsymbol{\eta}_1;\tau_1]\in\mathbf{K}^1_*$, $[\boldsymbol{\eta}_2;\tau_2]\in\mathbf{K}^2_*$. 因此半无限约束 (6.4) 可以由关于变量 $\tau_1\in\mathbb{R},\tau_2\in\mathbb{R},\boldsymbol{\eta}_1\in\mathbb{R}^L,\boldsymbol{\eta}_2\in\mathbb{R}^L,\boldsymbol{x}$ 的锥约束表示, 具体如下

$$\begin{gathered}\Omega\tau_1+\gamma\tau_2+t+[-c^0]^{\mathrm{T}}\boldsymbol{x}\leqslant d^0,\\(\boldsymbol{\Sigma}^{-1}\boldsymbol{\eta}_1+\boldsymbol{\Sigma}^{-1}\boldsymbol{\eta}_2)_l=d^l+[c^l]^{\mathrm{T}}\boldsymbol{x},\quad l=1,\cdots,L,\\||\boldsymbol{\eta}_1||_2\leqslant\tau_1,\quad||\boldsymbol{\eta}_2||_\infty\leqslant\tau_2.\end{gathered}$$

类似地, 根据 (6.5) 的锥表示形式, 得到下面关于变量 $\tau_1,\tau_2,\boldsymbol{\eta}_1,\boldsymbol{\eta}_2,\boldsymbol{x}$ 的锥约束:

$$\begin{gathered}\Omega\tau_1+\gamma\tau_2+[a_i^0]^{\mathrm{T}}\boldsymbol{x}\leqslant b_i^0,\quad i=1,\cdots,m,\\(\boldsymbol{\Sigma}^{-1}\boldsymbol{\eta}_1+\boldsymbol{\Sigma}^{-1}\boldsymbol{\eta}_2)_l=b_i^l-[a_i^l]^{\mathrm{T}}\boldsymbol{x},\quad l=1,\cdots,L,\\||\boldsymbol{\eta}_1||_2\leqslant\tau_1,\quad||\boldsymbol{\eta}_2||_\infty\leqslant\tau_2.\end{gathered}$$

对上述系统的每个可行解, 将变量 τ_1,τ_2 消除, 可以得到 $\tau_1\geqslant\bar{\tau}_1\equiv||\boldsymbol{\eta}_1||_2,\tau_2\geqslant\bar{\tau}_2\equiv||\boldsymbol{\eta}_2||_\infty$, 并且用 $\bar{\tau}_1,\bar{\tau}_2$ 去替换 τ_1,τ_2 也是可行的. 那么关于变量 $\boldsymbol{x},\boldsymbol{z}=\boldsymbol{\Sigma}^{-1}\boldsymbol{\eta}_1,\boldsymbol{\omega}=\boldsymbol{\Sigma}^{-1}\boldsymbol{\eta}_2$ 的模型如下

$$\Omega\sqrt{\sum_{l=1}^{L}\sigma_l^2z_l^2}+\gamma\max_l|\sigma_l\omega_l|+t-[c^0]^{\mathrm{T}}\boldsymbol{x}\leqslant d^0,\tag{6.21}$$

$$z_l+\omega_l=d^l+[c^l]^{\mathrm{T}}\boldsymbol{x},\quad l=1,\cdots,L,\tag{6.22}$$

这是不确定线性不等式 (6.4) 在波动集为 (6.20) 时的等价形式.

另外, 波动集为 (6.20) 时, 不确定线性不等式 (6.5) 的等价形式如下

$$\Omega\sqrt{\sum_{l=1}^{L}\sigma_l^2z_l^2}+\gamma\max_l|\sigma_l\omega_l|+[a_i^0]^{\mathrm{T}}\boldsymbol{x}\leqslant b_i^0,\tag{6.23}$$

$$z_l + \omega_l = b_i^l - [a_i^l]^{\mathrm{T}} \boldsymbol{x}, \quad l = 1, \cdots, L, \quad i = 1, \cdots, m. \tag{6.24}$$

下面将重点讨论非精确概率约束的鲁棒对等逼近方法. 假设波动向量 $\boldsymbol{\zeta}$ 具有以下属性:

P.1 $\zeta_l, l = 1, \cdots, L$ 相互独立;

P.2 波动向量 $\boldsymbol{\zeta}$ 的每一个分量的分布 P_l 满足下列条件

$$\int \exp\{ts\} \mathrm{d}P_l(s) \leqslant \exp\left\{\frac{1}{2}\sigma_l^2 t^2\right\}, \quad \sigma_l \geqslant 0, \quad \forall t \in \mathbb{R}.$$

鉴于上述分析, 有如下结论.

定理 6.5 [41] 表达式 (6.4) 中的波动向量服从假设 **P.1-2**, 那么不确定线性约束 (6.4) 在波动集 (6.20) 下的鲁棒对等等价于锥二次约束 (6.21)—(6.22). 另外, 锥二次约束 (6.21) 和 (6.22) 的可行解满足随机波动不等式 (6.4) 的概率至少为 $1 - \exp\left\{-\dfrac{s^2}{2}\right\}$, $s = \min\left\{\Omega, \dfrac{\gamma}{\sqrt{L}}\right\}$.

证明 已知 (6.21)—(6.22) 是表达式 (6.4) 的鲁棒对等, 其中波动集是椭球与广义多面体的交集 (6.20). 当波动变量 ζ_l, $l = 1, \cdots, L$ 满足假设 **P.1-2**, 且 (6.21)—(6.22) 的可行解有 $(\boldsymbol{x}, \boldsymbol{z}, \boldsymbol{\omega})$ 时, 下面证明 $\boldsymbol{x}$ 满足表达式 (6.4) 的概率至少为 $1 - \exp\left\{-\dfrac{s^2}{2}\right\}$, $s = \min\left\{\Omega, \dfrac{\gamma}{\sqrt{L}}\right\}$.

通过 (6.4) 式得到概率不等式 (6.13). 不失一般性, 当 $|\zeta_l| \leqslant 1$ 并且 $\zeta_l, l = 1, \cdots, L$ 相互独立时, 有

$$\begin{aligned}
&\mathbf{c}^{\mathrm{T}} \boldsymbol{x} + d < t \\
&\Rightarrow -\sum_{l=1}^{L} ([c^l]^{\mathrm{T}} \boldsymbol{x} + d^l) \zeta_l > d^0 + [c^0]^{\mathrm{T}} \boldsymbol{x} \\
&\Rightarrow -\sum_{l=1}^{L} z_l \zeta_l - \sum_{l=1}^{L} \omega_l \zeta_l + t > d^0 + [c^0]^{\mathrm{T}} \boldsymbol{x} \qquad [(6.22)] \\
&\Rightarrow -\sum_{l=1}^{L} z_l \zeta_l - \sum_{l=1}^{L} \omega_l \zeta_l + t > \Omega \sqrt{\sum_{l=1}^{L} \sigma_l^2 z_l^2} + \gamma \max_l |\sigma_l \omega_l| + t \qquad [(6.21)].
\end{aligned}$$

假设 $(\boldsymbol{x}, \boldsymbol{z}, \boldsymbol{\omega})$ 是 (6.21)—(6.22) 的可行解. 根据 $||\boldsymbol{\omega}||_2 \leqslant \sqrt{L} ||\boldsymbol{\omega}||_\infty$, 可得

$$-\sum_{l=1}^{L} z_l \zeta_l - \sum_{l=1}^{L} \omega_l \zeta_l > \Omega \sqrt{\sum_{l=1}^{L} \sigma_l^2 z_l^2} + \frac{\gamma}{\sqrt{L}} \sqrt{\sum_{l=1}^{L} \sigma_l^2 \omega_l^2}.$$

令 $s=\min\left\{\Omega,\dfrac{\gamma}{\sqrt{L}}\right\}$,

$$-\sum_{l=1}^{L}(z_l+\omega_l)\zeta_l>s\left(\sqrt{\sum_{l=1}^{L}\sigma_l^2z_l^2}+\sqrt{\sum_{l=1}^{L}\sigma_l^2\omega_l^2}\right).$$

根据三角不等式

$$\sqrt{\sum_{l=1}^{L}\sigma_l^2z_l^2}+\sqrt{\sum_{l=1}^{L}\sigma_l^2\omega_l^2}>\sqrt{\sum_{l=1}^{L}\sigma_l^2(z_l+\omega_l)^2},$$

可得

$$-\sum_{l=1}^{L}(z_l+\omega_l)\zeta_l>s\sqrt{\sum_{l=1}^{L}\sigma_l^2(z_l+\omega_l)^2}.$$

基于文献 [50] 中命题 2.4.2 的结论可得

$$\begin{aligned}\mathrm{Pr}_{\boldsymbol{\zeta}\sim P}\{\boldsymbol{c}^{\mathrm{T}}\boldsymbol{x}+d<t\}&\leqslant\mathrm{Pr}_{\boldsymbol{\zeta}\sim P}\left\{-\sum_{l=1}^{L}(z_l+\omega_l)\zeta_l>s\sqrt{\sum_{l=1}^{L}\sigma_l^2(z_l+\omega_l)^2}\right\}\\&\leqslant\exp\left\{-\frac{s^2}{2}\right\},\end{aligned}$$

其中 $s=\min\left\{\Omega,\dfrac{\gamma}{\sqrt{L}}\right\}, s>0$, 因此

$$\mathrm{Pr}_{\boldsymbol{\zeta}\sim P}\left\{-\sum_{l=1}^{L}([c^l]^{\mathrm{T}}\boldsymbol{x}+d^l)\zeta_l+t\leqslant d^0+[c^0]^{\mathrm{T}}\boldsymbol{x}\right\}\geqslant1-\exp\left\{-\frac{s^2}{2}\right\}.$$

结论得证. □

定理 6.6 [41] 表达式 (6.5) 中的波动向量服从假设 **P.1-2**, 那么不确定线性约束 (6.5) 在波动集 (6.20) 下的鲁棒对等等价于锥二次约束 (6.23)—(6.24). 另外, 锥二次约束 (6.23) 和 (6.24) 的可行解满足随机波动不等式 (6.5) 的概率至少为 $1-\exp\left\{-\dfrac{s^2}{2}\right\}$, $s=\min\left\{\Omega,\dfrac{\gamma}{\sqrt{L}}\right\}$.

证明 证明过程与定理 6.5 类似. □

6.2.4 盒子交椭球波动集下的鲁棒对等逼近

本节考虑不确定线性不等式 (6.4) 和 (6.5) 中的波动集 Z 是盒子与椭球的交集的情况, 即

$$Z=\left\{\boldsymbol{\zeta}\in\mathbb{R}^L:||\boldsymbol{\zeta}||\leqslant1,\left\|\frac{\boldsymbol{\zeta}}{\boldsymbol{\sigma}}\right\|_2\leqslant\Omega\right\},\tag{6.25}$$

其中 $\Omega > 0$ 和 $\sigma_l > 0, l = 1, \cdots, L$ 是给定的参数. 这时, 波动集 Z 的锥表示形式如下

$$Z = \{\boldsymbol{\zeta} \in \mathbb{R}^L : \boldsymbol{P}_1\boldsymbol{\zeta} + \boldsymbol{p}_1 \in \mathbf{K}^1, \boldsymbol{P}_2\boldsymbol{\zeta} + \boldsymbol{p}_2 \in \mathbf{K}^2\},$$

其中

(1) $\boldsymbol{P}_1\boldsymbol{\zeta} = [\zeta; 0]$, $\boldsymbol{p}_1 = [\mathbf{0}_{L\times 1}; 1]$ 并且 $\mathbf{K}^1 = \{[\boldsymbol{z}; t] \in \mathbb{R}^L \times \mathbb{R} : t \geqslant ||\boldsymbol{z}||_\infty\}$, 因此它的对偶锥为 $\mathbf{K}^1_* = \{[\boldsymbol{z}; t] \in \mathbb{R}^L \times \mathbb{R} : t \geqslant ||\boldsymbol{z}||_1\}$;

(2) $\boldsymbol{P}_2\boldsymbol{\zeta} = [\boldsymbol{\Sigma}^{-1}\zeta; 0]$, $\boldsymbol{\Sigma} = \mathrm{Diag}\{\sigma_1, \cdots, \sigma_L\}, \boldsymbol{p}_2 = [\mathbf{0}_{L\times 1}; \Omega]$ 并且 $\mathbf{K}^2 = \{[\boldsymbol{z}; t] \in \mathbb{R}^L \times \mathbb{R} : t \geqslant ||\boldsymbol{z}||_2\}$, 因此它的对偶锥为 $\mathbf{K}^2_* = \mathbf{K}^2$;

令 $\boldsymbol{y}^1 = [\boldsymbol{\eta}_1; \tau_1], \boldsymbol{y}^2 = [\boldsymbol{\eta}_2; \tau_2]$, 其中 $[\boldsymbol{\eta}_1; \tau_1] \in \mathbf{K}^1_*$, $[\boldsymbol{\eta}_2; \tau_2] \in \mathbf{K}^2_*$. 因此半无限约束 (6.4) 可以由关于变量 $\tau_1 \in \mathbb{R}, \tau_2 \in \mathbb{R}, \boldsymbol{\eta}_1 \in \mathbb{R}^L, \boldsymbol{\eta}_2 \in \mathbb{R}^L, \boldsymbol{x}$ 的锥约束表示, 具体如下

$$\begin{aligned}
\tau_1 + \Omega\tau_2 + t + [-c^0]^{\mathrm{T}}\boldsymbol{x} &\leqslant d^0, \\
(\boldsymbol{\eta}_1 + \boldsymbol{\Sigma}^{-1}\boldsymbol{\eta}_2)_l = d^l + [c^l]^{\mathrm{T}}\boldsymbol{x}, &\quad l = 1, \cdots, L, \\
||\boldsymbol{\eta}_1||_1 \leqslant \tau_1, &\quad ||\boldsymbol{\eta}_2||_2 \leqslant \tau_2.
\end{aligned}$$

类似地, 根据 (6.5) 的锥表示形式得到下面关于变量 $\tau_1, \tau_2, \boldsymbol{\eta}_1, \boldsymbol{\eta}_2, \boldsymbol{x}$ 的锥约束:

$$\begin{aligned}
\tau_1 + \Omega\tau_2 + [a_i^0]^{\mathrm{T}}\boldsymbol{x} \leqslant b_i^0, &\quad i = 1, \cdots, m, \\
(\boldsymbol{\eta}_1 + \boldsymbol{\Sigma}^{-1}\boldsymbol{\eta}_2)_l = b_i^l - [a_i^l]^{\mathrm{T}}\boldsymbol{x}, &\quad l = 1, \cdots, L, \\
||\boldsymbol{\eta}_1||_2 \leqslant \tau_1, &\quad ||\boldsymbol{\eta}_2||_2 \leqslant \tau_2.
\end{aligned}$$

对上述系统的每个可行解, 将变量 τ_1, τ_2 消除, 可以得到 $\tau_1 \geqslant \bar{\tau}_1 \equiv ||\boldsymbol{\eta}_1||_2, \tau_2 \geqslant \bar{\tau}_2 \equiv ||\boldsymbol{\eta}_2||_\infty$, 并且用 $\bar{\tau}_1, \bar{\tau}_2$ 去替换 τ_1, τ_2 也是可行的. 那么关于变量 $\boldsymbol{x}, \boldsymbol{\phi} = \boldsymbol{\eta}_1, \boldsymbol{z} = \boldsymbol{\Sigma}^{-1}\boldsymbol{\eta}_2$ 的模型如下

$$\sum_{l=1}^{L} |\phi_l| + \Omega\sqrt{\sum_{l=1}^{L} \sigma_l^2 z_l^2} + t - [c^0]^{\mathrm{T}}\boldsymbol{x} \leqslant d^0, \tag{6.26}$$

$$\phi_l + z_l = d^l + [c^l]^{\mathrm{T}}\boldsymbol{x}, \quad l = 1, \cdots, L, \tag{6.27}$$

这是不确定线性不等式 (6.4) 在波动集为 (6.25) 时的等价形式. 另外, 波动集为 (6.25) 时, 不确定线性不等式 (6.5) 的等价形式如下

$$\sum_{l=1}^{L} |\phi_l| + \Omega\sqrt{\sum_{l=1}^{L} \sigma_l^2 z_l^2} + [a_i^0]^{\mathrm{T}}\boldsymbol{x} \leqslant b_i^0, \tag{6.28}$$

$$\phi_l + z_l = b_i^l - [a_i^l]^{\mathrm{T}}\boldsymbol{x}, \quad l = 1, \cdots, L, \quad i = 1, \cdots, m. \tag{6.29}$$

鉴于上述分析, 有如下结论.

定理 6.7 [43] 表达式 (6.4) 中的波动向量服从假设 **P.1-2**, 那么不确定线性约束 (6.4) 在波动集 (6.25) 下的鲁棒对等等价于锥二次约束 (6.26)—(6.27). 另外, 锥二次约束 (6.26) 和 (6.27) 的可行解满足随机波动不等式 (6.4) 的概率至少为 $1-\exp\left\{-\dfrac{\Omega^2}{2}\right\}, \Omega > 0$.

证明 已知 (6.26)—(6.27) 是表达式 (6.4) 的鲁棒对等, 其中波动集是盒子与椭球的交集 (6.25). 当波动变量 ζ_l, $l = 1, \cdots, L$ 满足假设 **P.1-2**, 且 (6.26)—(6.27) 的可行解有 $(\boldsymbol{x}, \boldsymbol{\phi}, \boldsymbol{z})$ 时, 下面证明 $\boldsymbol{x}$ 满足表达式 (6.4) 的概率至少为 $1 - \exp\left\{-\dfrac{\Omega^2}{2}\right\}, \Omega > 0$.

通过 (6.4) 式可以得到概率不等式 (6.13). 不失一般性, 当 $|\zeta_l| \leqslant 1$ 并且 $\zeta_l, l = 1, \cdots, L$ 相互独立时, 有

$$\begin{aligned}
&\boldsymbol{c}^{\mathrm{T}}\boldsymbol{x} + d < t \\
&\Rightarrow -\sum_{l=1}^{L}([c^l]^{\mathrm{T}}\boldsymbol{x} + d^l)\zeta_l > d^0 + [c^0]^{\mathrm{T}}\boldsymbol{x} \\
&\Rightarrow -\sum_{l=1}^{L}\phi_l\zeta_l - \sum_{l=1}^{L} z_l\zeta_l + t > d^0 + [c^0]^{\mathrm{T}}\boldsymbol{x} \qquad [(6.27)] \\
&\Rightarrow \sum_{l=1}^{L}|\phi_l| - \sum_{l=1}^{L} z_l\zeta_l + t > \sum_{l=1}^{L}|\phi_l| + \Omega\sqrt{\sum_{l=1}^{L}\sigma_l^2 z_l^2} + t \qquad [(6.26)] \\
&\Rightarrow -\sum_{l=1}^{L} z_l\zeta_l > \Omega\sqrt{\sum_{l=1}^{L}\sigma_l^2 z_l^2}.
\end{aligned}$$

基于文献 [50] 中命题 2.4.2 的结论可得

$$\begin{aligned}
\Pr_{\boldsymbol{\zeta}\sim P}\{\boldsymbol{c}^{\mathrm{T}}\boldsymbol{x} + d < t\} &\leqslant \Pr_{\boldsymbol{\zeta}\sim P}\left\{-\sum_{l=1}^{L} z_l\zeta_l > \Omega\sqrt{\sum_{l=1}^{L}\sigma_l^2 z_l^2}\right\} \\
&\leqslant \exp\left\{-\frac{\Omega^2}{2}\right\}.
\end{aligned}$$

因此

$$\Pr_{\boldsymbol{\zeta}\sim P}\left\{-\sum_{l=1}^{L}([c^l]^{\mathrm{T}}\boldsymbol{x} + d^l)\zeta_l + t \leqslant d^0 + [c^0]^{\mathrm{T}}\boldsymbol{x}\right\} \geqslant 1 - \exp\left\{-\frac{\Omega^2}{2}\right\}.$$

结论得证. □

定理 6.8 [43] 表达式 (6.5) 中的波动向量服从假设 **P.1-2**, 那么不确定线性约束 (6.5) 在波动集 (6.25) 下的鲁棒对等等价于锥二次约束 (6.28)—(6.29). 另外, 锥二次约束 (6.28) 和 (6.29) 的可行解满足随机波动不等式 (6.5) 的概率至少为 $1-\exp\left\{-\frac{\Omega^2}{2}\right\}, \Omega>0$.

证明 证明过程与定理 6.7 类似. □

6.2.5 盒子交广义多面体波动集下的鲁棒对等逼近

本节考虑不确定线性不等式 (6.4) 和 (6.5) 中的波动集 Z 是盒子和广义多面体的交集的情况, 即

$$Z=\left\{\boldsymbol{\zeta}\in\mathbb{R}^L:||\boldsymbol{\zeta}||_\infty\leqslant 1,\left\|\frac{\boldsymbol{\zeta}}{\boldsymbol{\sigma}}\right\|_1\leqslant\gamma\right\}, \tag{6.30}$$

其中 $\gamma>0$, $\sigma_l>0, l=1,\cdots,L$ 是给定的参数. 这时, 波动集 Z 的锥表示形式如下

$$Z=\{\boldsymbol{\zeta}\in\mathbb{R}^L:\boldsymbol{P}_1\boldsymbol{\zeta}+\boldsymbol{p}_1\in\mathbf{K}^1,\boldsymbol{P}_2\boldsymbol{\zeta}+\boldsymbol{p}_2\in\mathbf{K}^2\},$$

其中

(1) $\boldsymbol{P}_1\boldsymbol{\zeta}=[\zeta;0]$, $\boldsymbol{p}_1=[\mathbf{0}_{L\times 1};1]$ 并且 $\mathbf{K}^1=\{[\boldsymbol{z};t]\in\mathbb{R}^L\times\mathbb{R}:t\geqslant||\boldsymbol{z}||_\infty\}$, 因此它的对偶锥为 $\mathbf{K}^1_*=\{[\boldsymbol{z};t]\in\mathbb{R}^L\times\mathbb{R}:t\geqslant||\boldsymbol{z}||_1\}$;

(2) $\boldsymbol{P}_2\boldsymbol{\zeta}=[\boldsymbol{\Sigma}^{-1}\zeta;0]$, $\boldsymbol{\Sigma}=\mathrm{Diag}\{\sigma_1,\cdots,\sigma_L\},\boldsymbol{p}_2=[\mathbf{0}_{L\times 1};\gamma]$ 并且 $\mathbf{K}^2=\mathbf{K}^1_*$, 因此它的对偶锥为 $\mathbf{K}^2_*=\mathbf{K}^1$.

令 $\boldsymbol{y}^1=[\boldsymbol{\eta}_1;\tau_1],\boldsymbol{y}^2=[\boldsymbol{\eta}_2;\tau_2]$, 其中 $[\boldsymbol{\eta}_1;\tau_1]\in\mathbf{K}^1_*$, $[\boldsymbol{\eta}_2;\tau_2]\in\mathbf{K}^2_*$. 因此半无限约束 (6.4) 可以由关于变量 $\tau_1\in\mathbb{R},\tau_2\in\mathbb{R},\boldsymbol{\eta}_1\in\mathbb{R}^L,\boldsymbol{\eta}_2\in\mathbb{R}^L,\boldsymbol{x}$ 的锥约束表示, 具体如下

$$\begin{gathered}\tau_1+\gamma\tau_2+t+[-c^0]^{\mathrm{T}}\boldsymbol{x}\leqslant d^0,\\ (\boldsymbol{\eta}_1+\boldsymbol{\Sigma}^{-1}\boldsymbol{\eta}_2)_l=d^l+[c^l]^{\mathrm{T}}\boldsymbol{x},\quad l=1,\cdots,L,\\ ||\boldsymbol{\eta}_1||_1\leqslant\tau_1,\quad ||\boldsymbol{\eta}_2||_\infty\leqslant\tau_2.\end{gathered}$$

类似地, 根据 (6.5) 的锥表示形式得到下面关于变量 $\tau_1,\tau_2,\boldsymbol{\eta}_1,\boldsymbol{\eta}_2,\boldsymbol{x}$ 的锥约束:

$$\begin{gathered}\tau_1+\gamma\tau_2+[a_i^0]^{\mathrm{T}}\boldsymbol{x}\leqslant b_i^0,\quad i=1,\cdots,m,\\ (\boldsymbol{\eta}_1+\boldsymbol{\Sigma}^{-1}\boldsymbol{\eta}_2)_l=b_i^l-[a_i^l]^{\mathrm{T}}\boldsymbol{x},\quad l=1,\cdots,L,\\ ||\boldsymbol{\eta}_1||_1\leqslant\tau_1,\quad ||\boldsymbol{\eta}_2||_\infty\leqslant\tau_2.\end{gathered}$$

对上述两个系统的每个可行解, 将变量 τ_1, τ_2 消除, 可以得到 $\tau_1 \geqslant \bar{\tau_1} \equiv \|\boldsymbol{\eta}_1\|_2, \tau_2 \geqslant \bar{\tau_2} \equiv \|\boldsymbol{\eta}_2\|_\infty$, 并且用 $\bar{\tau_1}, \bar{\tau_2}$ 去替换 τ_1, τ_2 也是可行的. 那么关于变量 $\boldsymbol{x}, \boldsymbol{\phi} = \boldsymbol{\eta}_1, \boldsymbol{\omega} = \boldsymbol{\Sigma}^{-1}\boldsymbol{\eta}_2$ 的模型如下

$$\sum_{l=1}^{L} |\phi_l| + \gamma \max_l |\sigma_l \omega_l| + t - [c^0]^{\mathrm{T}}\boldsymbol{x} \leqslant d^0, \tag{6.31}$$

$$\phi_l + \omega_l = d^l + [c^l]^{\mathrm{T}}\boldsymbol{x}, \quad l = 1, \cdots, L. \tag{6.32}$$

这是不确定线性不等式 (6.4) 在波动集为 (6.30) 时的等价形式. 另外, 波动集为 (6.30) 时, 不确定线性不等式 (6.5) 的等价形式如下

$$\sum_{l=1}^{L} |\phi_l| + \gamma \max_l |\sigma_l \omega_l| + [a_i^0]^{\mathrm{T}}\boldsymbol{x} \leqslant b_i^0, \tag{6.33}$$

$$\phi_l + \omega_l = b_i^l - [a_i^l]^{\mathrm{T}}\boldsymbol{x}, \quad l = 1, \cdots, L, \quad i = 1, \cdots, m. \tag{6.34}$$

鉴于上述分析, 有如下结论.

定理 6.9 [43] 表达式 (6.4) 中的波动向量服从假设 **P.1-2**, 那么不确定线性约束 (6.4) 在波动集 (6.30) 下的鲁棒对等等价于锥二次约束 (6.31)—(6.32). 另外, 锥二次约束 (6.31) 和 (6.32) 的可行解满足随机波动不等式 (6.4) 的概率至少为 $1 - \exp\left\{-\dfrac{\gamma^2}{2L}\right\}, \gamma > 0$.

证明 已知 (6.31)—(6.32) 是表达式 (6.4) 的鲁棒对等, 其中波动集是盒子与广义多面体的交集 (6.30). 当波动变量 ζ_l, $l = 1, \cdots, L$ 满足假设 **P.1-2**, 且 (6.31)—(6.32) 的可行解有 $(\boldsymbol{x}, \boldsymbol{\phi}, \boldsymbol{\omega})$ 时, 下面证明 $\boldsymbol{x}$ 满足表达式 (6.4) 的概率至少为 $1 - \exp\left\{-\dfrac{\gamma^2}{2L}\right\}, \gamma > 0$.

通过 (6.4) 式可以得到概率不等式 (6.13). 不失一般性, 当 $|\zeta_l| \leqslant 1$ 并且 $\zeta_l, l = 1, \cdots, L$ 相互独立时, 有

$$\begin{aligned}
&\boldsymbol{c}^{\mathrm{T}}\boldsymbol{x} + d < t \\
\Rightarrow & -\sum_{l=1}^{L}([c^l]^{\mathrm{T}}\boldsymbol{x} + d^l)\zeta_l > d^0 + [c^0]^{\mathrm{T}}\boldsymbol{x} \\
\Rightarrow & -\sum_{l=1}^{L}\phi_l\zeta_l - \sum_{l=1}^{L}\omega_l\zeta_l + t > d^0 + [c^0]^{\mathrm{T}}\boldsymbol{x} \qquad [(6.32)] \\
\Rightarrow & \sum_{l=1}^{L}|\phi_l| - \sum_{l=1}^{L}\omega_l\zeta_l + t > \sum_{l=1}^{L}|\phi_l| + \gamma \max_l |\sigma_l\omega_l| + t \qquad [(6.31)]
\end{aligned}$$

$$\Rightarrow -\sum_{l=1}^{L}\omega_l\zeta_l > \gamma \max_l |\sigma_l\omega_l|.$$

假设 $(\boldsymbol{x},\boldsymbol{z},\boldsymbol{\omega})$ 是 (6.31)—(6.32) 的可行解. 根据 $||\boldsymbol{\omega}||_2 \leqslant \sqrt{L}||\boldsymbol{\omega}||_\infty$, 可得

$$-\sum_{l=1}^{L}\omega_l\zeta_l > \frac{\gamma}{\sqrt{L}}\sqrt{\sum_{l=1}^{L}\sigma_l^2\omega_l^2}.$$

基于文献 [50] 中命题 2.4.2 的结论可得

$$\begin{aligned}\Pr_{\boldsymbol{\zeta}\sim P}\{\boldsymbol{c}^{\mathrm{T}}\boldsymbol{x}+d<t\} &\leqslant \Pr_{\boldsymbol{\zeta}\sim P}\left\{-\sum_{l=1}^{L}\omega_l\zeta_l > \frac{\gamma}{\sqrt{L}}\sqrt{\sigma_l^2\omega_l^2}\right\}\\ &\leqslant \exp\left\{-\frac{\gamma^2}{2L}\right\}.\end{aligned}$$

因此

$$\Pr_{\boldsymbol{\zeta}\sim P}\left\{-\sum_{l=1}^{L}([c^l]^{\mathrm{T}}\boldsymbol{x}+d^l)\zeta_l + t \leqslant d^0+[c^0]^{\mathrm{T}}\boldsymbol{x}\right\} \geqslant 1-\exp\left\{-\frac{\gamma^2}{2L}\right\}.$$

结论得证. □

定理 6.10 [43] 表达式 (6.5) 中的波动向量服从假设 **P.1-2**, 那么不确定线性约束 (6.5) 在波动集 (6.20) 下的鲁棒对等等价于锥二次约束 (6.33)—(6.34). 另外, 锥二次约束 (6.33) 和 (6.34) 的可行解满足随机波动不等式 (6.5) 的概率至少为 $1-\exp\left\{-\frac{\gamma^2}{2L}\right\}, \gamma>0$.

证明 证明过程与定理 6.9 类似. □

6.2.6 盒子、椭球和广义多面体交集下的鲁棒对等逼近

本节考虑不确定线性不等式 (6.4) 和 (6.5) 中的波动集 Z 是盒子、椭球和广义多面体的交集的情况, 即

$$Z=\left\{\boldsymbol{\zeta}\in\mathbb{R}^L : ||\boldsymbol{\zeta}||\leqslant 1, \left\|\frac{\boldsymbol{\zeta}}{\boldsymbol{\sigma}}\right\|_2 \leqslant \Omega, \left\|\frac{\boldsymbol{\zeta}}{\boldsymbol{\sigma}}\right\|_1 \leqslant \gamma\right\}, \tag{6.35}$$

其中 $\Omega>0,\gamma>0$ 和 $\sigma_l>0, l=1,\cdots,L$ 是给定的参数. 这时, 波动集 Z 的锥表示形式如下

$$Z=\{\boldsymbol{\zeta}\in\mathbb{R}^L : \boldsymbol{P}_1\boldsymbol{\zeta}+\boldsymbol{p}_1\in\mathbf{K}^1, \boldsymbol{P}_2\boldsymbol{\zeta}+\boldsymbol{p}_2\in\mathbf{K}^2, \boldsymbol{P}_3\boldsymbol{\zeta}+\boldsymbol{p}_3\in\mathbf{K}^3\},$$

其中

(1) $\boldsymbol{P}_1\boldsymbol{\zeta}=[\boldsymbol{\zeta};0]$, $\boldsymbol{p}_1=[\mathbf{0}_{L\times1};1]$ 并且 $\mathbf{K}^1=\{[\boldsymbol{z};t]\in\mathbb{R}^L\times\mathbb{R}:t\geqslant||\boldsymbol{z}||_\infty\}$, 因此它的对偶锥为 $\mathbf{K}^1_*=\{[\boldsymbol{z};t]\in\mathbb{R}^L\times\mathbb{R}:t\geqslant||\boldsymbol{z}||_1\}$;

(2) $\boldsymbol{P}_2\boldsymbol{\zeta}=[\boldsymbol{\Sigma}^{-1}\boldsymbol{\zeta};0]$, $\boldsymbol{\Sigma}=\mathrm{Diag}\{\sigma_1,\cdots,\sigma_L\}$, $\boldsymbol{p}_2=[\mathbf{0}_{L\times1};\Omega]$ 并且 $\mathbf{K}^2=\{[\boldsymbol{z};t]\in\mathbb{R}^L\times\mathbb{R}:t\geqslant||\boldsymbol{z}||_2\}$, 因此它的对偶锥为 $\mathbf{K}^2_*=\mathbf{K}^2$;

(3) $\boldsymbol{P}_3\boldsymbol{\zeta}=[\boldsymbol{\Sigma}^{-1}\boldsymbol{\zeta};0]$, $\boldsymbol{\Sigma}=\mathrm{Diag}\{\sigma_1,\cdots,\sigma_L\}$, $\boldsymbol{p}_3=[\mathbf{0}_{L\times1};\gamma]$ 并且 $\mathbf{K}^3=\mathbf{K}^1_*$, 因此它的对偶锥为 $\mathbf{K}^3_*=\mathbf{K}^1$.

令 $\boldsymbol{y}^1=[\boldsymbol{\eta}_1;\tau_1],\boldsymbol{y}^2=[\boldsymbol{\eta}_2;\tau_2],\boldsymbol{y}^3=[\boldsymbol{\eta}_3;\tau_3]$, 其中 $[\boldsymbol{\eta}_1;\tau_1]\in\mathbf{K}^1_*$, $[\boldsymbol{\eta}_2;\tau_2]\in\mathbf{K}^2_*$, $[\boldsymbol{\eta}_3;\tau_3]\in\mathbf{K}^3_*$. 因此半无限约束 (6.4) 可以由关于变量 $\tau_1\in\mathbb{R},\tau_2\in\mathbb{R},\tau_3\in\mathbb{R},\boldsymbol{\eta}_1\in\mathbb{R}^L,\boldsymbol{\eta}_2\in\mathbb{R}^L,\boldsymbol{\eta}_3\in\mathbb{R}^L,\boldsymbol{x}$ 的锥约束表示, 具体如下

$$
\begin{gathered}
\tau_1+\Omega\tau_2+\gamma\tau_3+t+[-c^0]^{\mathrm{T}}\boldsymbol{x}\leqslant d^0,\\
(\boldsymbol{\eta}_1+\boldsymbol{\Sigma}^{-1}\boldsymbol{\eta}_2+\boldsymbol{\Sigma}^{-1}\boldsymbol{\eta}_3)_l=d^l+[c^l]^{\mathrm{T}}\boldsymbol{x},\quad l=1,\cdots,L,\\
||\boldsymbol{\eta}_1||_1\leqslant\tau_1,\quad ||\boldsymbol{\eta}_2||_2\leqslant\tau_2,\quad ||\boldsymbol{\eta}_3||_\infty\leqslant\tau_3.
\end{gathered}
$$

类似地, 根据 (6.5) 的锥表示形式, 得到下面关于变量 $\tau_1,\tau_2,\tau_3,\boldsymbol{\eta}_1,\boldsymbol{\eta}_2,\boldsymbol{\eta}_3,\boldsymbol{x}$ 的锥约束:

$$
\begin{gathered}
\tau_1+\Omega\tau_2+\gamma\tau_3+[a_i^0]^{\mathrm{T}}\boldsymbol{x}\leqslant b_i^0,\quad i=1,\cdots,m,\\
(\boldsymbol{\eta}_1+\boldsymbol{\Sigma}^{-1}\boldsymbol{\eta}_2+\boldsymbol{\Sigma}^{-1}\boldsymbol{\eta}_3)_l=b_i^l-[a_i^l]^{\mathrm{T}}\boldsymbol{x},\quad l=1,\cdots,L,\\
||\boldsymbol{\eta}_1||_1\leqslant\tau_1,\quad ||\boldsymbol{\eta}_2||_2\leqslant\tau_2,\quad ||\boldsymbol{\eta}_3||_\infty\leqslant\tau_3.
\end{gathered}
$$

对上述系统的每个可行解, 将变量 τ_1,τ_2,τ_3 消除, 可以得到 $\tau_1\geqslant\bar{\tau}_1\equiv||\boldsymbol{\eta}_1||_1$, $\tau_2\geqslant\bar{\tau}_2\equiv||\boldsymbol{\eta}_2||_2,\tau_3\geqslant\bar{\tau}_3\equiv||\boldsymbol{\eta}_3||_\infty$, 并且用 $\bar{\tau}_1,\bar{\tau}_2,\bar{\tau}_3$ 去替换 τ_1,τ_2,τ_3 也是可行的. 那么关于变量 $\boldsymbol{x},\boldsymbol{\phi}=\boldsymbol{\eta}_1,\boldsymbol{z}=\boldsymbol{\Sigma}^{-1}\boldsymbol{\eta}_2,\boldsymbol{\omega}=\boldsymbol{\Sigma}^{-1}\boldsymbol{\eta}_3$ 的模型如下

$$
\sum_{l=1}^{L}|\phi_l|+\Omega\sqrt{\sum_{l=1}^{L}\sigma_l^2z_l^2}+\gamma\max_l|\sigma_l\omega_l|+t-[c^0]^{\mathrm{T}}\boldsymbol{x}\leqslant d^0,\tag{6.36}
$$

$$
\phi_l+z_l+\omega_l=d^l+[c^l]^{\mathrm{T}}\boldsymbol{x},\quad l=1,\cdots,L,\tag{6.37}
$$

这是不确定线性不等式 (6.4) 在波动集为 (6.35) 时的等价形式. 另外, 不确定线性不等式 (6.5) 在波动集为 (6.35) 时的等价形式如下

$$
\sum_{l=1}^{L}|\phi_l|+\Omega\sqrt{\sum_{l=1}^{L}\sigma_l^2z_l^2}+\gamma\max_l|\sigma_l\omega_l|+[a_i^0]^{\mathrm{T}}\boldsymbol{x}\leqslant b_i^0,\tag{6.38}
$$

$$
\phi_l+z_l+\omega_l=b_i^l-[a_i^l]^{\mathrm{T}}\boldsymbol{x},\quad l=1,\cdots,L,\quad i=1,\cdots,m.\tag{6.39}
$$

鉴于上述分析, 有如下结论.

定理 6.11 [42] 表达式 (6.4) 中的波动向量服从假设 **P.1-2**, 那么不确定线性约束 (6.4) 在波动集 (6.35) 下的鲁棒对等等价于锥二次约束 (6.36)—(6.37). 另外, 锥二次约束 (6.36) 和 (6.37) 的可行解满足随机波动不等式 (6.4) 的概率至少为 $1-\exp\left\{-\dfrac{s^2}{2}\right\}$, $s=\min\left\{\Omega,\dfrac{\gamma}{\sqrt{L}}\right\}$.

证明 已知 (6.36)—(6.37) 是表达式 (6.4) 的鲁棒对等, 其中波动集是盒子、椭球与广义多面体的交集 (6.35). 当波动变量 $\zeta_l, l=1,\cdots,L$ 满足假设 **P.1-2**, 且 (6.36)—(6.37) 的可行解有 $\boldsymbol{x},\boldsymbol{\phi},\boldsymbol{z},\boldsymbol{\omega}$ 时, 下面证明 $\boldsymbol{x}$ 满足表达式 (6.4) 的概率至少为 $1-\exp\left\{-\dfrac{s^2}{2}\right\}$, $s=\min\left\{\Omega,\dfrac{\gamma}{\sqrt{L}}\right\}$.

通过 (6.4) 式可以得到概率不等式 (6.13). 不失一般性, 当 $|\zeta_l|\leqslant 1$ 并且 $\zeta_l, l=1,\cdots,L$ 相互独立时, 有

$$
\begin{aligned}
&\boldsymbol{c}^{\mathrm{T}}\boldsymbol{x}+d<t\\
\Rightarrow&-\sum_{l=1}^{L}([c^l]^{\mathrm{T}}\boldsymbol{x}+d^l)\zeta_l>d^0+[c^0]^{\mathrm{T}}\boldsymbol{x}\\
\Rightarrow&-\sum_{l=1}^{L}\phi_l\zeta_l-\sum_{l=1}^{L}z_l\zeta_l-\sum_{l=1}^{L}\omega_l\zeta_l+t>d^0+[c^0]^{\mathrm{T}}\boldsymbol{x}\qquad[(6.37)]\\
\Rightarrow&\sum_{l=1}^{L}|\phi_l|-\sum_{l=1}^{L}z_l\zeta_l-\sum_{l=1}^{L}\omega_l\zeta_l+t>\sum_{l=1}^{L}|\phi_l|+\Omega\sqrt{\sum_{l=1}^{L}\sigma_l^2z_l^2}+\gamma\max_l|\sigma_l\omega_l|+t\quad[(6.36)]\\
\Rightarrow&-\sum_{l=1}^{L}z_l\zeta_l-\sum_{l=1}^{L}\omega_l\zeta_l>\Omega\sqrt{\sum_{l=1}^{L}\sigma_l^2z_l^2}+\gamma\max_l|\sigma_l\omega_l|.
\end{aligned}
$$

假设 $(\boldsymbol{x},\boldsymbol{\phi},\boldsymbol{z},\boldsymbol{\omega})$ 是 (6.36)—(6.37) 的可行解. 根据 $||\boldsymbol{\omega}||_2\leqslant\sqrt{L}||\boldsymbol{\omega}||_\infty$, 可得

$$
-\sum_{l=1}^{L}z_l\zeta_l-\sum_{l=1}^{L}\omega_l\zeta_l>\Omega\sqrt{\sum_{l=1}^{L}\sigma_l^2z_l^2}+\frac{\gamma}{\sqrt{L}}\sqrt{\sum_{l=1}^{L}\sigma_l^2\omega_l^2}.
$$

令 $s=\min\left\{\Omega,\dfrac{\gamma}{\sqrt{L}}\right\}$,

$$
-\sum_{l=1}^{L}(z_l+\omega_l)\zeta_l>s\left(\sqrt{\sum_{l=1}^{L}\sigma_l^2z_l^2}+\sqrt{\sum_{l=1}^{L}\sigma_l^2\omega_l^2}\right).
$$

根据三角不等式

$$\sqrt{\sum_{l=1}^{L}\sigma_l^2 z_l^2}+\sqrt{\sum_{l=1}^{L}\sigma_l^2\omega_l^2}>\sqrt{\sum_{l=1}^{L}\sigma_l^2(z_l+\omega_l)^2},$$

可得

$$-\sum_{l=1}^{L}(z_l+\omega_l)\zeta_l>s\sqrt{\sum_{l=1}^{L}\sigma_l^2(z_l+\omega_l)^2}.$$

基于文献 [50] 中命题 2.4.2 的结论可得

$$\begin{aligned}\Pr_{\boldsymbol{\zeta}\sim P}\{\boldsymbol{c}^{\mathrm{T}}\boldsymbol{x}+d<t\}&\leqslant\Pr_{\boldsymbol{\zeta}\sim P}\left\{-\sum_{l=1}^{L}(z_l+\omega_l)\zeta_l>s\sqrt{\sum_{l=1}^{L}\sigma_l^2(z_l+\omega_l)^2}\right\}\\&\leqslant\exp\left\{-\frac{s^2}{2}\right\},\end{aligned}$$

其中 $s=\min\left\{\Omega,\dfrac{\gamma}{\sqrt{L}}\right\}, s>0$ 因此

$$\Pr_{\boldsymbol{\zeta}\sim P}\left\{-\sum_{l=1}^{L}([c^l]^{\mathrm{T}}\boldsymbol{x}+d^l)\zeta_l+t\leqslant d^0+[c^0]^{\mathrm{T}}\boldsymbol{x}\right\}\geqslant 1-\exp\left\{-\frac{s^2}{2}\right\}.$$

结论得证. □

定理 6.12 [42]　表达式 (6.5) 中的波动向量服从假设 **P.1-2**, 那么不确定线性约束 (6.5) 在波动集 (6.35) 下的鲁棒对等等价于锥二次约束 (6.38)—(6.39). 另外, 锥二次约束 (6.38) 和 (6.39) 的可行解满足随机波动不等式 (6.5) 的概率至少为 $1-\exp\left\{-\dfrac{s^2}{2}\right\}$, $s=\min\left\{\Omega,\dfrac{\gamma}{\sqrt{L}}\right\}$.

证明　证明过程与定理 6.11 类似. □

6.3　实 证 研 究

根据 6.2 节讨论的非精确概率约束在不同波动集下的鲁棒对等逼近方法, 这一节将此方法用于分析金融投资优化领域 [52,53] 的一个实际案例. 通过数据实验分析了模型特点.

6.3.1 等价的锥二次投资优化模型

假设金融市场有 m 只股票供投资者选择. 将随机向量 $\boldsymbol{r}=(r_1,\cdots,r_m)$ 记为 m 只股票的不确定收益率, $\boldsymbol{x}=(x_1,\cdots,x_m)$ 表示对 m 只股票的投资额度. 另外, 股票的不确定收益率向量的每一个分量可以用下式表示

$$r_j=r_j^0+\sum_{i=1}^{m}\zeta_i r_j^i,\quad j=1,\cdots,m,$$

其中 r_j^0 是不确定收益率 r_j 的名义值, r_j^i, $i=1,\cdots,m$ 是 r_j 的基础波动数. ζ_i, $i=1,\cdots,m$ 是相互独立的随机波动项, $\boldsymbol{\zeta}=(\zeta_1,\cdots,\zeta_m)$ 在一个给定的波动集上变化. 因此, 非精确的概率约束投资优化模型建立如下

$$\begin{aligned}
&\max_{\boldsymbol{x}}\quad t\\
&\text{s.t.}\quad \Pr_{\zeta\sim P}\left\{\left[\boldsymbol{r}^0+\sum_{i=1}^{n}\zeta_i\boldsymbol{r}^i\right]^{\mathrm{T}}\boldsymbol{x}\geqslant t\right\}\geqslant 1-\epsilon,\quad \forall P\in\mathcal{P},\\
&\qquad\ \boldsymbol{x}\in D=\left\{\sum_{j=1}^{n}x_j=1,\boldsymbol{x}\geqslant 0\right\},
\end{aligned}\tag{6.40}$$

其中 $\mathcal{P}$ 是随机波动向量 $\boldsymbol{\zeta}$ 的一族可能性分布.

在模型 (6.40) 中, 每一只股票的不确定收益率 r_j 是由一组相互独立且有界的波动变量 $\zeta_i,i=1,\cdots,m$ 经过仿射函数形成的. 当股票的历史数据可获得时, 可以使用一些统计工具从数据中校准 ζ_i 的值, 这些方法包括主成分分析和线性回归等 [51]. 波动向量 $\boldsymbol{\zeta}$ 所在的波动集 Z 为不确定收益率向量 $\boldsymbol{r}$ 提供了支撑信息, 这也正体现了 $\boldsymbol{r}$ 的随机特性.

本节首要考虑波动向量 $\boldsymbol{\zeta}$ 在波动集为球与多面体的交集中变化, 即 Z 表达式为 (6.6). 并且 ζ_l, $l=1,\cdots,L$ 的分布族满足条件 (6.12). 根据定理 6.1 的结论, 非精确投资优化模型 (6.40) 与下面的锥二次优化模型等价

$$\begin{aligned}
&\max_{\boldsymbol{x}}\quad t\\
&\text{s.t.}\quad \Omega\sqrt{\sum_{i=1}^{n}z_i^2}+\gamma\max_i|\omega_i|+t-[\boldsymbol{r}^0]^{\mathrm{T}}\boldsymbol{x}\leqslant 0,\\
&\qquad\ z_i+\omega_i=[\boldsymbol{r}^i]^{\mathrm{T}}\boldsymbol{x},\quad i=1,\cdots,n,\\
&\qquad\ \sum_{j=1}^{n}x_j=1,\\
&\qquad\ \boldsymbol{x}\geqslant\boldsymbol{0}.
\end{aligned}\tag{6.41}$$

当波动向量 ζ 在波动集为椭球与广义多面体的交集 (6.20) 中变化, 并且 ζ_l, $l=1,\cdots,L$ 的分布族满足假设 **P.1-2** 时, 根据定理 6.5 的结论, 非精确投资优化模型 (6.40) 等价于下面的锥二次优化模型

$$\begin{aligned}
\max_{\boldsymbol{x}} \quad & t \\
\text{s.t.} \quad & \Omega\sqrt{\sum_{i=1}^{n}\sigma_i^2 z_i^2}+\gamma\max_i|\sigma_i\omega_i|+t-[\boldsymbol{r}^0]^{\mathrm{T}}\boldsymbol{x}\leqslant 0, \\
& z_i+\omega_i=[\boldsymbol{r}^i]^{\mathrm{T}}\boldsymbol{x}, \quad i=1,\cdots,n, \\
& \sum_{j=1}^{n}x_j=1, \\
& \boldsymbol{x}\geqslant 0.
\end{aligned} \tag{6.42}$$

6.3.2 数据来源

2018 年 10 月 24 日, 我们从中国股票市场选取了 10 只具有不同收益率的股票作为候选. 每只股票的日收益率记为 r_j, $j=1,\cdots,10$. 这些实验数据是通过一个名为同花顺的股票交易软件获得的, 该软件可以提供股票市场的详情、分析和交易. 由于股票收益率受到各种因素的影响而浮动, 观察到日收益率 r_j 在其日均收益率的一个区间内变化, 因此将股票的日均收益率看作随机收益率 r_j 的名义值. 例如, 股票 601116 的日收益率在区间 [−0.03%,2.32%] 中变化, 其中 −0.03% 和 2.32%分别代表日收益率的最小值和最大值, 名义值为 1.20%. 图 6.1 显示了股票 601116 日收益率的波动, 由此不难看出, 股票日收益率围绕其日均收益率波动. 表 6.1 总结了 10 只股票收益率的名义值以及随机收益率的变化范围. 接下来, 我们将根据这些数据进行一些数值实验, 找出最优的投资选择策略.

6.3.3 球交多面体波动集下的结果分析

为了寻求最优的投资选择策略, 本小节求解非精确概率约束投资优化模型 (6.41). 首先, 我们需要分析波动参数 Ω,γ 与风险水平 ϵ 之间的关系, 以确保实验中 Ω,γ 的选取值是合理的. 根据定理 6.1 的证明, 可以发现风险水平与波动参数之间的关系式如下

$$\epsilon=\exp\left\{-\frac{s^2}{2}\right\}, \quad s=\min\left\{\Omega,\frac{\gamma}{\sqrt{n}}\right\}.$$

注意到, 波动参数 Ω 和 γ 反映了球与多面体之间的关系. 当 $\Omega=\gamma$ 时, 球与多面体之间的交集情况如图 6.2 (a); 当 $\Omega=\dfrac{\gamma}{\sqrt{2}}$ 时, 球与多面体之间的交集情况如图 6.2 (b). 基于这种发现, 波动参数值选取应该在区间 $\dfrac{\gamma}{\sqrt{2}}<\Omega<\gamma$ 中.

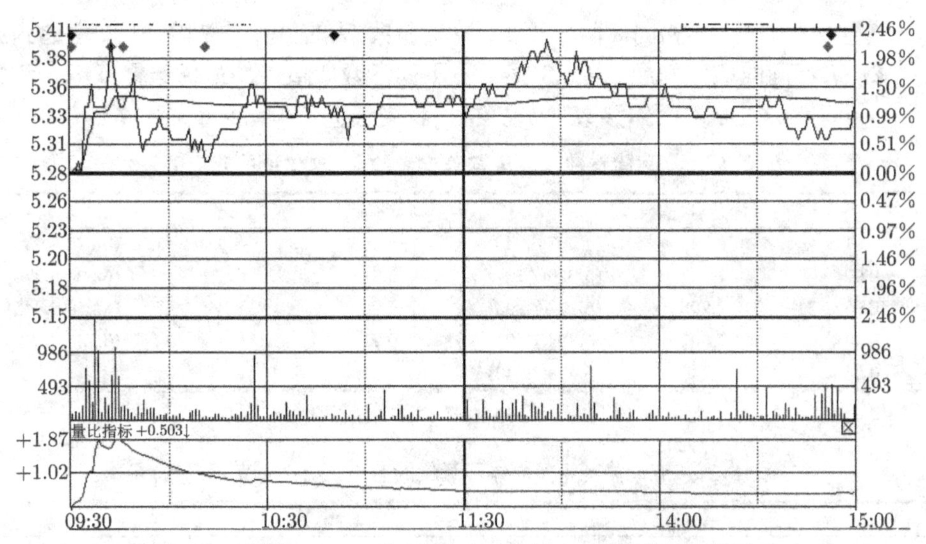

图 6.1 股票 601116 在 2018 年 10 月 24 日的收益率的波动

表 6.1 10 只股票收益率的统计描述

股票代码	r^0/%	收益率范围/%	股票代码	r^0/%	收益率范围 /%
600408	0.33	[−1.68, 4.72]	603607	3.82	[−1.68, 7.24]
601116	1.20	[−0.03, 2.32]	300392	4.53	[1.49, 8.11]
000750	1.93	[−1.52, 10.08]	600844	5.82	[−1.94, 10.11]
002766	2.49	[−1.20, 7.53]	600695	6.61	[3.33, 10.06]
300444	3.19	[0.39, 7.07]	000153	7.99	[4.47, 10.04]

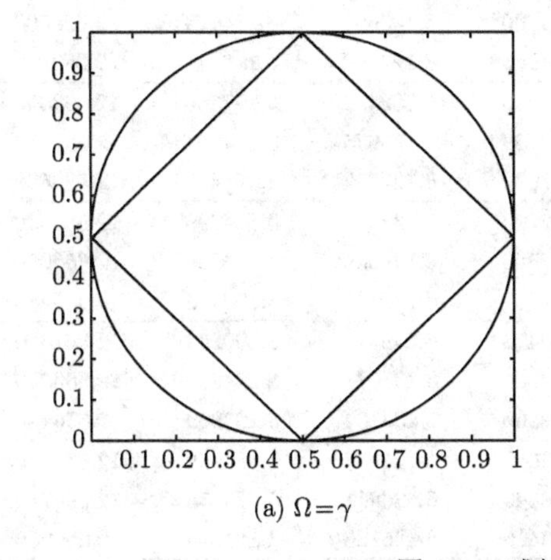

(a) $\Omega=\gamma$

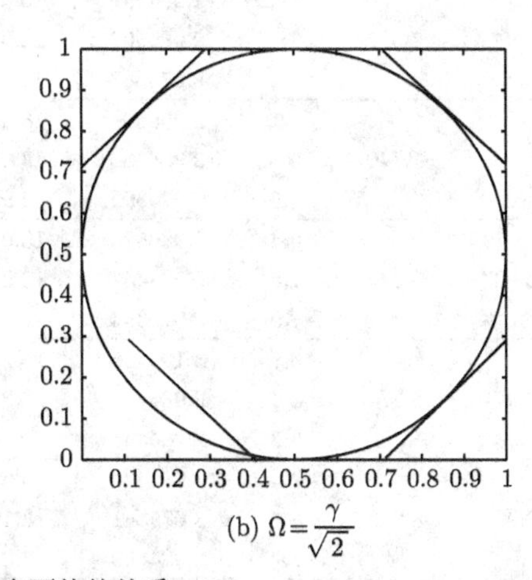

(b) $\Omega=\dfrac{\gamma}{\sqrt{2}}$

图 6.2 球与多面体的关系

根据上面的讨论, 通过表 6.2 给出了波动参数之间的对应值与对应取值区间. 接下来依据表 6.2 中相关的数据求解模型 (6.41) 来获得最优的有价证券选择策略. 值得注意的是, 在相同风险水平下, 波动参数 Ω 的值并不是唯一的. 考虑到波动参数 Ω 不同的取值问题, 表 6.3 报告了不同参数取值下的最优选择策略. 例如, 当 $1-\epsilon=0.93$ 时, 多面体参数 $\gamma=7.293$, 我们选值 $\Omega=5.2, 6.4$ 和 7.2.

表 6.2　风险参数 $1-\epsilon$ 与波动参数 Ω, γ 之间的对应值

$1-\epsilon$	γ	Ω	$1-\epsilon$	γ	Ω
0.91	6.940	(4.907,6.940)	0.96	8.024	(5.674,8.024)
0.92	7.107	(5.026,7.107)	0.97	8.374	(5.922,8.374)
0.93	7.293	(5.157,7.293)	0.98	8.845	(6.255,8.845)
0.94	7.501	(5.304,7.501)	0.99	9.597	(6.786,9.597)
0.95	7.740	(5.473,7.740)			

表 6.3　波动集球+多面体下最优的有价证券选择策略 (%)

$1-\epsilon$	γ	Ω	x_1	x_2	x_3	x_4	x_5
0.91	6.940	5.3	2.984554	13.012910	6.135631	3.185021	12.655810
		6.2	2.984527	13.012800	6.135777	3.184999	12.655910
		6.8	2.975392	12.991980	6.127129	3.176417	12.680580
0.92	7.107	5.1	2.984560	13.012930	6.135599	3.185026	12.655790
		6.2	2.984526	13.012800	6.135777	3.184999	12.655910
		7.0	2.975386	12.991980	6.127086	3.176410	12.680590
0.93	7.293	5.2	2.984557	13.012920	6.135615	3.185023	12.655800
		6.4	2.984520	13.012780	6.135810	3.184994	12.655930
		7.2	2.975385	12.991980	6.127073	3.176408	12.680590
0.94	7.501	5.4	2.984551	13.012890	6.135648	3.185018	12.655820
		7.0	2.984502	13.012700	6.135907	3.184979	12.656000
		7.4	2.975387	12.991980	6.127092	3.176411	12.680580
0.95	7.740	6.1	2.995548	13.063250	6.263475	3.197506	12.593050
		6.8	2.984508	13.012730	6.135875	3.184984	12.655980
		7.6	2.975396	12.991980	6.127152	3.176420	12.680580
0.96	8.024	6.3	2.984523	13.012790	6.135794	3.184996	12.655920
		7.5	2.984487	13.012640	6.135989	3.184966	12.656060
		7.9	2.975394	12.991980	6.127137	3.176418	12.680580
0.97	8.374	6.7	3.107925	13.246470	6.249412	3.300299	12.367660
		7.4	2.984490	13.012650	6.135973	3.184969	12.656050
		8.2	2.984465	13.012560	6.136104	3.184949	12.656140
0.98	8.845	7.4	2.984490	13.012650	6.135974	3.184969	12.656050
		8.3	3.075341	13.108540	6.426811	3.273873	12.499240
		8.7	2.984450	13.012500	6.136186	3.184936	12.656200
0.99	9.597	7.4	2.984489	13.012650	6.135975	3.184969	12.656050
		8.0	2.984471	13.012580	6.136072	3.184954	12.656120
		9.4	2.967558	12.953210	6.191147	3.170496	12.715800

续表

$1-\epsilon$	γ	Ω	x_6	x_7	x_8	x_9	x_{10}
		5.3	13.610000	17.450490	18.766460	9.504393	2.694748
0.91	6.940	6.2	13.609980	17.450390	18.766480	9.504414	2.694729
		6.8	13.618360	17.461880	18.778560	9.501712	2.687999
		5.1	13.610000	17.450520	18.766450	9.504388	2.694753
0.92	7.107	6.2	13.609980	17.450390	18.766480	9.504414	2.694729
		7.0	13.618370	17.461920	18.778570	9.501704	2.687995
		5.2	13.610000	17.450500	18.766450	9.504390	2.694750
0.93	7.293	6.4	13.609980	17.450370	18.766490	9.504419	2.694724
		7.2	13.618380	17.461930	18.778580	9.501702	2.687993
		5.4	13.610000	17.450480	18.766460	9.504395	2.694746
0.94	7.501	7.0	13.609970	17.450300	18.766500	9.504434	2.694711
		7.4	13.618370	17.461910	18.778570	9.501705	2.687995
		6.1	13.586360	17.342490	18.742500	9.512746	2.703092
0.95	7.740	6.8	13.609970	17.450320	18.766500	9.504429	2.694716
		7.6	13.618350	17.461860	18.778560	9.501717	2.688002
		6.3	13.609980	17.450380	18.766480	9.504417	2.694727
0.96	8.024	7.5	13.609960	17.450240	18.766520	9.504446	2.694700
		7.9	13.618360	17.461870	18.778560	9.501714	2.688000
		6.7	13.505560	17.298960	18.604680	9.533868	2.785177
0.97	8.374	7.4	13.609960	17.450260	18.766510	9.504444	2.694703
		8.2	13.609950	17.450170	18.766540	9.504463	2.694685
		7.4	13.609960	17.450260	18.766510	9.504444	2.694702
0.98	8.845	8.3	13.483630	17.175920	18.633460	9.561397	2.761813
		8.7	13.609940	17.450110	18.766550	9.504475	2.694674
		7.4	13.609960	17.450250	18.766510	9.504444	2.694702
0.99	9.597	8.0	13.609950	17.450190	18.766530	9.504458	2.694689
		9.4	13.608250	17.415440	18.783990	9.511675	2.682452

此外, 我们绘制图 6.3 以说明波动参数 Ω 对目标函数值的影响. 当风险参数 $1-\epsilon=0.92$ 且波动参数 Ω 在区间 (5.026,7.107) 取值时, 最优值的变化范围相对较小. 然而, 当 $1-\epsilon=0.97$ 和波动参数 Ω 在区间 (5.922,8.374) 取值时, 目标函数的最优值变化范围较大. 因此, 最优目标值对波动参数 Ω 是比较敏感的. 在相同风险水平下, 不同的投资组合策略和目标值是由波动集的大小不同而产生的. 当波动集较大时, 安全逼近的求解结果更保守. 计算结果表明, 在不确定收益率满足 (6.12) 时可以得到分散投资决策. 考虑到不同参数下投资组合分配比例的差异, 图 6.4 给出了最优目标值与波动参数之间的关系.

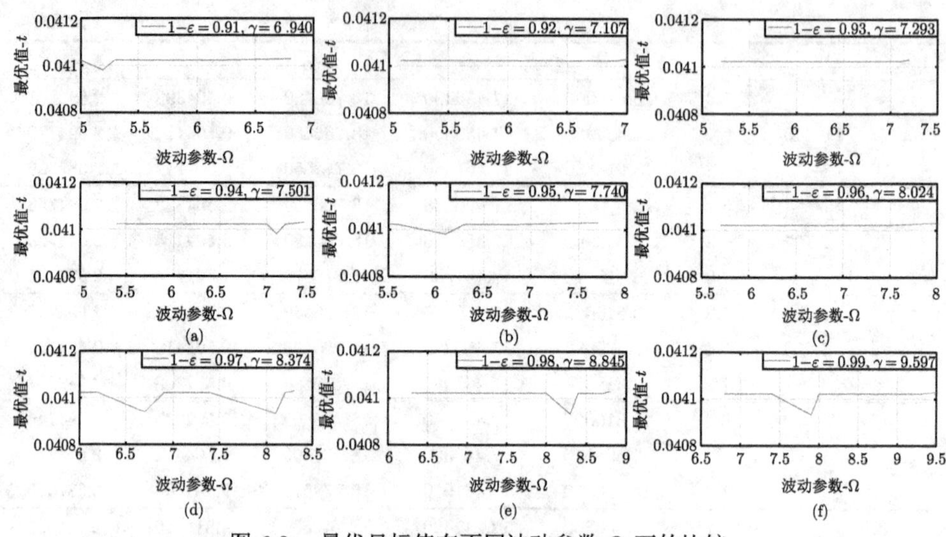

图 6.3 最优目标值在不同波动参数-Ω 下的比较

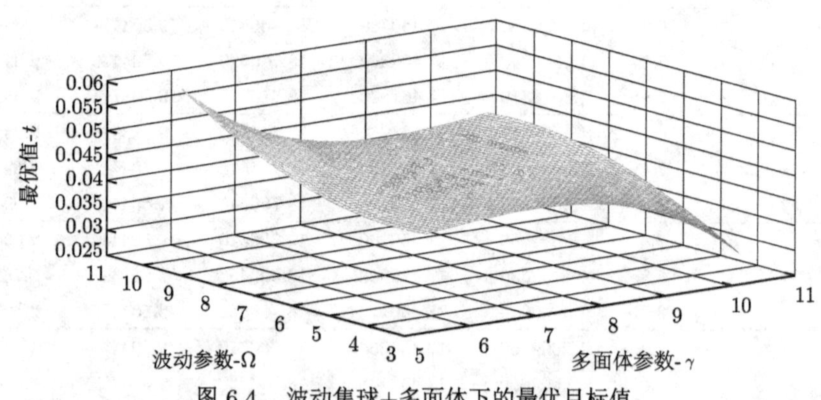

图 6.4 波动集球+多面体下的最优目标值

6.3.4 椭球交广义多面体波动集下的结果分析

本小节考虑波动集为椭球与广义多面体交集时非精确概率约束投资优化模型 (6.42) 的计算结果. 首先将其半径参数 $\boldsymbol{\sigma}$ 设定为

$$\boldsymbol{\sigma} = (\sigma_1, \cdots, \sigma_{10}) = (0.2, 0.4, 0.6, 0.8, 1.0, 1.2, 1.4, 1.6, 1.8, 2.0).$$

下面求解模型 (6.42). 类似地, 风险水平与波动参数 Ω, γ 的关系满足表 6.2, 并且在表 6.4 中报告了不同参数值下的投资选择策略. 根据计算结果发现, 在这种方法下可以得到分散的投资决策. 考虑到不同风险参数下有价证券选择组合策略的差异, 最优目标值与波动参数之间的关系在图 6.5 中给出.

表 6.4 波动集椭球+广义多面体下的最优投资策略 (%)

$1-\epsilon$	γ	Ω	x_1	x_2	x_3	x_4	x_5
0.91	6.940	5.0	2.984245	13.011700	6.137194	3.184769	12.656970
		6.0	2.984154	13.011350	6.137643	3.184694	12.657310
		6.8	2.984081	13.011070	6.137998	3.184634	12.657580
0.92	7.107	5.1	2.984236	13.011670	6.137242	3.184761	12.657000
		6.1	2.984145	13.011310	6.137690	3.184686	12.657340
		7.0	2.984063	13.011000	6.138089	3.184619	12.657650
0.93	7.293	5.2	2.984227	13.011630	6.137290	3.184754	12.657040
		6.3	2.984127	13.011240	6.137782	3.184672	12.657410
		7.1	2.984054	13.010960	6.138136	3.184612	12.657680
0.94	7.501	5.4	2.984209	13.011560	6.137383	3.184739	12.657100
		6.3	2.984127	13.011240	6.137785	3.184672	12.657410
		7.3	2.984036	13.010890	6.138227	3.184598	12.657750
0.95	7.740	5.5	2.984200	13.011520	6.137432	3.184732	12.657140
		6.5	2.984109	13.011170	6.137877	3.184657	12.657480
		7.5	2.984019	13.010820	6.138319	3.184583	12.657820
0.96	8.024	5.7	2.984182	13.011450	6.137526	3.184717	12.657210
		6.8	2.984082	13.011060	6.138015	3.184635	12.657580
		7.6	2.984010	13.010790	6.138367	3.184576	12.657850
0.97	8.374	6.1	2.984145	13.011310	6.137710	3.184687	12.657340
		6.9	2.984073	13.011030	6.138064	3.184628	12.657620
		7.9	2.983983	13.010680	6.138504	3.184554	12.657950
0.98	8.845	6.4	2.984112	13.011180	6.137884	3.184660	12.657470
		7.3	2.984037	13.010890	6.138248	3.184599	12.657750
		8.3	2.979340	12.993050	6.159839	3.180717	12.675100
0.99	9.597	6.8	2.984075	13.011040	6.138075	3.184630	12.657610
		7.9	2.983975	13.010650	6.138563	3.184548	12.657980
		8.9	2.979341	12.993050	6.159864	3.180718	12.675100

$1-\epsilon$	γ	Ω	x_6	x_7	x_8	x_9	x_{10}
0.91	6.940	5.0	13.609830	17.449420	18.766740	9.504627	2.694527
		6.0	13.609780	17.449110	18.766820	9.504694	2.694462
		6.8	13.609740	17.448870	18.766890	9.504748	2.694410
0.92	7.107	5.1	13.609820	17.449380	18.766740	9.504634	2.694521
		6.1	13.609770	17.449080	18.766830	9.504701	2.694455
		7.0	13.609730	17.448810	18.766900	9.504761	2.694397
0.93	7.293	5.2	13.609820	17.449350	18.766750	9.504641	2.694514
		6.3	13.609760	17.449020	18.766840	9.504715	2.694442
		7.1	13.609720	17.448770	18.766910	9.504768	2.694390
0.94	7.501	5.4	13.609800	17.449290	18.766770	9.504655	2.694501
		6.3	13.609760	17.449010	18.766840	9.504715	2.694442
		7.3	13.609710	17.448710	18.766930	9.504782	2.694378
0.95	7.740	5.5	13.609800	17.449250	18.766780	9.504662	2.694495
		6.5	13.609750	17.448950	18.766860	9.504729	2.694429
		7.5	13.609700	17.448650	18.766940	9.504796	2.694365

续表

$1-\epsilon$	γ	Ω	x_6	x_7	x_8	x_9	x_{10}
		5.7	13.609790	17.449190	18.766790	9.504676	2.694482
0.96	8.024	6.8	13.609740	17.448850	18.766880	9.504750	2.694410
		7.6	13.609700	17.448610	18.766950	9.504803	2.694358
		6.1	13.609770	17.449060	18.766830	9.504704	2.694456
0.97	8.374	6.9	13.609730	17.448820	18.766890	9.504757	2.694404
		7.9	13.609680	17.448520	18.766970	9.504823	2.694339
		6.4	13.609750	17.448940	18.766860	9.504730	2.694432
0.98	8.845	7.3	13.609710	17.448690	18.766920	9.504784	2.694378
		8.3	13.607610	17.434070	18.771330	9.507953	2.691004
		6.8	13.609730	17.448810	18.766890	9.504758	2.694406
0.99	9.597	7.9	13.609670	17.448480	18.766980	9.504832	2.694334
		8.9	13.607610	17.434050	18.771320	9.507958	2.691005

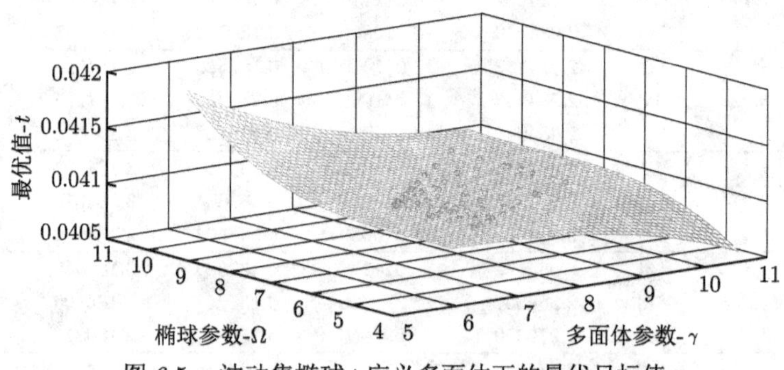

图 6.5 波动集椭球+广义多面体下的最优目标值

6.4 本章小结

为了将一个无限维的优化问题转化为有限维的可处理问题, 本章介绍了不同类型的波动集下非精确概率约束问题的鲁棒对等逼近的转换方法. 不同于单一波动集的情形, 我们对不确定性集进行了细化, 主要介绍了球、盒子、多面体和椭球等扰动集相交的几种情况. 具体地, 首先给出了一般的非精确概率约束模型, 这类模型由于具有无穷多的约束而不能处理, 因此针对非精确概率约束在不同波动集下给出其鲁棒对等逼近形式. 最后将所获得的理论结果用于处理金融投资优化问题的一个实际案例, 具体地计算了球交多面体和椭球交广义多面体时的等价投资优化模型, 并得到了最优投资策略.

第 7 章　分布鲁棒 p-枢纽中位问题

p-枢纽中位问题是确定枢纽的最优位置，并将剩余节点与枢纽中心连接以使总运输成本最小化的问题[54,55]．近年来不确定 p-枢纽中位问题逐渐成为研究热点[56,57]．一些文献采用鲁棒优化方法研究了具有不确定折扣因子或碳排放的 p-枢纽中位问题[58,59]．在碳排放总量管制与交易政策下，本章研究了运输中碳排放量为不确定的 p-枢纽中位问题[60]．针对无容量单分配 p-枢纽中位问题，本章提出了一种具有非精确机会约束的分布式鲁棒优化模型．由于所提出的分布式鲁棒优化问题是一个半无限机会约束优化模型，对于一般的非精确集来说，这是一个计算困难的问题．为了求解这一优化模型，本章讨论了以下两类非精确集中非精确机会约束的安全逼近．第一类非精确集包含具有零均值有界扰动的概率分布．在这种情况下可以利用可处理的逼近方法将机会约束转化为可计算形式．第二类非精确集是具有部分期望和方差信息的高斯扰动族．在这种情况下可以得到非精确机会约束的确定性等价形式．最后，通过东南亚地区的案例分析验证了所提出的优化模型．数值实验结果表明，最优解在很大程度上依赖碳排放的分布信息．此外，与经典鲁棒优化方法的比较表明，所提出的分布鲁棒优化方法可以通过引入部分概率分布信息来避免过度保守解．与随机优化方法相比，该方法在描述概率分布的不确定性方面付出了较小的代价．与确定性模型相比，该方法在不确定碳排放的情况下生成了新的鲁棒最优解．

7.1　带有非精确机会约束的 p-枢纽中位模型

7.1.1　问题描述

在本节中，我们对无容量单分配 p-枢纽中位问题进行建模，其中碳排放量的分布是部分可知的．这里研究的网络节点集为 N，潜在的枢纽集为 H，且本章中假设 $H = N$．p-枢纽中位问题的目标是从节点集 N 中选择 p 个枢纽的位置，并将非枢纽节点分配给枢纽，使总运输成本最小．观察到，枢纽之间的商品运输越集中，通过规模经济越可以节约成本．同时，构建 p-枢纽中位模型需要用到如下假设：

(1) 所有枢纽都是互相连接的，没有非枢纽节点是直接连接的；

(2) 要定位的枢纽的数量 (p) 是预先给定的；

(3) 每个非枢纽节点只能分配给一个枢纽;

(4) 枢纽的容量不受限制.

本章基于碳排放限额和碳交易政策在建模过程中考虑碳排放[61]. 根据碳排放上限政策, 枢纽网络的碳排放总量有一个免费的排放配额. 如果产生的碳排放量超过或低于给定的免费配额, 则碳排放量过剩或不足的份额可以在碳交易市场进行交易. 此外, 交通运输过程中的碳排放会受到许多不可控因素的影响, 具有很大的不确定性. 通常不可能通过历史数据获得精确的分布信息, 而只能得到不确定碳排放量的部分分布信息. 因此, 本章研究的问题是在已知不确定碳排放的部分分布信息的情况下, 选择最优的枢纽和非枢纽节点对枢纽的分配策略, 以使运输总成本最小. 总成本包括运输商品成本和碳交易成本.

下面将给出提出模型时使用到的数学符号.

确定参数

δ_c: 单位距离商品的运输成本;

d_{im}: 从节点 i 到枢纽 m 的运输距离;

α: 枢纽之间商品运输成本的折扣系数;

δ_e: 碳交易市场中每千克碳排放量的价格;

β: 枢纽间碳排放的折扣系数;

E^{cap}: 整个运输网络中基于津贴的碳排放配额.

不确定参数

e_{im}: 运输过程中从节点 i 到枢纽 m 单位距离的碳排放量;

e_{mn}: 运输过程中从枢纽 m 到枢纽 n 单位距离的碳排放量.

变量

$X_{imnj} \in \{0,1\}$: 二元决策变量; 如果存在从节点 i 到 j 的路径, 先经过枢纽 m, 然后通过枢纽 n, 则取值 1; 否则取值 0.

$X_{im} \in \{0,1\}$: 二元决策变量; 如果节点 i 分配给枢纽 m, 则取 1; 否则取 0.

7.1.2 模型建立

在 p-枢纽中位问题中, 从节点 i 到节点 j 的运输距离 d_{ij} 是确定的 (对于所有的节点 i, $d_{ii}=0$). 因此 $\delta_c(d_{im}+\alpha d_{mn}+d_{nj})X_{imnj}$ 代表由原产地 i 到目的地 j 运输商品的成本, 其中如果节点 i 到节点 j 是通过枢纽 m 和 n 的完全路, 则 $X_{imnj}=1$; 否则 $X_{imnj}=0$. 因此, 运输商品的总成本为

$$\sum_{i,j\in N}\sum_{m,n\in N}\delta_c(d_{im}+\alpha d_{mn}+d_{nj})X_{imnj}.$$

此外, 根据碳排放限额和交易政策[61], 公司在计划期内被允许产生碳排放, 但是它在整个枢纽网络中的碳排放是被限制的, 具有一定的免费额度. 如果公司产

生的碳排放数量超过所给定的免费配额, 超出部分需要在碳交易市场进行交易. 而且, 如果公司产生的碳排放数量不足所给定的免费配额, 公司可以将这部分碳排放在碳交易市场上进行售卖. 在本章中, 给定两个变量 E^+ 和 E^-, 分别表示在碳交易市场上买卖碳排放的数量. 因此, $\delta_e(E^+ - E^-)$ 表示碳排放交易的成本. 我们得到在碳交易政策下的目标函数如下所示

$$\min \sum_{i,j\in N}\sum_{s,n\in N} \delta_c(d_{is} + \alpha d_{sn} + d_{nj})X_{imnj} + \delta_e(E^+ - E^-). \tag{7.1}$$

在碳排放限额与交易政策下, 在 p-枢纽中位问题中考虑运输中的碳排放量. 若起点–终点路径是一个完全路, 则这个路径中产生的碳排放是$e_{im}d_{im}+\beta e_{mn}d_{mn}+e_{nj}d_{nj}$. 由于政策的影响, 整个枢纽网络产生的总碳排放量有一个免费配额 E^{cap}. 一旦碳排放量超过或低于配额, 超出或不足的部分可以在碳交易市场进行交易. 从而得到如下能力约束:

$$\sum_{i,j\in N}\sum_{s,n\in N} (e_{is}d_{is} + \beta e_{sn}d_{sn} + e_{nj}d_{nj})X_{isnj} + E^- \leqslant E^{\text{cap}} + E^+.$$

在实际中, 由于各种非可控因素的影响 (包括天气状况、道路状况、车辆速度、车辆载重等), 运输中的碳排放无法进行精确测量, 具有较大的不确定性. 为了更好地表示碳排放的不确定性, 令 $e_{is} = \bar{e}_{is} + z_1^i\hat{e}_{is}$, $e_{sn} = \bar{e}_{sn} + z_2^s\hat{e}_{sn}$ 和 $e_{nj} = \bar{e}_{nj} + z_3^n\hat{e}_{nj}$, 其中 $\bar{e}_{is}$, $\bar{e}_{sn}$, $\bar{e}_{nj}$ 分别表示碳排放变化的名义值, $\hat{e}_{is}$, $\hat{e}_{sn}$, $\hat{e}_{nj}$ 是碳排放的基本改变量, 且 z_1^i, z_2^s, z_3^n 是波动变量. 由此, 上述不等式改写为如下形式

$$\begin{aligned}&\sum_{i,j\in N}\sum_{s,n\in N} \Big((\bar{e}_{is} + z_1^i\hat{e}_{is})d_{is} + \beta(\bar{e}_{sn} + z_2^s\hat{e}_{sn})d_{sn} + (\bar{e}_{nj} + z_3^n\hat{e}_{nj})d_{nj}\Big)X_{isnj} + E^-\\&\leqslant E^{\text{cap}} + E^+.\end{aligned} \tag{7.2}$$

由于在实际中碳排放的度量存在着误差, (7.2) 式并不是恒成立的. 波动变量 $\boldsymbol{z}$ 具有较大的随机性, 可以被刻画成随机变量. 因此, (7.2) 式应以一定的概率保持成立. 假设随机变量 $\boldsymbol{z}$ 的精确概率分布为 P, 那么我们可以得到如下概率约束

$$\begin{aligned}\Pr_{\boldsymbol{z}\sim P}\Bigg\{&\sum_{i,j\in N}\sum_{s,n\in N} \Big((\bar{e}_{is} + z_1^i\hat{e}_{is})d_{is} + \beta(\bar{e}_{sn} + z_2^s\hat{e}_{sn})d_{sn} + (\bar{e}_{nj}\\&+ z_3^n\hat{e}_{nj})d_{nj}\Big)X_{isnj} + E^- \leqslant E^{\text{cap}} + E^+\Bigg\} \geqslant 1-\epsilon,\end{aligned}$$

其中 ϵ 表示给定的容忍水平.

由于在实际中, 受到成本和资源等条件的限制, 通常无法通过历史数据得到碳排放的精确概率分布信息 P. 最终只能通过有限的数据得到部分概率分布信息.

因此, 在大多数情况下, $\boldsymbol{z}$ 被刻画成具有部分分布信息的随机变量. 在本节中, 我们将随机变量的部分分布信息描述成非精确集 $\mathcal{P}$ 的形式. 由此, 对于给定的容忍水平 ϵ, 得到如下非精确机会约束

$$\inf_{P\in\mathcal{P}} \Pr_{\boldsymbol{z}\sim P}\left\{\sum_{i,j\in N}\sum_{s,n\in N}\Big((\bar{e}_{is}+z_1^i\hat{e}_{is})d_{is}+\beta(\bar{e}_{sn}+z_2^s\hat{e}_{sn})d_{sn}+(\bar{e}_{nj}+z_3^n\hat{e}_{nj})d_{nj}\Big)X_{isnj}+E^-\leqslant E^{\text{cap}}+E^+\right\}\geqslant 1-\epsilon. \tag{7.3}$$

综上, 当随机变量 $\boldsymbol{z}$ 的真实概率分布 P 属于非精确集 $\mathcal{P}$ 时, 提出以下带有非精确机会约束的分布鲁棒 p-枢纽中位模型

$$\begin{aligned}
\min\ & \sum_{i,j\in N}\sum_{m,n\in N}\delta_c(d_{im}+\alpha d_{mn}+d_{nj})X_{imnj}+\delta_e(E^+-E^-) \\
\text{s.t.}\ & \sum_{m\in N}X_{im}=1,\quad \forall i\in N, && (7.4)\\
& \sum_{m\in N}X_{mm}=p, && (7.5)\\
& X_{im}\leqslant X_{mm},\quad \forall i,m\in N, && (7.6)\\
& X_{imnj}\geqslant X_{im}+X_{nj}-1,\quad \forall i,m,n,j\in N, && (7.7)\\
& X_{imnj}\in\{0,1\}, && (7.8)\\
& X_{im}\in\{0,1\}, && (7.9)\\
& \text{约束 (7.3)}.
\end{aligned}$$

接下来将讨论如何处理非精确机会约束 (7.3), 从而将所提出的分布鲁棒 p-枢纽中位模型转换为其计算上易于处理的形式.

7.1.3 非精确集

虽然无法得到精确的分布信息 P, 但是我们知道的是, 精确的真实分布信息属于所构造的非精确集 $\mathcal{P}$. 本节给出了两种具体的非精确集 $\mathcal{P}$, 并且建立了非精确机会约束下的分布鲁棒优化模型. 考虑到模型参数的统一性, 同时为了便于理解, 本节假设 $e_{is}=\bar{e}_{is}+z_1^i\hat{e}_{is}$, $e_{sn}=\bar{e}_{sn}+z_2^s\hat{e}_{sn}$, $e_{nj}=\bar{e}_{nj}+z_3^n\hat{e}_{nj}$. 其中 $\bar{e}_{is}$, $\bar{e}_{sn}$, $\bar{e}_{nj}$ 分别表示单位距离碳排放的名义值; $\hat{e}_{is}$, $\hat{e}_{sn}$, $\hat{e}_{nj}$ 是不确定碳排放的基本改变量, 此外, 在本节中, z_1^i, z_2^s, z_3^n 是已知部分概率分布信息的随机变量. 由此碳排放的不确定性通过随机变量 $\boldsymbol{z}$ 来体现. 因此, 对于不同的分布族信息, 我们可以构造出不同的非精确集 $\mathcal{P}$. 在本节中, 我们研究了两种分布族下的非精确集

$\mathcal{P}$. 第一种是已知随机变量 $\boldsymbol{z}$ 的均值和支撑信息. 在这族分布信息下, 构造出如下非精确集 $\mathcal{P}_{\boldsymbol{z}}^1$.

$$\begin{aligned}\mathcal{P}_{\boldsymbol{z}}^1 = \big\{&P : \operatorname{supp}(z_i^1) \subseteq [-1,1], \operatorname{supp}(z_s^2) \subseteq [-1,1], \operatorname{supp}(z_n^3) \subseteq [-1,1],\\ &\mathrm{E}_P z_i^1 = 0, \mathrm{E}_P z_s^2 = 0, \mathrm{E}_P z_n^3 = 0, \forall i, s, n \in N\big\}.\end{aligned} \tag{7.10}$$

对于第二种分布族信息, 假设随机变量 $\boldsymbol{z}$ 的真实分布 P 服从高斯分布 $N(\mu, \sigma)$. 而在实际中, 仅仅知道高斯分布中均值与方差的部分分布信息, 即已知均值的取值范围以及方差的上界. 在这种分布族下, 得到如下非精确集

$$\begin{aligned}\mathcal{P}_{\boldsymbol{z}}^2 = \big\{&P : \mathrm{E}_P z_i^1 = [\mu_i^-, \mu_i^+], \mathrm{E}_P z_s^2 = [\mu_s^-, \mu_s^+], \mathrm{E}_P z_n^3 = [\mu_n^-, \mu_n^+],\\ &\sigma_i^1 \leqslant \nu_i^1, \sigma_s^2 \leqslant \nu_s^2, \sigma_n^3 \leqslant \nu_n^3, \forall i, s, n \in N\big\},\end{aligned} \tag{7.11}$$

其中 $\mu_i^\pm$, $\mu_s^\pm$, $\mu_n^\pm$, ν_i, ν_s 和 ν_n 是根据历史数据得到的参数.

7.2 非精确机会约束的计算可处理形式

为了求解所提出的分布鲁棒 p-枢纽中位模型, 其中的关键是将非精确机会约束 (7.3) 转化为可计算的形式. 为此, 将非精确机会约束 (7.3) 改写为

$$\begin{aligned}\inf_{P \in \mathcal{P}} \mathrm{Pr}_{\boldsymbol{z} \sim P} \Bigg\{ &\sum_{i,j \in N} \sum_{s,n \in N} (\bar{e}_{is} d_{is} + \beta \bar{e}_{sn} d_{sn} + \bar{e}_{nj} d_{nj}) X_{isnj}\\ &+ \sum_{i \in N} z_1^i \sum_{j \in N} \sum_{s,n \in N} \hat{e}_{is} d_{is} X_{isnj} + \sum_{s \in N} z_2^s \sum_{i,j \in N} \sum_{n \in N} \beta \hat{e}_{sn} d_{sn} X_{isnj}\\ &+ \sum_{n \in N} z_3^n \sum_{i,j \in N} \sum_{s \in N} \hat{e}_{nj} d_{nj} X_{isnj} + E^- \leqslant E^{\mathrm{cap}} + E^+ \Bigg\} \geqslant 1 - \epsilon.\end{aligned} \tag{7.12}$$

为了更加清楚地进行表述, 引入以下辅助变量

$$y_0 = \sum_{i,j \in N} \sum_{s,n \in N} (\bar{e}_{is} d_{is} + \beta \bar{e}_{sn} d_{sn} + \bar{e}_{nj} d_{nj}) X_{isnj}, \tag{7.13}$$

$$y_i = \sum_{j \in N} \sum_{s,n \in N} \hat{e}_{is} d_{is} X_{isnj}, \tag{7.14}$$

$$y_m = \sum_{i,j \in N} \sum_{n \in N} \beta \hat{e}_{sn} d_{sn} X_{isnj}, \tag{7.15}$$

$$y_n = \sum_{i,j \in N} \sum_{m \in N} \hat{e}_{nj} d_{nj} X_{isnj}. \tag{7.16}$$

于是, 非精确机会约束(7.3)可以表示为如下等价形式

$$\inf_{P\in\mathcal{P}} \Pr_{\boldsymbol{z}\sim P}\left\{y_0+\sum_{i\in N} z_1^i y_i+\sum_{s\in N} z_2^s y_s+\sum_{n\in N} z_3^n y_n \leqslant E^{\text{cap}}+E^+-E^-\right\}\geqslant 1-\epsilon, \quad (7.17)$$

其中 $\boldsymbol{z}$ 为随机波动变量.

通过观察, 我们可以发现所提出的分布鲁棒 p-枢纽中位模型的求解依赖非精确集 $\mathcal{P}$ 的结构. 在一般情况下, 由于非精确集 $\mathcal{P}$ 的存在, 无法将非精确机会约束转化为其等价的确定性形式, 这导致所建立的 p-枢纽中位模型是一个 NP-难的优化问题. 在这种情况下, 一个自然的推理就是将非精确机会约束替换为计算上可处理的安全凸逼近形式.

考虑到碳排放的实际情况, 在以下两节中讨论两种具体的非精确集 $\mathcal{P}$ 下的非精确机会约束的处理方法.

7.2.1 均值与支撑信息下的安全可处理逼近

对于非精确机会约束(7.3), 当随机变量的真实分布信息属于第一种非精确集时, 即已知随机变量的均值与支撑信息. 根据之前所建立的非精确集 $\mathcal{P}_{\boldsymbol{z}}^1$, 在这种分布信息假设下, 为了更进一步地得到非精确机会约束的安全凸逼近, 可得如下引理结论.

引理 7.1[60] 由于 $E^{\text{cap}}, E^-, E^+, y_i, y_s, y_n\,(\forall i,s,n\in N)$ 是已知的确定性参数, $z_1^i, z_2^s, z_3^n\in[-1,1]\,(\forall i,s,n\in N)$ 是互相独立的随机变量, 并且它们的真实概率分布属于非精确集 $\mathcal{P}_{\boldsymbol{z}}^1$. 所以, 对于任意的 $\Psi\geqslant 0$, 可以得到

$$\Pr\left\{\sum_{i\in N} z_1^i y_i+\sum_{s\in N} z_2^s y_s+\sum_{n\in N} z_3^n y_n > \Psi\sqrt{\sum_{i\in N} y_i^2+\sum_{s\in N} y_s^2+\sum_{n\in N} y_n^2}\right\}$$
$$\leqslant \exp\{-\Psi^2/2\}. \quad (7.18)$$

为了得到非精确机会约束(7.3)的安全凸逼近, 首先给出如下球波动集

$$\mathcal{Z}_{\text{ball}}=\{\boldsymbol{z}:\|\boldsymbol{z}\|_2\leqslant\Psi\}=\left\{\boldsymbol{z}:\sqrt{\sum_{i\in N}(z_1^i)^2+\sum_{s\in N}(z_2^s)^2+\sum_{n\in N}(z_3^n)^2}\leqslant\Psi\right\}. \quad (7.19)$$

根据所给出的球波动集, 可以得到非精确机会约束 (7.3) 的安全凸逼近形式如定理 7.1 所示.

定理 7.1[60] 设 z_1^i, z_2^s, z_3^n 满足引理 7.1, 则不确定约束

$$z_0+\sum_{i\in N} z_1^i z_i+\sum_{s\in N} z_2^s z_s+\sum_{n\in N} z_3^n z_n\leqslant E^{\text{cap}}+E^+-E^-$$

在波动集 $\mathcal{Z}_{\text{ball}}$ 下的鲁棒对等

$$y_0 + \Psi\sqrt{\sum_{i\in N} y_i^2 + \sum_{s\in N} y_s^2 + \sum_{n\in N} y_n^2} \leqslant E^{\text{cap}} + E^+ - E^- \tag{7.20}$$

是非精确机会约束 (7.17) 的安全凸逼近, 其中 $\Psi \geqslant \sqrt{2\ln(1/\epsilon)}$. 也就是说, 不等式 (7.20) 的任意可行解对于非精确机会约束 (7.17) 都是可行的.

证明 首先, 我们需要证明不等式 (7.20) 是如下不确定约束

$$z_0 + \sum_{i\in N} z_1^i z_i + \sum_{s\in N} z_2^s z_s + \sum_{n\in N} z_3^n z_n \leqslant E^{\text{cap}} + E^+ - E^- \tag{7.21}$$

在波动集 $\mathcal{Z}_{\text{ball}}$ 下的鲁棒对等.

引入符号 K, 使 $K = 3|N|$, 对于给定的 $y_k, z_k, k = 1, \cdots, K$, 波动集 $\mathcal{Z}_{\text{ball}}$ 具有如下锥表示

$$\mathcal{Z}_{\text{ball}} = \{\boldsymbol{z} \in \mathbb{R}^K : \boldsymbol{P}\boldsymbol{z} + \boldsymbol{p} \in \mathbf{L}\},$$

其中 $\boldsymbol{P}\boldsymbol{z} \equiv [\boldsymbol{z}; 0], \boldsymbol{p} = [\mathbf{0}_{K\times 1}; \Psi]$, 并且 $\mathbf{L}$ 是 $K+1$ 维的劳伦斯锥 (其中 $\mathbf{L}_* = \mathbf{L}$).

在 $\boldsymbol{y} = [\boldsymbol{\eta}; \tau]$ 中, τ 是 1 维的, $\boldsymbol{\eta}$ 是 K 维的, 那么在非精确机会约束 (7.17) 中的线性不等式 (7.21) 被转化为如下不等式系统

$$\begin{aligned}
&\Psi\tau + y_0 \leqslant E^{\text{cap}} + E^+ - E^-,\\
&\eta_k = -y_k, \quad k = 1, \cdots, K,\\
&||\boldsymbol{\eta}||_2 \leqslant \tau \;\Leftrightarrow [\boldsymbol{\eta}; \tau] \in \mathbf{L}_*.
\end{aligned}$$

通过对上述不等式系统的计算, 我们得到鲁棒对等的如下等价形式

$$\Psi\sqrt{\sum_{k=1}^{K} y_k^2} + y_0 \leqslant E^{\text{cap}} + E^+ - E^-. \tag{7.22}$$

下面证明不等式(7.22)是非精确机会约束(7.17)的安全凸逼近. 也就是说, 如果 $\boldsymbol{z}$ 在不等式(7.22)中是可行的, 则 $\boldsymbol{z}$ 在不等式(7.21) 中至少以概率 $1-\exp\{-\Psi^2/2\}$ 成立.

因为

$$\Psi\sqrt{\sum_{k=1}^{K} y_k^2} + y_0 \leqslant E^{\text{cap}} + E^+ - E^- < \sum_{k=1}^{K} z_k y_k + y_0, \quad \forall z_k \in \mathcal{Z}_{\text{ball}},$$

有

$$\Pr\left\{\boldsymbol{z}: y_0+\sum_{k=1}^{K} z_k y_k > E^{\text{cap}}+E^{+}-E^{-}\right\} \leqslant \Pr\left\{\boldsymbol{z}: \sum_{k=1}^{K} z_k y_k > \Psi\sqrt{\sum_{k=1}^{K} y_k^2}\right\}.$$

根据引理 7.1, 得到

$$\Pr\left\{\boldsymbol{z}: \sum_{k=1}^{K} z_k y_k > \Psi\sqrt{\sum_{k=1}^{K} y_k^2}\right\} \leqslant \exp\{-\Psi^2/2\},$$

这意味着不等式 (7.22) 是非精确机会约束 (7.17) 的安全凸逼近. □

根据 (7.13)—(7.16) 和定理 7.1, 非精确机会约束 (7.3) 的安全凸逼近可以表示为

$$\begin{aligned}&\Psi\sqrt{\begin{aligned}&\sum_{i\in N}\left(\sum_{j\in N}\sum_{s,n\in N}\hat{e}_{is}d_{is}X_{isnj}\right)^2+\sum_{s\in N}\left(\sum_{i,j\in N}\sum_{n\in N}\beta\hat{e}_{sn}d_{sn}X_{isnj}\right)^2\\&+\sum_{n\in N}\left(\sum_{i,j\in N}\sum_{s\in N}\hat{e}_{nj}d_{nj}X_{isnj}\right)^2\end{aligned}}\\&+\sum_{i,j\in N}\sum_{s,n\in N}(\bar{e}_{is}d_{is}+\beta\bar{e}_{sn}d_{sn}+\bar{e}_{nj}d_{nj})X_{isnj}\leqslant E^{\text{cap}}+E^{+}-E^{-}.\end{aligned}\tag{7.23}$$

因此, 对于给定的容忍水平 ϵ, 可以通过凸不等式 (7.23) 对原非精确机会约束 (7.3) 进行逼近.

为了提高安全凸逼近的逼近效果, 对球波动集进行加细得到如下盒子交球波动集:

$$\begin{aligned}\mathcal{Z}_{\text{box}\cap\text{ball}}&=\{\boldsymbol{z}:\|\boldsymbol{z}\|_\infty\leqslant\kappa,\|\boldsymbol{z}\|_2\leqslant\Psi\}\\&=\left\{\boldsymbol{z}:|z_1^i|\leqslant\kappa,|z_2^s|\leqslant\kappa,|z_3^n|\leqslant\kappa,\sqrt{\sum_{i\in N}(z_1^i)^2+\sum_{s\in N}(z_2^s)^2+\sum_{n\in N}(z_3^n)^2}\leqslant\Psi\right\}.\end{aligned}\tag{7.24}$$

在盒子交球波动集下, 定理 7.2 给出了一个关于非精确机会约束的可处理安全凸逼近.

定理 7.2[60]　设随机变量 z_1^i, z_2^s, z_3^n 满足引理 7.1, 则在波动集 $\mathcal{Z}_{\text{box}\cap\text{ball}}$ 下, 不确定不等式

$$y_0+\sum_{i\in N}z_1^i y_i+\sum_{s\in N}z_2^s y_s+\sum_{n\in N}z_3^n y_n\leqslant E^{\text{cap}}+E^{+}-E^{-}$$

的鲁棒对等

$$
\begin{cases}
\tau_i + w_i = -y_i, & \forall i \in N, \\
\tau_s + w_s = -y_s, & \forall s \in N, \\
\tau_n + w_n = -y_n, & \forall n \in N, \\
\kappa\left(\sum_{i\in N}|\tau_i| + \sum_{s\in N}|\tau_s| + \sum_{n\in N}|\tau_n|\right) + \Psi\sqrt{\sum_{i\in N}w_i^2 + \sum_{s\in N}w_s^2 + \sum_{n\in N}w_n^2} + y_0 \\
\quad \leqslant E^{\text{cap}} + E^{+} - E^{-}, \\
\Psi \geqslant \sqrt{2\ln(1/\epsilon)}
\end{cases}
\tag{7.25}
$$

是非精确机会约束 (7.17) 的安全凸逼近. 也就是说, 不等式系统 (7.25) 的任意可行解对于非精确机会约束 (7.17) 都是可行的.

证明 首先证明不等式系统(7.25)是如下不确定不等式在波动集 $\mathcal{Z}_{\text{box}\cap\text{ball}}$ 下的鲁棒对等

$$
y_0 + \sum_{i\in N} z_1^i y_i + \sum_{s\in N} z_2^s z_s + \sum_{n\in N} z_3^n y_n \leqslant E^{\text{cap}} + E^{+} - E^{-}. \tag{7.26}
$$

引入符号 K, 使 $K = 3|N|$, 对于给定的 $y_k, z_k, k = 1, \cdots, K$, 在 (7.24) 中的波动集 $\mathcal{Z}_{\text{box}\cap\text{ball}}$ 具有如下锥表示

$$
\mathcal{Z}_{\text{box}\cap\text{ball}} = \{\boldsymbol{z} \in \mathbb{R}^K : \boldsymbol{P}_1\boldsymbol{z} + \boldsymbol{p}_1 \in \mathbf{L}^1, \boldsymbol{P}_2\boldsymbol{z} + \boldsymbol{p}_2 \in \mathbf{L}^2\},
$$

其中 (1) $\boldsymbol{P}_1\boldsymbol{z} \equiv [\boldsymbol{z}; 0], \boldsymbol{p}_1 = [\mathbf{0}_{K\times 1}; \kappa]$ 和 $\mathbf{L}^1 = \{(\boldsymbol{y}, t) \in \mathbb{R}^K \times \mathbb{R} : t \geqslant ||\boldsymbol{y}||_\infty\}$, 因此 $\mathbf{L}_*^1 = \{(\boldsymbol{y}, t) \in \mathbb{R}^K \times \mathbb{R} : t \geqslant ||\boldsymbol{y}||_1\}$;

(2) $\boldsymbol{P}_2 = [\boldsymbol{z}; 0], \boldsymbol{p}_2 = [\mathbf{0}_{K\times 1}; \Psi]$ 和 $\mathbf{L}^2$ 是 $L+1$ 维的洛伦兹锥, 因此 $\mathbf{L}_*^2 = \mathbf{L}^2$.

令 $\boldsymbol{y}^1 = [\boldsymbol{\eta}_1; \tau_1]$, $\boldsymbol{y}^2 = [\boldsymbol{\eta}_2; \tau_2]$, 其中 τ_1, τ_2 是 1 维的, $\boldsymbol{\eta}_1$, $\boldsymbol{\eta}_2$ 是 K 维的, 那么我们得到如下不等式系统

$$
\begin{aligned}
&\kappa\tau_1 + \Psi\tau_2 + y_0 \leqslant E^{\text{cap}} + E^{+} - E^{-}, \\
&(\boldsymbol{\eta}_1 + \boldsymbol{\eta}_2)_k = -y_k, \quad k = 1, \cdots, K, \\
&||\boldsymbol{\eta}_1||_1 \leqslant \tau_1 \quad [\Leftrightarrow [\boldsymbol{\eta}_1; \tau_1] \in \mathbf{L}_*^1], \\
&||\boldsymbol{\eta}_2||_2 \leqslant \tau_2 \quad [\Leftrightarrow [\boldsymbol{\eta}_2; \tau_2] \in \mathbf{L}_*^2].
\end{aligned}
$$

将系统中的变量 τ_1, τ_2 消除: 对于系统中的每一个可行解, 我们就有 $\tau_1 \geqslant \bar{\tau}_1 \equiv ||\boldsymbol{\eta}_1||_1$, $\tau_2 \geqslant \bar{\tau}_2 \equiv ||\boldsymbol{\eta}_2||_2$, 并且当 τ_1, τ_2 被 $\bar{\tau}_1$, $\bar{\tau}_2$ 所替代时, 所得到的解仍然是

可行的. 因此可以得到不确定不等式的鲁棒对等如下所示

$$\begin{aligned}
&\text{(a) } \tau_k + w_k = -y_k, \quad k = 1, \cdots, K,\\
&\text{(b) } \kappa \sum_{k=1}^{K} |\tau_k| + \Psi \sqrt{\sum_{k=1}^{K} w_k^2} + y_0 \leqslant E^{\text{cap}} + E^+ - E^-.
\end{aligned} \tag{7.27}$$

基于以上所得到的鲁棒对等结果, 下面证明如果变量 $\boldsymbol{z}, \boldsymbol{\tau}, \boldsymbol{w}$ 在鲁棒对等 (7.27) 中是可行的, 那么 $\boldsymbol{z}, \boldsymbol{\tau}, \boldsymbol{w}$ 在不确定不等式 (7.26) 中至少以概率 $1 - \exp\{-\Psi^2/2\}$ 成立.

事实上, 当 $|z_k| \leqslant \kappa$ 时, 有

$$\begin{aligned}
&\sum_{k=1}^{K} y_k z_k > -y_0 + E^{\text{cap}} + E^+ - E^-\\
&\Rightarrow -\sum_{k}^{K} \tau_k z_k - \sum_{k}^{K} w_k z_k > -y_0 + E^{\text{cap}} + E^+ - E^- \quad [(7.27)(\text{a})]\\
&\Rightarrow \kappa \sum_{k=1}^{K} |\tau_k| - \sum_{k=1}^{K} w_k z_k > -y_0 + E^{\text{cap}} + E^+ - E^- \quad [|z_k| \leqslant \kappa]\\
&\Rightarrow -\sum_{k=1}^{K} w_k z_k > \Psi \sqrt{\sum_{k=1}^{K} w_k^2}. \quad [(7.27)(\text{b})].
\end{aligned}$$

因此, 当 $\Psi \geqslant \sqrt{2\ln(1/\epsilon)}$ 时, 根据引理 7.1, 得到如下结论

$$\begin{aligned}
&\Pr\left\{\boldsymbol{z} : y_0 + \sum_{k=1}^{K} z_k y_k > E^{\text{cap}} + E^+ - E^-\right\}\\
&\leqslant \Pr\left\{\boldsymbol{z} : -\sum_{k=1}^{K} w_k z_k > \Psi \sqrt{\sum_{k=1}^{K} w_k^2}\right\} \leqslant \exp\{-\Psi^2/2\}.
\end{aligned}$$

这意味着不等式系统(7.25)是非精确机会约束(7.17)的安全凸逼近. □

根据等式(7.13)—(7.16)和定理 7.2, 将 y_0，y_i，y_s，y_n 代入不等式系统(7.25), 从而得到原非精确机会约束(7.3)的安全凸逼近如下所示

$$\tau_i + w_i = -\sum_{j \in N} \sum_{s,n \in N} \hat{e}_{is} d_{is} X_{isnj}, \quad \forall i \in N, \tag{7.28}$$

$$\tau_s + w_s = -\sum_{i,j \in N} \sum_{n \in N} \beta \hat{e}_{sn} d_{sn} X_{isnj}, \quad \forall s \in N, \tag{7.29}$$

$$\tau_n + w_n = -\sum_{i,j\in N}\sum_{s\in N}\hat{e}_{nj}d_{nj}X_{isnj}, \quad \forall n\in N, \tag{7.30}$$

$$\sum_{i,j\in N}\sum_{s,n\in N}(\bar{e}_{is}d_{is}+\beta\bar{e}_{sn}d_{sn}+\bar{e}_{nj}d_{nj})X_{isnj}+\kappa\left(\sum_{i\in N}|\tau_i|+\sum_{s\in N}|\tau_s|+\sum_{n\in N}|\tau_n|\right)$$
$$+\Psi\sqrt{\sum_{i\in N}w_i^2+\sum_{s\in N}w_s^2+\sum_{n\in N}w_n^2}\leqslant E^{\text{cap}}+E^+-E^-. \tag{7.31}$$

因此, 对于给定的容忍水平 ϵ, 可以通过凸不等式的显式方程组 (7.28)—(7.31) 对原非精确机会约束(7.3)进行逼近.

综上所述, 当已知的部分分布信息是有界扰动且均值为零时, 即真实分布属于非精确集 $\mathcal{P}_z^1$ 时能够得到非精确机会约束(7.3)的安全凸逼近. 为了区分两个安全可处理凸逼近模型, 当使用凸不等式系统(7.23)替换非精确机会约束(7.3), 而其他约束保持不变时, 我们称该安全凸逼近模型为“球-DRO”模型. 当使用凸不等式的显式方程组(7.28)—(7.31)去替换非精确机会约束(7.3), 而其他约束保持不变时, 安全凸逼近模型称为“盒子 + 球-DRO”模型. 因此, 我们可以通过求解相应的“球-DRO”模型或“盒子 + 球-DRO”模型来近似求解原分布鲁棒优化模型.

7.2.2 高斯分布信息下的等价形式

当真实分布属于非精确集 $\mathcal{P}_z^2$ 时, 也就是说, 波动 z_1^i, z_2^s, z_3^n, $\forall i,s,n\in N$ 是彼此独立且部分概率信息已知的高斯随机变量. 在该非精确集下, 能够得到如下等价形式, 如定理 7.3 所示.

定理 7.3[60] 设随机变量 z_1^i, z_2^s, z_3^n, $\forall i,s,n\in N$ 的真实分布属于非精确集 $\mathcal{P}_z^2$, 并且 $\mu_i^\pm$, $\mu_s^\pm$, $\mu_n^\pm$, σ_i, σ_s 和 σ_n, $\forall i,s,n\in N$ 是已知的参数. 则非精确机会约束(7.17)等价于如下凸约束

$$y_0+\sum_{i\in N}\max[\mu_i^-y_i,\mu_i^+y_i]+\sum_{s\in N}\max[\mu_s^-y_s,\mu_s^+y_s]+\sum_{n\in N}\max[\mu_n^-y_n,\mu_n^+y_n]$$
$$+\Phi^{-1}(1-\epsilon)\sqrt{\sum_{i\in N}\sigma_i^2y_i^2+\sum_{s\in N}\sigma_s^2y_s^2+\sum_{n\in N}\sigma_n^2y_n^2}$$
$$\leqslant E^{\text{cap}}+E^+-E^-, \tag{7.32}$$

其中 $\Phi^{-1}(1-\epsilon)$ 为标准正态分布的反函数.

证明 基于所建立的非精确集 $\mathcal{P}_z^2$, 得到 $\mu_i\in[\mu_i^-,\mu_i^+]$, $\mu_s\in[\mu_s^-,\mu_s^+]$, $\mu_n\in[\mu_n^-,\mu_n^+]$ 和 $\nu_i^2\leqslant\sigma_i^2$, $\nu_s^2\leqslant\sigma_s^2$, $\nu_n^2\leqslant\sigma_n^2$, 根据标准正态分布, 对机会约束(7.17)进

行标准化, 得到如下结果

$$\inf_{P\in\mathcal{P}_{z}^{2}} \Pr_{z\sim P}\left\{\frac{\sum_{i\in N} y_i(z_i-\mu_i)+\sum_{s\in N} y_s(z_s-\mu_s)+\sum_{n\in N} y_n(z_n-\mu_n)}{\sqrt{\sum_{i\in N}\nu_i^2y_i^2+\sum_{s\in N}\nu_s^2y_s^2+\sum_{n\in N}\nu_n^2y_n^2}}\right.$$
$$\left.\leqslant \frac{-y_0+E^{\text{cap}}+E^{+}-E^{-}-\sum_{i\in N}y_i\mu_i-\sum_{s\in N}z_s\mu_s-\sum_{n\in N}y_n\mu_n}{\sqrt{\sum_{i\in N}\nu_i^2y_i^2+\sum_{s\in N}\nu_s^2y_s^2+\sum_{n\in N}\nu_n^2y_n^2}}\right\}\geqslant 1-\epsilon.$$

根据标准正态分布的分布函数 $\Phi(\cdot)$, 得到

$$\Phi\left\{\frac{-y_0+E^{\text{cap}}+E^{+}-E^{-}-\sum_{i\in N}y_i\mu_i-\sum_{s\in N}y_s\mu_s-\sum_{n\in N}y_n\mu_n}{\sqrt{\sum_{i\in N}\nu_i^2y_i^2+\sum_{s\in N}\nu_s^2y_s^2+\sum_{n\in N}\nu_n^2y_n^2}}\right\}\geqslant 1-\epsilon.$$

因此, 当 $\epsilon\leqslant 1/2$ 时, 可以得到

$$\frac{-y_0+E^{\text{cap}}+E^{+}-E^{-}-\sum_{i\in N}y_i\mu_i-\sum_{s\in N}y_s\mu_s-\sum_{n\in N}y_n\mu_n}{\sqrt{\sum_{i\in N}\nu_i^2y_i^2+\sum_{s\in N}\nu_s^2y_s^2+\sum_{n\in N}\nu_n^2y_n^2}}\geqslant \Phi^{-1}(1-\epsilon).$$

上述公式可以等价地改写为

$$\begin{aligned}&y_0+\sum_{i\in N}y_i\mu_i+\sum_{s\in N}y_s\mu_s+\sum_{n\in N}y_n\mu_n\\&\quad+\Phi^{-1}(1-\epsilon)\sqrt{\sum_{i\in N}\nu_i^2y_i^2+\sum_{s\in N}\nu_s^2z_s^2+\sum_{n\in N}\nu_n^2y_n^2}\\&\leqslant E^{\text{cap}}+E^{+}-E^{-}.\end{aligned}$$

此外, 由于 $\mu_i\in[\mu_i^-,\mu_i^+]$, $\mu_s\in[\mu_s^-,\mu_s^+]$, $\mu_n\in[\mu_n^-,\mu_n^+]$ 和 $\nu_i^2\leqslant\sigma_i^2$, $\nu_s^2\leqslant$

$\sigma_s^2,\nu_n^2 \leqslant \sigma_n^2$, 从而, 我们得到如下结果

$$\max\left[y_0+\sum_{i\in N}y_i\mu_i+\sum_{s\in N}y_s\mu_s+\sum_{n\in N}y_n\mu_n+\Phi^{-1}(1-\epsilon)\right.$$
$$\left.\times\sqrt{\sum_{i\in N}\nu_i^2y_i^2+\sum_{s\in N}\nu_s^2y_s^2+\sum_{n\in N}\nu_n^2y_n^2}\right]\leqslant E^{\text{cap}}+E^+-E^-$$
$$\Rightarrow y_0+\sum_{i\in N}\max[\mu_i^-y_i,\mu_i^+y_i]+\sum_{s\in N}\max[\mu_s^-y_s,\mu_s^+y_s]+\sum_{n\in N}\max[\mu_n^-y_n,\mu_n^+y_n]$$
$$+\Phi^{-1}(1-\epsilon)\sqrt{\sum_{i\in N}\sigma_i^2y_i^2+\sum_{s\in N}\sigma_s^2y_s^2+\sum_{n\in N}\sigma_n^2y_n^2}\leqslant E^{\text{cap}}+E^+-E^-. \qquad \square$$

根据等式(7.13)—(7.16)和定理 7.3, 对于非精确机会约束(7.3), 得到如下等价的计算可处理形式

$$\begin{aligned}&\sum_{i,j\in N}\sum_{s,n\in N}(\bar{e}_{is}d_{is}+\beta\bar{e}_{sn}d_{sn}+\bar{e}_{nj}d_{nj})X_{isnj}\\&+\sum_{i\in N}\max\left[\mu_i^-\sum_{j\in N}\sum_{s,n\in N}\hat{e}_{is}d_{is}X_{isnj},\mu_i^+\sum_{j\in N}\sum_{s,n\in N}\hat{e}_{is}d_{is}X_{isnj}\right]\\&+\sum_{s\in N}\max\left[\mu_m^-\sum_{i,j\in N}\sum_{n\in N}\beta\hat{e}_{sn}d_{sn}X_{isnj},\mu_s^+\sum_{i,j\in N}\sum_{n\in N}\beta\hat{e}_{sn}d_{sn}X_{isnj}\right]\\&+\sum_{n\in N}\max\left[\mu_n^-\sum_{i,j\in N}\sum_{s\in N}\hat{e}_{nj}d_{nj}X_{isnj},\mu_n^+\sum_{i,j\in N}\sum_{s\in N}\hat{e}_{nj}d_{nj}X_{isnj}\right]\\&+\Phi^{-1}(1-\epsilon)\sqrt{\sum_{i\in N}\mathbb{Q}_i^2+\sum_{s\in N}\mathbb{Q}_s^2+\sum_{n\in N}\mathbb{Q}_n^2}\\\leqslant\;&E^{\text{cap}}+E^+-E^-,\end{aligned}\tag{7.33}$$

其中

$$\mathbb{Q}_i=\sum_{j\in N}\sum_{s,n\in N}\sigma_i\hat{e}_{is}d_{is}X_{isnj},\quad \mathbb{Q}_s=\sum_{i,j\in N}\sum_{n\in N}\beta\sigma_s\hat{e}_{sn}d_{sn}X_{isnj},$$
$$\mathbb{Q}_n=\sum_{i,j\in N}\sum_{s\in N}\sigma_n\hat{e}_{nj}d_{nj}X_{isnj}.$$

因此, 对于给定参数 $\mu_i^\pm$, $\mu_s^\pm$, $\mu_n^\pm$, σ_i, σ_s, σ_n, $\forall i,s,n\in N$ 和容忍水平 ϵ, 原非精确机会约束(7.3)等价于凸不等式(7.33). 因此, 在 p-枢纽中位模型中, 当非精确机会约束(7.3)被凸不等式(7.33)所代替时, 称等价的凸优化模型为“高斯-DRO”

模型. 最终, 在非精确集 $\mathcal{P}_{\boldsymbol{z}}^2$ 下, 通过求解相应的等价 "高斯-DRO" 模型, 可以得到分布鲁棒 p-枢纽中位模型的最优解.

7.3 案例研究与比较分析

本节提供了一个实际枢纽网络设计案例并且给出了计算结果, 从而验证所提出的分布鲁棒优化模型的有效性. 此外, 所有的数值实验都是在一台具有 12GB 运行内存、处理器为 Inter(R) Core(TM) i5-7200U 2.50GHz 的笔记本电脑上使用 IBM CPLEX 12.6.3 求解器进行求解的.

7.3.1 问题背景与数据来源

在 2016 年的 G20 峰会上, 阿里巴巴集团首席创始人马云提出了一项世界电子贸易平台 (eWTP) 倡议, 旨在打造全球采购、全球销售、高效的全球电子商务平台. 同时, 数字枢纽是 eWTP 物流级的顶层设计. 据新闻报道, 马云的全球布局从东南亚 (SEA) 开始, 试图通过在东南亚建立第一个 e-Hub 来实现全球推广. 这种全球布局包含了一系列问题, 其中最重要的一个就是如何设计东南亚的枢纽网络. 为此, 将东南亚的主要城市简化为 11 个节点, 如表 7.1 所示, 将其描述为一个 p-枢纽中位问题, 从而可以应用所提出的分布鲁棒优化方法.

表 7.1 东南亚枢纽网络中的 11 个城市

节点	城市	节点	城市
1	奈比多	7	新加坡
2	河内	8	斯里巴加湾
3	永珍	9	马尼拉
4	曼谷	10	雅加达
5	金边	11	帝力
6	吉隆坡		

在本节中, 我们收集来自东南亚 11 个城市的相关数据, 从而对所提出的分布鲁棒优化模型进行求解. 为了更加直观, 城市节点之间的距离被假设为两点之间的欧氏距离, 具体测量数据来自谷歌地图. 假设 $p = 3$ 和 $E^{\text{cap}} = 300\text{t}$. 之前的研究[62-64] 表明折扣系数 α, β 的取值范围为 [0.6, 0.8]. 因此, 对于本节中的折扣系数, 我们做出如下假设: $\alpha = 0.75$, $\beta = 0.65$. δ_c 表示每单位距离的商品运输成本, 包括油耗、车辆保养以及运输者工资等. 假设 δ_c 固定为 0.5. 根据国际碳排放交易市场的单位碳排放价格, 假设 $\delta_{\boldsymbol{e}}$ 为 15. 单位距离的碳排放数量 $\boldsymbol{e}$ 是由单位距离的油耗决定的, 故我们假设 $\boldsymbol{e} = (3.1863 \times 0.84)\boldsymbol{e}^0$, 其中 0.84 为柴油密度,

3.1863 是每千克燃料消耗所产生的碳排放量, 数据来自全球新能源网站的专家评论 (http://www.xny365.com/zhuanjia/article-315665.html), $\boldsymbol{e}^0$ 表示单位距离内车辆产生的油耗. 此外, 对于其他参数, 做出如下假设: $\bar{e}_{is}^0$ 和 $\bar{e}_{nj}^0$ 为区间 [0, 0.3] 内的随机值, $\bar{e}_{sn}^0$ 为区间 [0.6, 0.8] 内的随机值. 假设基本波动 $\hat{e}_{is}^0$ 和 $\hat{e}_{nj}^0$ 为名义值的 3%—5%, $\hat{e}_{sn}^0$ 为名义值的 5%—7%. 考虑到实际的运输过程, 假设 $\mu^{\pm}$ 为区间 $[-1,1]$ 内的随机值, σ 为区间 [0, 0.1] 内的随机值. 为了对不同非精确集进行对比, 假设 $\kappa=1, \Psi=\sqrt{2\ln(1/\epsilon)}=1.95$, 其中 $\epsilon=0.1492$. 对于标准正态分布的反函数 $\Phi^{-1}(1-\epsilon)$, 通过查询标准正态分布表得到 $\Phi^{-1}(1-0.1492)=1.04$.

7.3.2 计算结果及分析

在本节的数值实验中, 对已提出的模型进行求解, 分别得到球-DRO 模型、盒子+球-DRO 模型以及高斯-DRO 模型的最优值为 466318.855, 454429.777 和 387023.337. 其中, 高斯-DRO 模型的最优值最小.

当 $p=3$ 时, 所提出分布鲁棒优化模型的最优枢纽网络如图 7.1 所示. 很明显, 从图 7.1(a) 中我们可以看出, 在球-DRO 模型中, 节点 5, 7 和 8 被选择作为枢纽. 对于非枢纽节点的分配, 节点 1, 2, 3 和 4 被分配给枢纽 5, 节点 6, 10 被分配给枢纽 7, 剩余其他节点被分配给枢纽 8. 然而, 与球-DRO 模型不同, 盒子+球-DRO 模型中的节点 1 被分配给枢纽 7 而不是枢纽 5. 从图 7.1(c) 中可以看出, 高斯-DRO 模型选择的最优枢纽分别为 3, 7, 8, 这也与球-DRO 模型的最优枢纽不同. 对于剩余节点的分配方案可以从图 7.1 中观察得到.

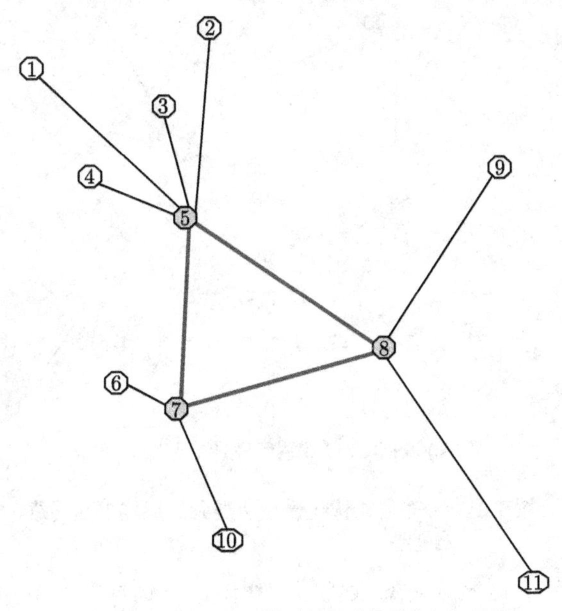

(a) 球-DRO 模型所得到的最优枢纽网络

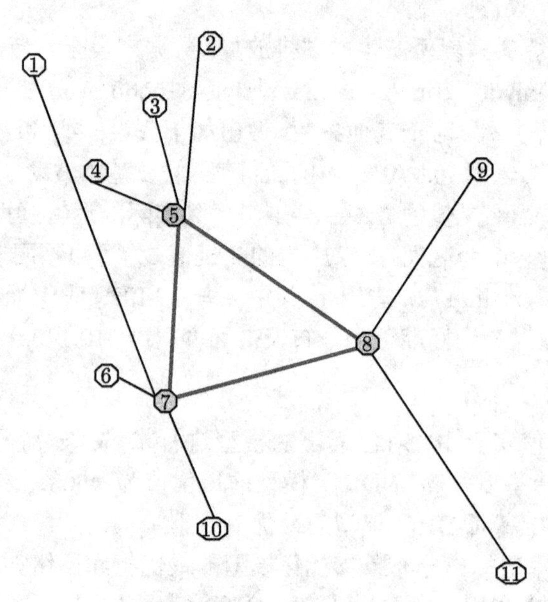

(b) 盒子+球-DRO模型所得到的最优枢纽网络

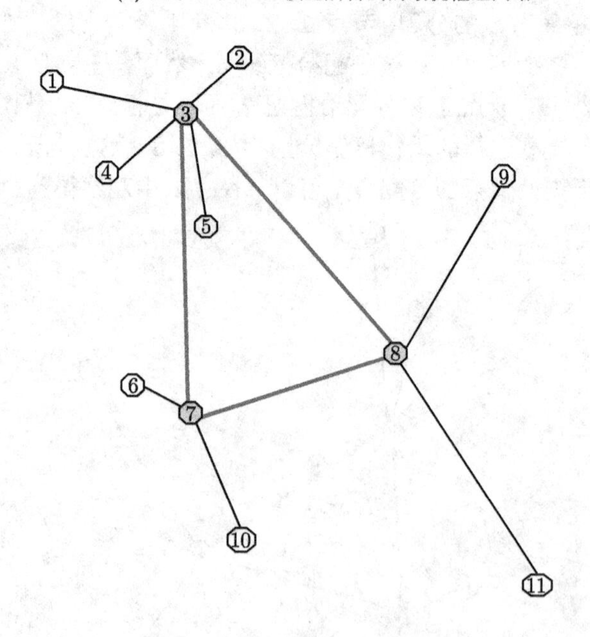

(c) 高斯-DRO 模型所得到的最优枢纽网络

图 7.1　分布鲁棒优化模型所得到的最优枢纽网络

为了进一步分析枢纽数量对最优值的影响, 当 $p = 1$, 2 和 4 时, 重新对模型进行求解. 所得到的计算结果如表 7.2 所示. 根据表 7.2, 不同枢纽数量下的最优值被绘制成图 7.2. 从表 7.2 和图 7.2 中, 观察到模型的最优值随着枢纽数量的增加而减小. 这种趋势与实际情况相符, 因为枢纽之间的规模经济能够极大地降低总运输成本. 此外, 可以看出高斯-DRO 模型的最优值小于球-DRO 模型和盒子+球-DRO 模型的最优值. 例如, 当 $p = 2$ 时, 高斯-DRO 模型的最优值为 431099.234, 而球-DRO 模型的最优值为 507147.439, 盒子+球-DRO 模型的最优值为 463716.976, 都比高斯-DRO 模型的最优值大.

表 7.2 不同枢纽数量下的最优值

枢纽的数量	E^{cap}/kg	模型 (DRO)	E^{+}/kg	E^{-}/kg	最优值
		球	28902	0	646572.016
$p = 1$	340000	盒子+球	21498	0	535521.356
		高斯	19184	0	500804.613
		球	21194	0	507147.439
$p = 2$	320000	盒子+球	18298	0	463716.976
		高斯	16847	0	431099.234
		球	20901	0	466318.855
$p = 3$	300000	盒子+球	19390	0	454429.777
		高斯	16180	0	387023.337
		球	21770	0	460875.400
$p = 4$	280000	盒子+球	21592	0	458201.965
		高斯	17975	0	403943.932

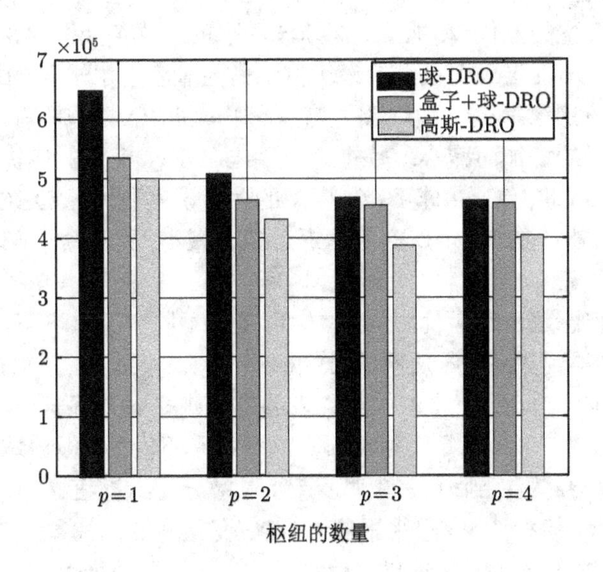

图 7.2 关于最优值的直方图

7.3.3　容忍水平的影响

在本节中, 对所提出的模型做进一步的研究, 以评估计算结果相对于容忍水平 ϵ 的敏感性. 以 $p=3$ 为例, 当容忍水平发生改变时, 相对应标准正态分布的反函数也将会发生改变. 在这里, 选取 33 组容忍水平的数值, 根据标准正态分布表得到反函数 $\Phi^{-1}(1-\epsilon)$ 的值, 并且通过计算得到 $\Psi=\sqrt{2\ln(1/\epsilon)}$ 的值如表 7.3 所示.

表 7.3　不同容忍水平所对应的参数值

ϵ	0.0099	0.0197	0.0294	0.0392	0.0495	0.0594	0.0694	0.0793	0.0885
	0.0985	0.1093	0.1190	0.1292	0.1379	0.1492	0.1587	0.1685	0.1788
	0.1894	0.1977	0.209	0.2177	0.2296	0.2389	0.2483	0.2578	0.2676
	0.2776	0.2877	0.2981	0.3085	0.3192	0.3300			
$\Phi^{-1}(1-\epsilon)$	2.33	2.06	1.89	1.76	1.65	1.56	1.48	1.41	1.35
	1.29	1.23	1.18	1.13	1.09	1.04	1.00	0.96	0.92
	0.88	0.85	0.81	0.78	0.74	0.71	0.68	0.65	0.62
	0.59	0.56	0.53	0.50	0.47	0.44			
Ψ	3.04	2.80	2.66	2.55	2.45	2.38	2.31	2.25	2.20
	2.15	2.10	2.06	2.02	1.99	1.95	1.92	1.89	1.86
	1.82	1.80	1.77	1.75	1.72	1.69	1.67	1.65	1.62
	1.60	1.58	1.56	1.53	1.51	1.49			

在均值与支撑信息已知的非精确集下, 图 7.3 (a) 给出了不同容忍水平 ϵ 所对应安全凸逼近模型的最优值. 此外, 高斯波动下的最优值如图 7.3 (b) 所示. 由此我们观察到所提出的这三个模型的最优值都是随着容忍水平 ϵ 的增加而降低. 当 $\epsilon<0.35$ 时, 我们观察到球-DRO 模型与盒子+球-DRO 模型两者最优值之间的差异随着容忍水平的增加而减小. 另外, 盒子+球-DRO 模型的最优值小于球-DRO 模型的最优值. 因此, 盒子+球-DRO 模型的逼近误差要比球-DRO 模型的逼近误差小. 随着容忍水平的增加, 所产生的逼近误差减小, 说明盒子+球-DRO 模型的逼近效果更加精确.

为了说明容忍水平对最优解的影响, 现在对不同容忍水平下的分布鲁棒优化模型进行求解, 得到如图 7.4 所示的最优枢纽网络. 与图 7.1 所对应的 $\epsilon=0.1492$ 时的枢纽网络进行对比, 图 7.4 的结果表明容忍水平对最优解产生了影响. 虽然枢纽节点没有发生改变, 但是非枢纽节点的分配是不同的. 根据球-DRO 模型, 当容忍水平从 0.1492 变化到 0.3300 时, 节点 1 被分配给枢纽 7, 而不是枢纽 5. 对于盒子+球-DRO 模型, 当容忍水平从 0.1492 变化为 0.2483 时, 节点 1 被分配给枢纽 5, 而不是枢纽 7. 因此, 结果表明高斯-DRO 模型的最优解具有鲁棒性, 它不受容忍水平变化的影响.

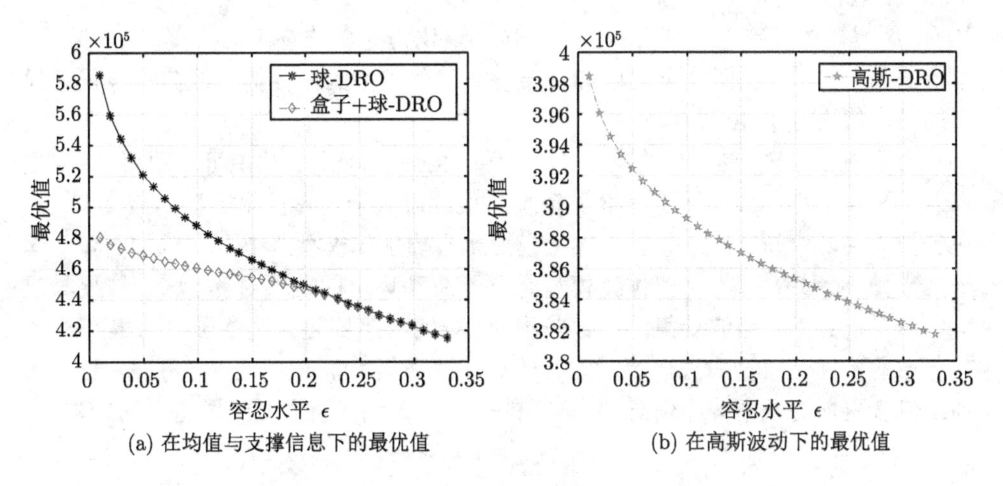

(a) 在均值与支撑信息下的最优值

(b) 在高斯波动下的最优值

图 7.3 分布鲁棒优化模型的最优值

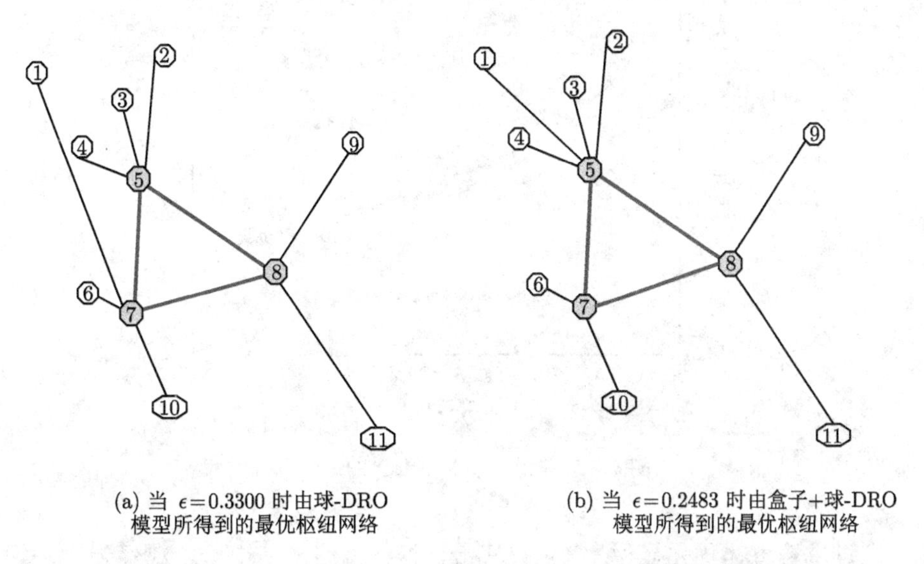

(a) 当 $\epsilon=0.3300$ 时由球-DRO 模型所得到的最优枢纽网络

(b) 当 $\epsilon=0.2483$ 时由盒子+球-DRO 模型所得到的最优枢纽网络

图 7.4 在不同容忍水平下分布鲁棒优化模型所得到的最优枢纽网络

7.3.4 与经典鲁棒优化方法的比较

经典鲁棒优化方法需要知道不确定参数的支撑信息, 所考虑的是分布自由的不确定性. 依赖不确定但有界的波动集, 经典鲁棒优化方法能够更好地抵御不确定性. 当容忍水平 $\epsilon=0$ 时, 对于任意的概率分布 P, 非精确机会约束 (7.3) 退化为如下形式

$$\Pr_{\boldsymbol{z}\sim P}\left\{y_0+\sum_{i\in N} z_1^i y_i+\sum_{s\in N} z_2^s y_s+\sum_{n\in N} z_3^n y_n \leqslant E^{\mathrm{cap}}+E^{+}-E^{-}\right\}=1.$$

从而, 所提出的分布鲁棒优化模型 (DRO) 退化为经典的鲁棒优化模型 (RO). 在本节的其余部分, 我们将所提出的分布鲁棒优化模型的最优值与经典鲁棒优化模型的最优值进行了比较.

为了便于比较, 图 7.5 给出了 DRO 和 RO 的最优值. 从中可以观察到, 仅当容忍水平 $\epsilon \leqslant 0.0985$ 时, 球-DRO 模型的最优值大于鲁棒优化模型的最优值. 而在其他大多数情况下, 分布鲁棒优化模型比鲁棒优化模型所得到的成本更低. 这一结果并不意外, 因为鲁棒优化模型是盒子波动集下的鲁棒对等, 这一结果与已有结论是一致的: 当波动集的维数较小时, 球波动集要略大于盒子波动集. 因此, 在分布鲁棒优化模型中进一步考虑了改进的波动集 (盒子+球波动集). 综上所述, 由于包含附加的概率分布信息, 所提出的分布鲁棒优化模型产生了更小的成本.

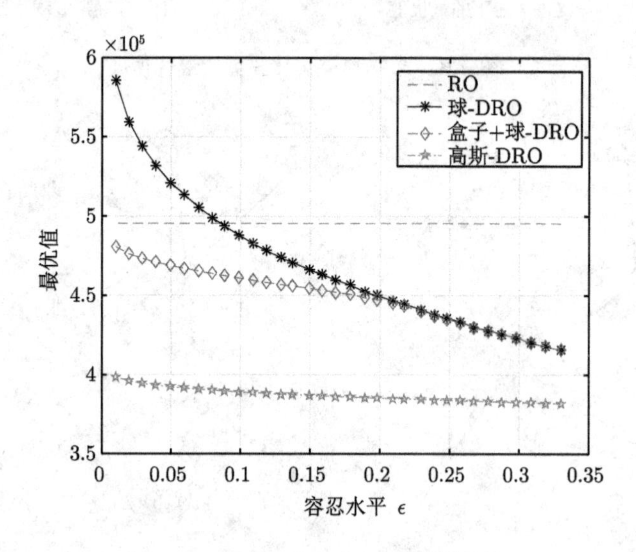

图 7.5　关于 DRO 和 RO 的最优值

通过求解鲁棒优化模型, 得到鲁棒最优枢纽网络. 从中可以观察到, 鲁棒最优枢纽网络与球-DRO 模型在容忍水平为 0.3300 时的最优解相同, 但与盒子 + 球-DRO 模型和高斯-DRO 模型所得到的枢纽网络不同. 因此, 所呈现的最优结果表明我们所提出的分布鲁棒优化模型通过引入部分概率分布信息, 可以避免产生过于保守的解, 从而达到较低的成本, 这在实际问题中是可取的, 并且具有较大的应用价值.

7.3.5　与随机优化方法的比较

针对 p-枢纽中位问题, 我们将本章所提出的分布鲁棒优化模型与随机优化模型的性能进行了比较. 由于本章所提出的分布鲁棒优化模型依赖于非精确集 $\mathcal{P}_{\boldsymbol{z}}^1$

和 $\mathcal{P}_{\boldsymbol{z}}^2$, 而经典的随机优化模型不同于分布鲁棒优化模型, 因为它要求已知精确的概率分布, 即随机变量的名义分布. 在非精确集 $\mathcal{P}_{\boldsymbol{z}}^1$ 中, 我们选取均值为零, 方差为 0.88 的高斯分布作为其名义分布. 相对应的随机优化模型被记为 SO_1. 在非精确集 $\mathcal{P}_{\boldsymbol{z}}^2$ 中, 均值 $\mu_i = \mu_n = 0.25, \mu_s = 0.6$ 和方差 $\nu_i = \nu_s = \nu_n = 0.01, \forall i, s, n \in N$ 的高斯分布被作为精确的名义分布. 与之对应的随机优化模型被记为 SO_2. 通过高斯分布的等价转换所选取的随机优化模型能够等价于计算可处理的模型, 因此, 我们可以通过 CPLEX 软件对所提出的分布鲁棒优化模型和名义随机优化模型进行求解, 得到在不同容忍水平下的最优值. 为了更加直观, 针对不同的非精确集, 绘制了在不同容忍水平下的名义随机优化模型的最优值变化图像, 如图 7.6 所示.

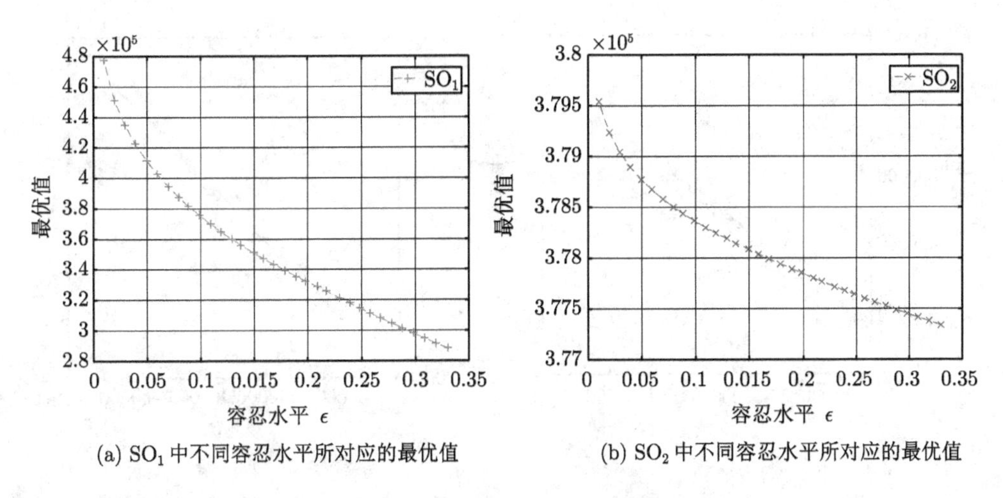

(a) SO_1 中不同容忍水平所对应的最优值

(b) SO_2 中不同容忍水平所对应的最优值

图 7.6 不同容忍水平下随机优化模型的最优值

统计对比: 根据图 7.3 和图 7.6, 我们可以观察到分布鲁棒优化模型与随机优化模型的区别, 但是无法得到差异程度. 为了对其进行定量描述, 我们应用配对样本 t 检验的方法[65] 对两种模型在不同容忍水平下的最优值进行统计分析.

在进行配对样本 t 检验之前, 首先需要验证每个模型所对应不同容忍水平的最优值是否近似服从高斯分布. 因此, 绘制关于最优值的 Q-Q 图, 如图 7.7 和图 7.8 所示. 从 Q-Q 图中我们可以观察到, 最优值都近似分布在直线的两侧. 结果表明, 各模型的最优值近似服从高斯分布. 因此, 可以使用配对样本 t 检验的方法来分析模型间的差异程度. 之后, 从统计学的角度进一步分析了所提出的分布鲁棒优化模型与随机优化模型的差异.

在 95%置信水平下, 给出检验的原假设如下:

H_1: 球-DRO 模型的总成本均值等于 SO_1 模型的总成本均值;

H_2: 盒子+球-DRO 模型的总成本均值等于 SO_1 模型的总成本均值;

H_3: 高斯-DRO 模型的总成本均值等于 SO_2 模型的总成本均值.

上述原假设是配对样本 t 检验的前提条件. 在原假设的条件下, 使用数据分析软件 IBM SPSS Statistics 20 得到配对样本 t 检验的结果, 如表 7.4 所示.

根据表 7.4, 观察到 P-值都小于 0.05, 因此推断出结论是拒绝原假设. 也就是说, 从统计结果中可以得到, 所提出的分布鲁棒优化模型与随机优化模型具有显著性的差异, 具有较好的性能.

分布鲁棒代价如下.

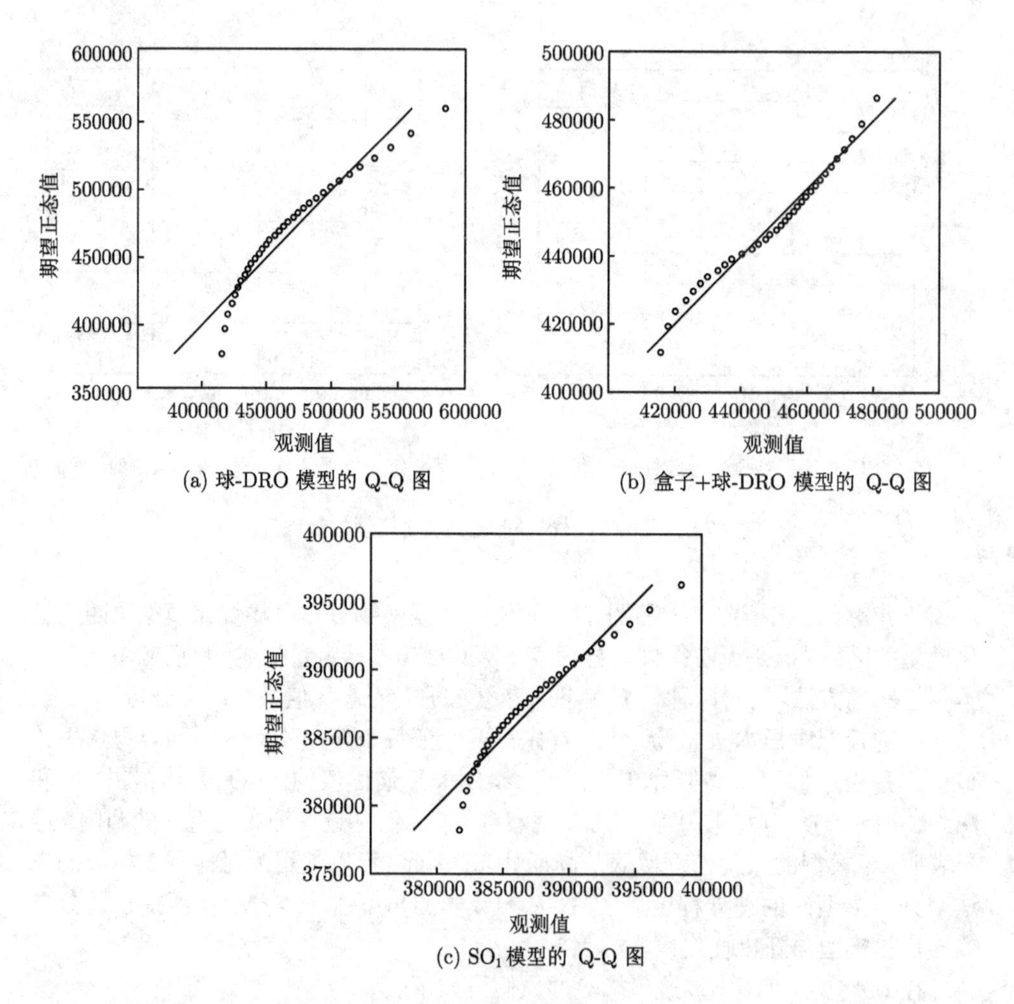

(a) 球-DRO 模型的 Q-Q 图

(b) 盒子+球-DRO 模型的 Q-Q 图

(c) SO_1 模型的 Q-Q 图

图 7.7 在均值与支撑非精确集下的 Q-Q 图

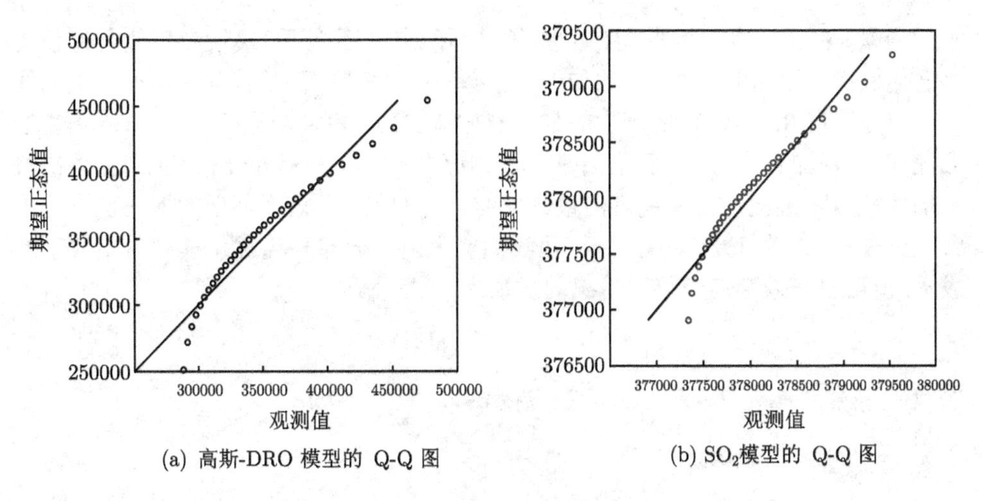

(a) 高斯-DRO 模型的 Q-Q 图

(b) SO_2模型的 Q-Q 图

图 7.8 在高斯波动非精确集下的 Q-Q 图

表 7.4 配对样本 t 检验的 P 值

原假设	差异的 95%置信区间		t-值	P-值	检验结果
	下界	上界			
H_1	114707.4876	118726.2444	118.317	<0.0001	拒绝
H_2	84812.1353	107707.0951	17.128	<0.0001	拒绝
H_3	7814.3264	10485.4063	13.955	<0.0001	拒绝

当随机变量的真实分布属于非精确集 $\mathcal{P}_{\boldsymbol{z}}^1$ 时, 即已知随机变量的均值与支撑信息, 我们从图 7.6(a) 和图 7.3(a) 中可以观察到, 所提出的分布鲁棒优化模型比名义随机优化模型产生了更高的成本. 为了分析造成这种现象的原因, 定义分布鲁棒代价 (PDR). 假设 DRO* 是分布鲁棒优化模型的最优值, NSO* 是名义随机优化模型的最优值, 那么定义 PDR 为

$$\mathrm{PDR} = \frac{\mathrm{DRO}^* - \mathrm{NSO}^*}{\mathrm{NSO}^*} \times 100\%.$$

根据 PDR 的定义, 计算球-DRO 模型与盒子+球-DRO 模型所产生的 PDR. 计算结果如图 7.9 所示.

从图 7.9 中可以看到, 当 $\epsilon = 0.0099$ 时, 球-DRO 模型所产生的 PDR 小于 25%. 当 $\epsilon = 0.3300$ 时, 盒子+球-DRO 模型的 PDR 小于 45%. 此外, 当 $\epsilon = 0.0099$ 时, 盒子+球-DRO 模型的 PDR 近似为 0. 虽然从结果中可以看到模型产生了更高的成本, 但是在实际中, 所提出模型付出的代价要远远小于实际成本的增量, 实际成本的增量指在分布信息不确定的环境下, 决策者仍然坚持使用名义随机优化模型的最优解. 比如说, 当 $\epsilon = 0.2483$ 时, 随机优化模型所得到的最优枢纽为节点 3, 7 和 8. 所产生的最优解与球-DRO 模型、盒子+球-DRO 模型的最优解是不同的, 实际上, 我们通常仅仅知道真实分布的部分分布信息. 如果决策者仍然按照随机优化模型提供的最优枢纽进行决策, 那么不合理的枢纽位置将导致决策失误, 产生正无穷的成本. 而我们所提出的分布鲁棒优化模型付出较小的成本, 就可以有效地避免这种情况的发生.

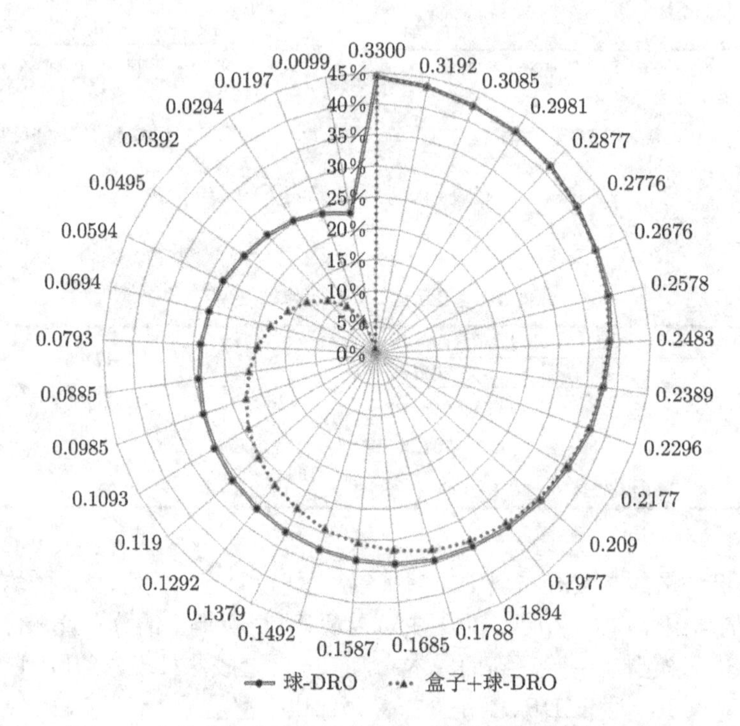

图 7.9　在均值与支撑信息下的不同容忍水平所对应的 PDR

当随机变量的真实分布属于非精确集 $\mathcal{P}_{\boldsymbol{z}}^2$ 时, 即已知高斯分布中均值与方差的部分信息. 与随机优化模型相比, 高斯-DRO 模型的成本较高, 由此产生的 PDR 如图 7.10 所示. 从雷达图中, 我们发现最大的 PDR 小于 4.9866%, 此时对应的容忍水平为 $\epsilon = 0.0099$. 从图中可以看到, 所产生的代价相对于决策者可能承受的实际成本的增量来说是比较小的. 因此, 所提出的分布鲁棒优化模型付出了较小的代价去抵抗概率分布的不确定性.

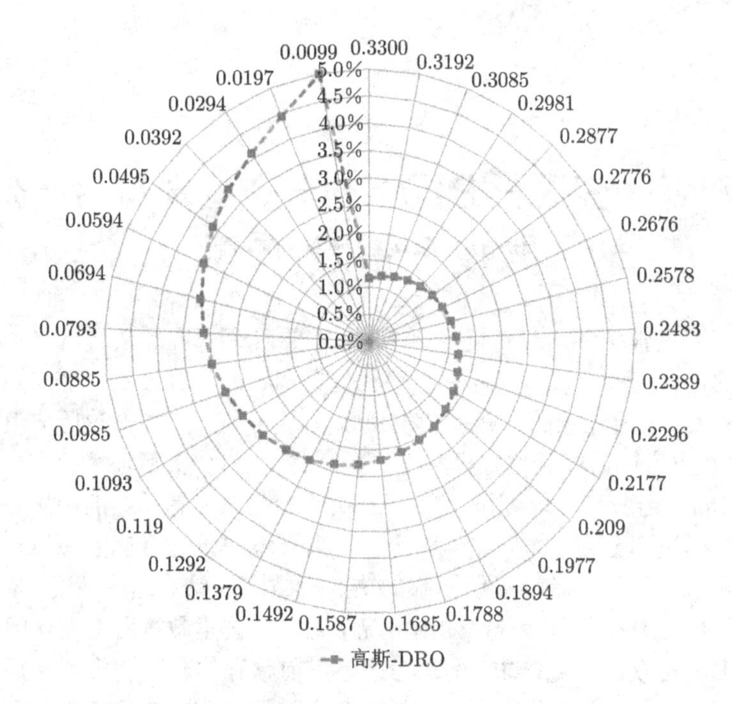

图 7.10 在高斯波动下的不同容忍水平所对应的 PDR

7.4 本章小结

基于碳交易政策，本章假设随机变量的真实分布信息是部分已知的，即真实分布属于给定的非精确集. 在碳排放不确定性下提出了 p-枢纽中位问题的分布鲁棒优化模型. 该模型考虑了传统鲁棒优化模型所忽略的概率分布信息，从而避免了过于保守的解. 此外，所提出的模型考虑了概率分布的不确定性，这是被随机优化模型所忽略的. 针对所建立的分布鲁棒 p-枢纽中位模型，本章在以下两种非精确集下讨论了所提出模型的计算可处理形式. 第一种非精确集是具有零均值且有界波动的分布集. 在这种情况下，应用两种波动集下的鲁棒对等去近似所提出的分布鲁棒优化模型. 第二种非精确集是关于期望和方差部分已知的高斯分布集. 在该非精确集下，我们推导出了与所提出模型等价的混合整数二阶锥规划形式. 为了表明所提出模型的有效性，我们研究了一个东南亚枢纽网络的实际案例. 以东南亚网络数据为基础，进行了大量的数值实验. 计算结果表明，当随机变量的部分分布信息已知时，该模型是有效的. 此外，将所提出的模型与经典鲁棒优化模型和随机优化模型进行了对比. 无论是从最优值的质量还是最优的枢纽网络，都显示了所提出的模型具有较好的优势.

第 8 章 资源再分配下的分布鲁棒最后一公里救援网络设计问题

最后一公里救援网络设计问题[66,67] 的主要研究内容是救援网络中配送中心和分发点的位置选取、设备的库存、路径选择和仓库、分发点、需求点之间的物资分配. 然而, 值得注意的是即使我们可以从不同自然灾害中的历史信息中收集和分析数据, 灾害的时间和位置仍然无法预测[68]. 因此, 灾后环境存在大量的不确定因素 (时间、运费和需求等)[69,70], 并且决策者无法掌握足够的历史数据和不确定参数的准确概率分布. 如何在不确定的灾后环境中设计合理的最后一公里救援网络来分配救灾物资是救援组织面临的重要问题[71]. 针对这些情况, 本章研究了在不确定参数的概率分布部分已知的情况下最后一公里救援网络设计问题.

基于灾区民众的大量需求, 本章考虑将灾前预存的救灾物资和灾后物资进行整合再分配, 并提出资源再分配下分布鲁棒最后一公里救援网络设计模型 [72]. 此外, 为了避免风险, 同时减少运输时间, 将运输时间函数的平均绝对半偏差作为最后一公里救援网络模型的目标, 并且考虑了不确定时间、不确定运费和不确定需求对最后一公里救援网络设计的影响. 基于不确定参数的部分分布信息, 假设不确定参数属于一个非精确集. 基于这个非精确集, 本章扩展了平均绝对半偏差风险目标并推导了机会约束的等价形式. 最后, 将模型应用于尼日利亚阿南布拉州洪水案例, 设计了符合实际的资源再分配分布鲁棒最后一公里救援网络. 关于应急和最后一公里救援网络的最新研究进展请参考论文 [73—75].

8.1 盒子、椭球和广义多面体非精确集

第 6 章推导了在不同非精确集下机会约束的鲁棒对等逼近. 我们先回顾一下在盒子、椭球和广义多面体非精确集下机会约束的鲁棒对等逼近. 对于机会约束

$$\Pr_{(\boldsymbol{\zeta})\sim P}\left\{\boldsymbol{\zeta}:[a^0]^{\mathrm{T}}\boldsymbol{x}+\sum_{l=1}^{L}\zeta_l[a^l]^{\mathrm{T}}\boldsymbol{x}>b^0+\sum_{l=1}^{L}\zeta_l[b^l]\right\}\leqslant\varepsilon,\quad\forall P\in\mathbb{P}.$$

其中, $\boldsymbol{a}$ 和 b 是不确定参数且波动形式为 $\boldsymbol{a}=a^0+\sum_{l=1}^{L}\zeta_l a^l,\quad b=b^0+\sum_{l=1}^{L}\zeta_l b^l$, $\Pr_{(\boldsymbol{\zeta})\sim P}$ 是约束 $\boldsymbol{a}^{\mathrm{T}}\boldsymbol{x}\geqslant b$ 在分布 P 下成立的概率, $\varepsilon\in(0,1)$ 代表机会约束的容

忍水平. 此外, 分布 P 属于非精确集 $\mathcal{P}$. 不同的非精确集对应不同的安全逼近形式[69,81]. 为了提高逼近的效果, 提出盒子、椭球和广义多面体非精确集下机会约束的安全逼近形式. 具体地, 假设 $\boldsymbol{\zeta}$ 满足分布信息为

$$p_1': \zeta_l, l=1,\cdots,L, \text{是相互独立的};$$

$$p_2': \int \exp\{ts\}\mathrm{d}P_l(s) \leqslant \exp\left\{\max[u_l^+, u_t^-] + \frac{1}{2}\sigma_l^2 t^2\right\}, \quad \forall t \in \mathbb{R}.$$

其中, $u_l^- \leqslant u_l^+$ 是已知常数且 $\sigma_l \geqslant 0$. 在 p_1' 和 p_2' 分布信息下, 盒子+椭球+广义多面体非精确集具体形式为

$$\mathcal{Z}_2 = \left\{\boldsymbol{\zeta} \in \mathbb{R}^l : \|\boldsymbol{\zeta}\|_\infty \leqslant 1, \quad \left\|\frac{\boldsymbol{\zeta}}{\boldsymbol{\sigma}}\right\|_2 \leqslant \Omega, \quad \left\|\frac{\boldsymbol{\zeta}}{\boldsymbol{\sigma}}\right\|_1 \leqslant \gamma\right\}.$$

基于 $\boldsymbol{\zeta}$ 的分布信息 p_1' 和 p_2', 盒子、椭球和广义多面体非精确集下机会约束的安全逼近形式[42] 为

$$\begin{aligned}
&\text{(a)} \qquad \sum_{l=1}^{L}|z_l| + \Omega\sqrt{\sum_{l=1}^{L} w_l^2\sigma_1^2} + \gamma\max_l |v_l\sigma_1| \leqslant b^0 - [a^0]^{\mathrm{T}}\boldsymbol{x},\\
&\text{(b)} \qquad z_l + w_l + v_l = b^l - [a^l]^{\mathrm{T}}\boldsymbol{x}, \qquad l=1,\cdots,L.
\end{aligned}$$

此外, 安全逼近系统 (a) 和 (b) 是不确定线性不等式 $\boldsymbol{a}^{\mathrm{T}}\boldsymbol{x} \leqslant b$ 在盒子、椭球和广义多面体非精确集下的鲁棒对等.

8.2 分布鲁棒最后一公里救援网络模型

下面, 将详细讨论资源再分配最后一公里救援网络的结构.

(1) 中央仓库: 机场附近的一个大型中央供应仓库, 是人道主义救援组织运送救援物资的便利场所.

(2) 大型仓库: 包括现有现存和候选两种. 此外, 现存的大型仓库拥有灾前提前放置的救援物资.

(3) 分发点: 一组灾后物资的转运节点, 是连接大型仓库和需求点之间的临时物资储备点.

(4) 需求点: 一组需求节点, 它们是受害者的集结区.

在最后一公里救援网络中 (图 8.1), 中央仓库负责向所有大型仓库运送救援物资, 然后由大型仓库向分发点运送救援物资. 最后, 救援物资由救援组织运送到需求点. 最后一公里救援网络决定候选大型仓库和分发点的选址以及分配仓库、分发点和需求点之间的连接关系和运送物资数量. 在这个网络中, 大型仓库有两

种: 一种是现存大型仓库, 它们在灾害发生前就预先安排了救援物资; 另一种是候选大型仓库, 它们是新的节点. 资源的重新分配反映在现存大型仓库和候选大型仓库之间的物资重新分配. 除了来自中央仓库的救援物资外, 现存大型仓库可以将救援物资分发给其他现存大型仓库和候选大型仓库, 这样可以更灵活地分配救济物资.

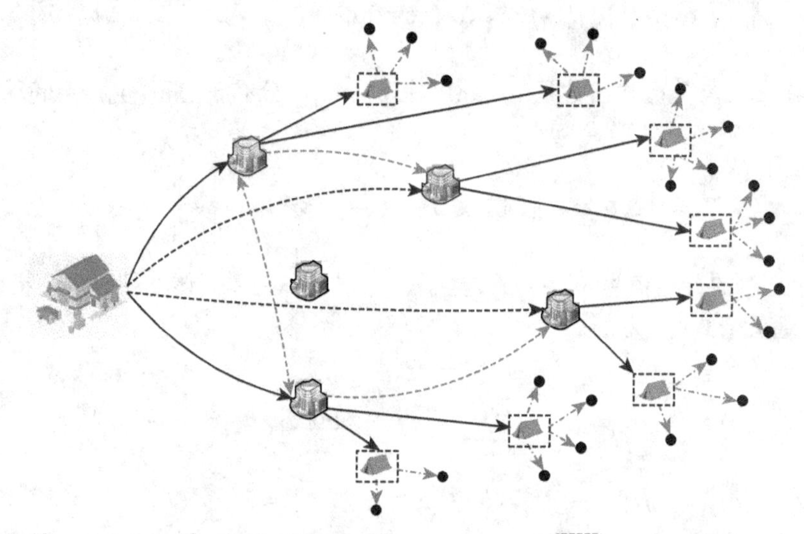

图 8.1 资源再分配下最后一公里救援网络

在实际的救灾工作中, 救援网络的设计需要一个相对合理的环境, 因此需要在救灾网络中做一些必要的假设. 第一, 假设现存大型仓库的位置和能力是已知的, 并且分发点由大型仓库服务. 第二, 为了观察灾民是否得到了有效的救援物资, 每个需求点都由一个分发点提供. 第三, 由于预算和人力资源的限制, 假设分发点的数量有一个上限和一个下限. 第四, 由于救援物资的多样性, 决策者通常会选择一种物资作为救援物资. 因此本章只考虑单一类型的包裹作为救援物资. 在基本假设的基础上, 提出了资源再分配下最后一公里救援网络数学模型.

首先, 介绍最后一公里救援网络模型中的集合与参数.

集合

H: 现存大型仓库;

I: 需求点集合;

K: 候选大型仓库;

T: 所有大型仓库;

J: 候选分发点的集合;

M_k: 大型仓库在节点 k 处的大小类别集合.

固定参数

B: 可用预算;

k_1: 大型仓库的最大数量;

k_2: 分发点的最大数量;

G: 一个足够大的数;

δ_{mk}: 在节点 k, 类型 m 的大型仓库容量;

f_k: 一个开放候选大型仓库 k 的固定费用;

θ_k: 现存大型仓库 k 提前储备的物资数量;

θ^-: 所有额外增加的物资数量.

不确定变量

d_i: 需求点 i 灾民的需求;

v_{kj}: 大型仓库 k 运送至分发点 j 单位救援物资的运输时间;

v_{ji}: 分发点 j 运送至需求点 i 单位救援物资的运输时间;

c_{0k}: 中央仓库运送至大型仓库 k 单位救援物资的运费;

c_{hk}: 现存大型仓库 h 运送至候选大型仓库 k 单位救援物资的运费;

c_{kj}: 所有大型仓库 k 运送至分发点 j 单位救援物资的运费;

c_{ji}: 分发点 j 运送至分发点 i 单位救援物资的运费;

决策变量

y_j: 如果分发点在 j 点开放, 则 $y_j = 1$, 否则 $y_j = 0$;

z_{mk}: 如果在节点 k 类型 m 的大型仓库开放, 则 $z_{mk} = 1$, 否则 $z_{mk} = 0$;

x_{ji}: 如果分发点 j 与需求点 i 是连接的, 则 $x_{ji} = 1$, 否则 $x_{ji} = 0$;

r_{0k}: 中央仓库运送至大型仓库 k 的救援物资数量;

r_{hk}: 现存大型仓库 h 运送至候选大型仓库 k 的救援物资数量;

w_{kj}: 所有大型仓库 k 运送至分发点 j 的救援物资数量;

q_{ji}: 分发点 j 运送至分发点 i 的救援物资数量;

Π_k: 所有大型仓库 k 可利用的救援物资数量.

灾难发生之后, 灾民急需救援物资. 救援组织需要在最短的时间内设计合理的救援网络, 及时将救援物资送到灾民手中[76,79]. 因此考虑整个救援网络的运输时间. 运输物资时间函数形式如下

$$f(\boldsymbol{x}, \boldsymbol{y}, \boldsymbol{w}, \boldsymbol{q}) = \sum_{k\in T}\sum_{j\in J} w_{kj}v_{kj} + \sum_{j\in J}\sum_{i\in I} v_{ji}q_{ji}. \tag{8.1}$$

在救援行动中, 救援组织必须在一定期限内将救援物资运送到受灾地区. 然而, 地面运输方式面临着沉积、洪水、地表塌陷等诸多挑战. 这些挑战可能会延

误交通, 甚至破坏救援网络. 所以, 在救援网络中, 运输物资的过程中存在很多不确定因素. 此外, 运输时间与路线是相关的, 两者之间的关系是一致的. 因此, 时间 v_{kj} 和 v_{ji} 是运输时间函数 (8.1) 中的不确定变量. 传统上, 模型中的决策依赖不确定性下的期望值. 然而, 期望值模型在不确定变量改变时可能会产生误差[80]. 利用函数 (8.1) 的平均绝对半偏差来检验救援网络中的风险措施. 通常, 不同的风险度量具有不同的优势和属性, 平均绝对半偏差目标不仅考虑系统性能的可变性, 而且还考虑预期性能. 因此, 平均绝对半偏差目标可以降低数据变异性下的风险. 分布鲁棒平均绝对半偏差目标具有以下形式

$$\min_{\boldsymbol{x},\boldsymbol{y},\boldsymbol{w},\boldsymbol{q}} \max_{P_1\in\mathcal{P}_1} \mathrm{E}_{v\in P_1}$$
$$\left[\left\{\sum_{k\in T}\sum_{j\in J}w_{kj}v_{kj}+\sum_{j\in J}\sum_{i\in I}v_{ji}q_{ji}-\mathrm{E}_{\mathbb{P}}\left[\sum_{k\in T}\sum_{j\in J}w_{kj}v_{kj}+\sum_{j\in J}\sum_{i\in I}v_{ji}q_{ji}\right]\right\}^{+}\right]. \tag{8.2}$$

对于最后一公里救援网络中不确定运输时间 v_{kj} 和 v_{ji}, 无法得到确切的值和概率分布信息. 在对历史数据进行评估和预测的基础上, 只能根据部分概率分布信息得出运输时间的概率分布 P_1 属于 $\mathcal{P}_1$.

下面, 讨论模型中的约束.

选址约束

$$\sum_{m\in M_k}\sum_{k\in K} z_{mk} \leqslant k_1, \tag{8.3}$$

$$\sum_{j\in J} y_j \leqslant k_2, \tag{8.4}$$

$$\sum_{j\in J} x_{ij} = 1, \quad i\in I, \tag{8.5}$$

$$x_{ij} \leqslant y_j, \quad i\in I, \quad j\in J. \tag{8.6}$$

约束 (8.3) 表明对大型仓库的数量限制. 约束 (8.4) 表示分发点的数量应该不超过 k_2. 这两个约束代表大型仓库和分发点的数量不超过规定的限度. 约束 (8.5) 确保分发点和需求节点之间的连接是与分发点位置相关的. 约束 (8.6) 代表每个需求节点只属于一个单独开放的分发点.

资源再分配约束

$$\Pi_k \leqslant z_{mk}\delta_{mk}, \qquad k\in T, \tag{8.7}$$

$$\Pi_k = \begin{cases} r_{0k} + \sum\limits_{h\in H\backslash k} r_{hk}, & k\in K, \\ \theta_k + r_{0k} + \sum\limits_{h\in H\backslash k} r_{hk} - \sum\limits_{h\in K\backslash k} r_{kh}, & k\in H, \end{cases} \tag{8.8}$$

$$\sum_{k \in T} r_{0k} = \bar{\theta}, \tag{8.9}$$

$$\sum_{k \in T} w_{kj} \geqslant \sum_{i \in I} q_{ji}, \quad j \in J. \tag{8.10}$$

约束 (8.7) 保证大型仓库的总供应不超过其自身容量. 约束 (8.8) 意味着现存大型仓库和候选大型仓库之间的资源重新分配. 运输 (8.9) 表明救援物资总供应等于救援物资额外提供的物资数量. 约束 (8.10) 表明一个分发点可以提供给需求点的救援物资总数不超过被分配的物资数量. 其中约束 (8.8) 和约束 (8.9) 代表最后一公里救援网络中的资源重新分配. 现存大型仓库不仅可以向其他现存大型仓库运送救援物资, 还可以向候选大型仓库运送救援物资.

能力约束

$$\sum_{j \in j} w_{kj} \leqslant \Pi_k, \quad k \in T, \tag{8.11}$$

$$R_j \leqslant G y_j, \quad j \in J, \tag{8.12}$$

$$\sum_{k \in T} w_{kj} \leqslant R_j, \quad j \in J. \tag{8.13}$$

约束 (8.11) 表明从大型仓库运送到分发点的救援物资不超过其本身可用物资. 约束 (8.12) 决定分发点能力限制必须与分发点的位置相关. 约束 (8.13) 表明一个分发点内救援物资的数量不超过其能力. 这三个限制因素分别代表大型仓库和分发点的能力约束.

需求约束

$$\mathrm{Pr}_{\boldsymbol{d} \in P_2} \left\{ \sum_{j \in J} q_{ji} \geqslant d_i \right\} \geqslant 1 - \varepsilon_1, \quad j \in J,\ i \in I. \quad \forall P_2 \in \mathcal{P}_2. \tag{8.14}$$

约束 (8.14) 保证了从开放的分发点到需求点运送物资数量应满足需求点中灾民的需求. 在这个约束中, 需求是不确定变量并且服从概率分布 P_2. 因此假设这个机会约束可行的概率为 $1-\varepsilon_1$, 其中 ε_1 属于 $(0,1)$.

经济约束

$$\mathrm{Pr}_{\boldsymbol{c} \in P_3} \left\{ \sum_{m \in M_k} \sum_{k \in H} z_{mk} f_{mk} + \sum_{h \in H} \sum_{k \in K} r_{hk} c_{hk} + \sum_{h \in T} r_{0h} c_{0h} + \sum_{k \in T} \sum_{j \in J} w_{kj} c_{kj} \right.$$

$$\left. + \sum_{j \in J} \sum_{i \in I} q_{ji} c_{ji} \leqslant B \right\} \geqslant 1 - \varepsilon_2, \quad \forall P_3 \in \mathcal{P}_3. \tag{8.15}$$

约束 (8.15) 表明整个救援网络所需的固定费用、运输费用之和不能超过现有的预算. 它确保这个救援网络能够在合理的预算下最大限度地满足受灾地区受害者的需求. 与约束 (8.14) 类似, 救援网络中的运费是不确定的并服从概率分布 P_3. 因此假设该经济约束可行的概率为 $1-\varepsilon_2$, 其中 ε_2 属于 $(0,1)$. 得到的资源再分配下分布鲁棒最后一公里救援网络模型为

$$\begin{aligned}\min_{\boldsymbol{x},\boldsymbol{y},\boldsymbol{w},\boldsymbol{q}} \max_{P_1\in\mathcal{P}_1} \mathrm{E}_{\boldsymbol{v}\in P_1}\Bigg[\Bigg\{&\sum_{k\in T}\sum_{j\in J} w_{kj}v_{kj} + \sum_{j\in J}\sum_{i\in I} v_{ji}q_{ji} \\ &-\mathrm{E}_{\mathbb{P}}\Bigg[\sum_{k\in T}\sum_{j\in J} w_{kj}v_{kj} + \sum_{j\in J}\sum_{i\in I} v_{ji}q_{ji}\Bigg]\Bigg\}^+\Bigg] \qquad (8.16)\\ \text{s.t.}\quad & \text{约束 (8.3)—(8.15).}\end{aligned}$$

该分布鲁棒最后一公里救援网络模型的提出是为了在不确定环境下及时、合理地将救援物资运送到需求点. 然而, 在求解这一模型的过程中, 面临着许多困难. 首先, 处理平均绝对半偏差目标在计算上存在困难. 然而, 平均绝对半偏差形式缺乏块对角结构, 不适合传统的计算方法. 其次, 难以可靠地指定不确定变量的概率分布. 这会增加平均绝对半偏差目标的计算难度. 最后, 由于不确定变量 $\boldsymbol{d}$ 和 $\boldsymbol{c}$, 需求约束和成本约束是半无限机会约束, 这在计算上是很难处理的. 综上所述, 尽管所提出的模型与实际场景较为接近, 但在求解过程中存在很多挑战. 下面, 将推导出资源再分配下分布鲁棒最后一公里救援网络模型在计算上的可处理形式.

8.3 救援网络模型的安全逼近

在这一节中, 将含有不确定参数的最后一公里救援网络模型 (8.16) 转换为一个可处理的等价形式. 一般情况下, 可以利用不确定变量的准确值或概率分布信息来处理平均绝对半偏差目标和机会约束. 然而, 由于不确定变量的概率分布是部分已知的, 救援组织无法在不确定性条件下进行决策. 因此, 利用不确定变量的部分概率分布信息: 上下界、期望、偏差等, 并假设其概率分布属于一个非精确集, 推导出最后一公里救援网络模型的可处理等价形式.

8.3.1 平均绝对半偏差目标的等价形式

在平均绝对半偏差目标函数中, v_{kj} 和 v_{ji} 都是不确定变量, 它们的波动形式为

$$v_{kj} = v_{kj}^0 + \sum_{l=1}^{L} z_l v_{kj}^l, \quad v_{ji} = v_{ji}^0 + \sum_{l=1}^{L} z_l v_{ji}^l,$$

其中 v_{kj}^0 为名义值, z_l 为波动变量, v_{kj}^l 为波动值大小. 在不确定灾后环境中, 只能获取波动变量 z_l 的部分分布信息, 包括界限、期望和偏差. 此外, $\boldsymbol{v}$ 的概率分布 P_1 属于非精确集 $\mathcal{P}_1$.

$$P_1 \in \mathcal{P}_1 = \{P : \text{supp}(z_l) \subseteq [-1,1],\ \text{E}_P(z_l) = \mu_l, \text{E}_P|z_l - \mu_l| = d_l, \forall l\}. \quad (8.17)$$

定理 8.1[72] 假设不确定参数 v_{kj} 和 v_{ji} 的概率分布 P_1 属于 $\mathcal{P}_1$, 则模型中的平均绝对半偏差目标的等价形式为

$$\min_{\boldsymbol{x},\boldsymbol{y},\boldsymbol{w},\boldsymbol{q}} \max_l \frac{d_l}{2(1-|\mu_l|)} \left[\sum_{k\in K}\sum_{j\in J} w_{kj}(v_{kj}^0+v_{kj}^l-\mu_{kj})+\sum_{j\in J}\sum_{i\in I} q_{ji}(v_{ji}^0+v_{ji}^l-\mu_{ji})\right]. \tag{8.18}$$

证明 假设 $g(\boldsymbol{x},\boldsymbol{y},\boldsymbol{w},\boldsymbol{q}) = f(\boldsymbol{x},\boldsymbol{y},\boldsymbol{w},\boldsymbol{q}) - \text{E}[f(\boldsymbol{x},\boldsymbol{y},\boldsymbol{w},\boldsymbol{q})]$, 则函数 $g(\boldsymbol{x},\boldsymbol{y},\boldsymbol{w},\boldsymbol{q})$ 的上下界、期望和偏差分别为

$$\begin{aligned}
g(\boldsymbol{x},\boldsymbol{y},\boldsymbol{w},\boldsymbol{q}) &= f(\boldsymbol{x},\boldsymbol{y},\boldsymbol{w},\boldsymbol{q}) - \text{E}[f(\boldsymbol{x},\boldsymbol{y},\boldsymbol{w},\boldsymbol{q})]\\
&= \sum_{k\in T}\sum_{j\in J} w_{kj}v_{kj} + \sum_{j\in J}\sum_{i\in I} v_{ji}q_{ji} - \left(\sum_{k\in T}\sum_{j\in J} w_{kj}\mu_{kj} + \sum_{j\in J}\sum_{i\in I} q_{ji}\mu_{ji}\right)\\
&= \sum_{k\in T}\sum_{j\in J} w_{kj}\left(v_{kj}^0 + \sum_{l=1}^{L} z_l v_{kj}^l\right) + \sum_{j\in J}\sum_{i\in I} q_{ji}\left(v_{ji}^0 + \sum_{l=1}^{L} z_l v_{ji}^l\right)\\
&\quad - \left(\sum_{k\in T}\sum_{j\in J} w_{kj}\mu_{kj} + \sum_{j\in J}\sum_{i\in I} q_{ji}\mu_{ji}\right)\\
&= \sum_{k\in T}\sum_{j\in J} w_{kj}v_{kj}^0 + \sum_{j\in J}\sum_{i\in I} q_{ji}v_{ji}^0\\
&\quad + \sum_{l=1}^{L} z_l \left(\sum_{k\in T}\sum_{j\in J} w_{kj}v_{kj}^l + \sum_{j\in J}\sum_{i\in I} q_{ji}v_{ji}^l\right)\\
&\quad - \left(\sum_{k\in T}\sum_{j\in J} w_{kj}\mu_{kj} + \sum_{j\in J}\sum_{i\in I} q_{ji}\mu_{ji}\right),
\end{aligned} \tag{8.19}$$

$$\begin{aligned}
g(A) = &\sum_{k\in T}\sum_{j\in J} w_{kj}v_{kj}^0 + \sum_{j\in J}\sum_{i\in I} q_{ji}v_{ji}^0 - \left(\sum_{k\in T}\sum_{j\in J} w_{kj}v_{kj}^l + \sum_{j\in J}\sum_{i\in I} q_{ji}v_{ji}^l\right)\\
&- \left(\sum_{k\in T}\sum_{j\in J} w_{kj}\mu_{kj} + \sum_{j\in J}\sum_{i\in I} q_{ji}\mu_{ji}\right),
\end{aligned} \tag{8.20}$$

$$g(B)=\sum_{k\in T}\sum_{j\in J}w_{kj}v_{kj}^{0}+\sum_{j\in J}\sum_{i\in I}q_{ji}v_{ji}^{0}+\left(\sum_{k\in T}\sum_{j\in J}w_{kj}v_{kj}^{l}+\sum_{j\in J}\sum_{i\in I}q_{ji}v_{ji}^{l}\right)$$
$$-\left(\sum_{k\in T}\sum_{j\in J}w_{kj}\mu_{kj}+\sum_{j\in J}\sum_{i\in I}q_{ji}\mu_{ji}\right), \tag{8.21}$$

$$\mathrm{E}_P[g(\boldsymbol{x},\boldsymbol{y},\boldsymbol{w},\boldsymbol{q})]=\sum_{k\in T}\sum_{j\in J}w_{kj}\left(v_{kj}^{0}+\mu^{l}\right)+\sum_{j\in J}\sum_{i\in I}q_{ji}\left(v_{ji}^{0}+\mu^{l}\right)$$
$$-\left(\sum_{k\in T}\sum_{j\in J}w_{kj}\mu_{kj}+\sum_{j\in J}\sum_{i\in I}q_{ji}\mu_{ji}\right). \tag{8.22}$$

假设 $\mu^l=0$, 则 $\mathrm{E}_P[g(\boldsymbol{x},\boldsymbol{y},\boldsymbol{w},\boldsymbol{q})]$ 为 0.

$$\mathrm{E}_P[g(\boldsymbol{x},\boldsymbol{y},\boldsymbol{w},\boldsymbol{q})-\mathrm{E}_P g(\boldsymbol{x},\boldsymbol{y},\boldsymbol{w},\boldsymbol{q})]\leqslant\sum_{k\in T}\sum_{j\in J}w_{kj}d_{kj}+\sum_{j\in J}\sum_{i\in I}q_{ji}d_{ji}. \tag{8.23}$$

假设 $g(\boldsymbol{x},\boldsymbol{y},\boldsymbol{w},\boldsymbol{q})=\boldsymbol{QV}$, 推断出

$$\begin{aligned}&\mathrm{supp}(\boldsymbol{QV})=[\min\boldsymbol{QV},\max\boldsymbol{QV}]=[-||\boldsymbol{Q}||,+||\boldsymbol{Q}||],\\&\mathrm{E}_P(\boldsymbol{QV})=\boldsymbol{Q\mu},\\&\mathrm{E}_P|\boldsymbol{QV}-\boldsymbol{Q\mu}|\leqslant|\boldsymbol{Qd}|.\end{aligned} \tag{8.24}$$

基于期望值的上界[70], 可以得到

$$\begin{aligned}\sup_{P_1\in\mathcal{P}_1}g(\boldsymbol{x},\boldsymbol{y},\boldsymbol{w},\boldsymbol{q})\leqslant&\frac{|\boldsymbol{Qd}|}{2(\boldsymbol{Q\mu}+||\boldsymbol{Q}||)}g(-||\boldsymbol{Q}||)\\&+\frac{|\boldsymbol{Qd}|}{2(||\boldsymbol{Q}||-\boldsymbol{Q\mu})}g(||\boldsymbol{Q}||).\end{aligned} \tag{8.25}$$

此外, 有以下不等式成立

$$\begin{aligned}\frac{|\boldsymbol{Qd}|}{2(\boldsymbol{Q\mu}+||\boldsymbol{Q}||)}&=\frac{|\boldsymbol{Qd}|}{2(\boldsymbol{Q\mu}+|\boldsymbol{Q}|\mathbf{1})}\\&\leqslant\frac{|\boldsymbol{Qd}|}{2(-|\boldsymbol{Q}||\boldsymbol{\mu}|+|\boldsymbol{Q}|\mathbf{1})}\\&=\frac{|\boldsymbol{Qd}|}{2|\boldsymbol{Q}|(\mathbf{1}-|\boldsymbol{\mu}|)}\\&\leqslant\max_{l}\frac{d_l}{2(1-|\mu_l|)}.\end{aligned} \tag{8.26}$$

用同样的方法, 可以得到

$$\frac{|\boldsymbol{Qd}|}{2(||\boldsymbol{Q}||-\boldsymbol{Q\mu})}\leqslant\max_{l}\frac{d_l}{2(1-|\mu_l|)}.\tag{8.27}$$

根据上述不等式和函数 $g(\cdot)$ 的非负性, 结果可得. □

8.3.2 机会约束的安全逼近形式

在这一节中, 推导在盒子、椭球和广义多面体非精确集 $\mathcal{U}$ 下的含有不确定参数机会约束的可处理的安全逼近形式, 盒子、椭球和广义多面体非精确集 $\mathcal{U}$ 的形式为

$$\mathcal{U}=\left\{\boldsymbol{\zeta}\in\mathbb{R}^l:\|\boldsymbol{\zeta}\|_\infty\leqslant 1,\quad\left\|\frac{\boldsymbol{\zeta}}{\boldsymbol{\sigma}}\right\|_2\leqslant\Omega,\quad\left\|\frac{\boldsymbol{\zeta}}{\boldsymbol{\sigma}}\right\|_1\leqslant\gamma\right\}.\tag{8.28}$$

对于需求机会约束

$$\mathbb{P}_{\boldsymbol{d}\in\mathcal{U}}\left\{\sum_{j\in J}q_{ji}\geqslant d_i\right\}\geqslant 1-\varepsilon_1,\quad j\in J,\quad i\in I,$$

其中需求 $\boldsymbol{d}$ 为不确定变量, 其波动形式为: $[d_i]=[d_i^0]+\sum_{l=1}^{n}\zeta_l[d_i^l]$. ζ_l 的概率分布 P_2 满足

$$A_1:\zeta_l\,(l=1,\cdots,L)\text{是独立随机变量;}$$

$$A_2:\int\exp\{ts\}\mathrm{d}P_l(s)\leqslant\exp\left\{\max[u_l^+,u_t^-]+\frac{1}{2}\sigma_l^2t^2\right\},\quad\forall t\in\mathbb{R},$$

$u_l^-\leqslant u_l^+$ 是已知的常数 0, 并且 $\sigma_l\geqslant 0$.

定理 8.2[72] 假设不确定参数 d_i 满足概率分布信息 A_1 和 A_2, 则需求机会约束在盒子、椭球和广义多面体非精确集 $\mathcal{U}$ 下的安全逼近等价于以下表达式

$$\begin{aligned}&\sum_{i=1}^{L}|a_l|+\Omega\sqrt{\sum_{i=1}^{L}b_l^2\sigma_l^2+\gamma\max_l|c_l\sigma_l|}\leqslant\sum_{j\in J}q_{ji}-d_i^0,\\&a_l+b_l+c_l=-d_i^l,\quad j\in J,i\in I,\quad l=1,\cdots,L.\end{aligned}\tag{8.29}$$

证明 首先, 在盒子、椭球和广义多面体非精确集下推导出 $\sum_{j\in J}q_{ji}\geqslant d_i$ 中不确定线性约束的鲁棒对等. 然后, 证明该鲁棒对等是需求机会约束的安全逼近. 盒子、椭球和广义多面体非精确集 $\mathcal{U}$ 的锥表示为 $\mathcal{U}=\{\boldsymbol{z}\in\mathbb{R}^L:\boldsymbol{\phi}_p\boldsymbol{\zeta}+\boldsymbol{A}_p\in\mathcal{K}_p,p=1,2,3\}$, 其中 $\boldsymbol{\phi}_p$ 为给定的矩阵. $\boldsymbol{A}_p$ 为给定的向量, $\mathcal{K}_p$ 为闭凸锥. 将对偶问题的解设为 $\boldsymbol{Y}_p=[\boldsymbol{\lambda}_p,\pi_p]\in\mathcal{K}_p^{\mathrm{dual}},\ p=1,2,3$, 其中 $\mathcal{K}_p^{\mathrm{dual}}\,(p=1,2,3)$ 为 $\mathcal{K}_p$ 的

对偶锥, 得到约束系统 w_{kj}, q_{ji}, $\boldsymbol{\lambda}_p$, π_m,

$$\begin{aligned}&A_1\pi_1+A_2\pi_2+A_3\pi_3\leqslant\sum_{j\in J}q_{ji}-d_i^0,\\&\left(\boldsymbol{\lambda}_1+\boldsymbol{\Sigma}^{-1}\boldsymbol{\lambda}_2+\boldsymbol{\lambda}_3\right)=-d_i^l,\\&\|\boldsymbol{\lambda}_1\|_1\leqslant\pi_1,\quad\|\boldsymbol{\lambda}_2\|_2\leqslant\pi_2,\quad\|\boldsymbol{\lambda}_3\|_\infty\leqslant\pi_3.\end{aligned}$$

消去变量 $\pi_1\geqslant\bar{\pi}_1\equiv\|\boldsymbol{\lambda}_1\|_1$, $\pi_2\geqslant\bar{\pi}_2\equiv\|\boldsymbol{\lambda}_2\|_2$, $\pi_3\geqslant\bar{\pi}_3\equiv\|\boldsymbol{\lambda}_3\|_\infty$ 以及替换得到的解 π_1,π_2,π_3 和 $\bar{\pi}_1,\bar{\pi}_2,\bar{\pi}_3$ 以后仍然是可行的. 简化的变量系统为 w_{kj}, q_{ji}, $\boldsymbol{a}=\boldsymbol{\lambda}_1$, $b=\boldsymbol{\Sigma}^{-1}\boldsymbol{\lambda}_2$ 和 $\boldsymbol{c}=\boldsymbol{\lambda}_3$. 得到线性约束 $\sum_{j\in J}q_{ji}\geqslant d_i$ 的鲁棒对等为

$$\sum_{l=1}^{L}|a_l|+\Omega\sqrt{\sum_{l=1}^{L}b_l^2\sigma_l^2+\gamma\max_l|c_l\sigma_l|}\leqslant\sum_{j\in J}q_{ji}-d_i^0,\quad j\in J,\ i\in I,\ l=1,\cdots,L,\tag{8.30}$$

$$a_l+b_l+c_l=-d_i^l,\quad j\in J,\ i\in I,\ l=1,\cdots,L.\tag{8.31}$$

得到约束 $\sum_{j\in J}q_{ji}\geqslant d_i$ 的鲁棒对等为 (8.30) 和 (8.31). 下面, 将证明 (8.30) 和 (8.31) 是需求机会约束 (8.14) 的安全逼近形式

已知不确定变量 ζ_l 服从分布概率分布信息: $|\zeta_l|<=1$, $\mathrm{E}[\zeta_l]=0$; 每个分量 $\zeta_l\,(l=1,\cdots,L)$ 是相互独立的.

$$\sum_{j\in J}q_{ji}\geqslant d_i,\tag{8.32}$$

将 (8.32) 转换为以下形式

$$\begin{aligned}&\sum_{j\in J}q_{ji}\geqslant d_i^0+\sum_{l=1}^{L}\zeta_l d_i^l\\\Rightarrow&\sum_{j\in J}q_{ji}-d_i^0\geqslant\sum_{l=1}^{L}\zeta_l d_i^l.\end{aligned}$$

由 (8.30) 和 (8.31) 得到不等式

$$\begin{aligned}&\sum_{l=1}^{L}|a_l|+\Omega\sqrt{\sum_{l=1}^{L}b_l^2\sigma_l^2+\gamma\max_l|c_l\sigma_l|}\geqslant\sum_{l=1}^{L}\zeta_l\left(a_l+b_l+c_l\right)\\\Rightarrow&\Omega\sqrt{\sum_{l=1}^{L}b_l^2\sigma_l^2+\gamma\max_l|c_l\sigma_l|}\geqslant\sum_{l=1}^{L}\zeta_l(b_l+c_l).\end{aligned}$$

假设 $S=\min(\Omega,\gamma/\sqrt{L})$ 和 $\|\zeta\|_2\leqslant\|\zeta\|_\infty$, 推导出下列形式

$$S\sqrt{\sum_{l=1}^{L}(b_l+c_l)^2\sigma_l^2}\geqslant\sum_{l=1}^{L}\zeta^l(b_l+c_l)$$
$$\Rightarrow-\sum_{l=1}^{L}\zeta^l(b_l+c_l)\geqslant S\sqrt{\sum_{l=1}^{L}(b_l+c_l)^2\sigma_l^2}.$$

因此, 对于每个概率分布 P_2 有

$$\begin{aligned}&\mathrm{Pr}_{\boldsymbol{d}\sim P_2}\{q_{ji}\leqslant d_i\}\\&\leqslant\mathrm{Pr}_{\boldsymbol{d}\sim P_2}\left\{-\sum_{l=1}^{L}\zeta^l(b_l+c_l)\geqslant S\sqrt{\sum_{l=1}^{L}(b_l+c_l)^2\sigma_l^2}\right\}\\&\leqslant\exp\{-S^2/2\}.\end{aligned}$$

对于 $S\geqslant\sqrt{\ln(1/\varepsilon_1)}$, (8.30) 和 (8.31) 是需求机会约束的一个可处理的安全逼近形式. 下面, 推导出经济机会约束的安全逼近形式. 经济机会约束为

$$\begin{aligned}\mathrm{Pr}_{\boldsymbol{c}\in P_3}\Bigg\{&\sum_{m\in M_k}\sum_{k\in H}z_{mk}f_{mk}+\sum_{h\in H}\sum_{k\in K}r_{hk}c_{hk}+\sum_{h\in T}r_{0h}c_{0h}+\sum_{k\in T}\sum_{j\in J}w_{kj}c_{kj}\\&+\sum_{j\in J}\sum_{i\in I}q_{ji}c_{ji}\leqslant B\Bigg\}\geqslant1-\varepsilon_2.\end{aligned}\tag{8.33}$$

□

定理 8.3[72] 假设不确定向量 $\boldsymbol{c}$ 满足概率分布信息 A_1 和 A_2, 则经济机会约束在盒子、椭球和广义多面体非精确集 $\mathcal{U}$ 下的安全逼近等价于以下表达式

$$\begin{aligned}&\sum_{l=1}^{L}|e_l|+\Omega\sqrt{\sum_{l=1}^{L}f_l^2\sigma_l^2}+\gamma\max_l|g_l\sigma_l|\\&\leqslant B-\Bigg(\sum_{m\in M_k}\sum_{k\in H}z_{mk}f_{mk}+\sum_{h\in H}\sum_{k\in K}r_{hk}c_{hk0}\\&\qquad+\sum_{h\in T}r_{0h}c_{0h0}+\sum_{k\in T}\sum_{j\in J}w_{kj}c_{kj0}+\sum_{j\in J}\sum_{i\in I}q_{ji}c_{ji0}\Bigg),\end{aligned}\tag{8.34}$$

$$\begin{aligned}e_l+f_l+g_l=&-\sum_{h\in H}\sum_{k\in K}r_{hk}c_{hkl}-\sum_{h\in T}r_{0h}c_{0hl}\\&-\sum_{k\in T}\sum_{j\in J}w_{kj}c_{kjl}-\sum_{j\in J}\sum_{i\in I}q_{ji}c_{jil}\quad j\in J,i\in I,l=1,\cdots,L.\end{aligned}\tag{8.35}$$

定理 8.3 的证明与定理 8.2 类似. 综上, 推导了关于运输时间函数平均绝对半偏差目标的可处理形式、含有不确定参数的需求机会约束和经济机会约束的安全逼近形式. 资源再分配下分布鲁棒最后一公里救援网络模型的可处理逼近形式为

$$
\begin{aligned}
\min_{(\boldsymbol{x},\boldsymbol{y},\boldsymbol{w},\boldsymbol{q})} & \left\{ \max_{l} \frac{d_l}{2(1-|\mu_l|)} \left[\sum_{k\in T}\sum_{j\in J} w_{kj}(v_{kj}^0 - v_{kj}^l - \mu_{kj}) + \sum_{j\in J}\sum_{i\in I} q_{ji}(v_{ji}^0 - v_{ji}^l - \mu_{ji}) \right]^+ \right. \\
& \left. + \max_{l} \frac{d_l}{2(1-|\mu_l|)} \left[\sum_{k\in K}\sum_{j\in J} w_{kj}(v_{kj}^0 + v_{kj}^l - \mu_{kj}) + \sum_{j\in J}\sum_{i\in I} q_{ji}(v_{ji}^0 + v_{ji}^l - \mu_{ji}) \right]^+ \right\} \\
\text{s.t.}\quad & \text{约束 (8.3)—(8.13)}, \\
& \sum_{l=1}^{L}|a_l| + \Omega\sqrt{\sum_{l=1}^{L} b_l^2\sigma_l^2} + \gamma\max_{l}|c_l\sigma_l| \leqslant q_{ji} - d_i^0, \\
& a_l + b_l + c_l = -d_i^l, \quad j\in J,\ i\in I,\ l=1,\cdots,L, \\
& \quad \sum_{l=1}^{L}|e_l| + \Omega\sqrt{\sum_{l=1}^{L} f_l^2\sigma_l^2} + \gamma\max_{l}|g_l\sigma_l| \\
& \quad \leqslant B - \left(\sum_{m\in M_k}\sum_{k\in H} z_{mk}f_{mk} + \sum_{h\in H}\sum_{k\in K} r_{hk}c_{hk0} + \sum_{h\in T} r_{0h}c_{0h0} \right. \\
& \quad \left. + \sum_{k\in T}\sum_{j\in J} w_{kj}c_{kj0} + \sum_{j\in J}\sum_{i\in I} q_{ji}c_{ji0} \right), \\
& e_l + f_l + g_l = -\sum_{h\in H}\sum_{k\in K} r_{hk}c_{hkl} - \sum_{h\in T} r_{0h}c_{0hl} \\
& \qquad - \sum_{k\in T}\sum_{j\in J} w_{kj}c_{kjl} - \sum_{j\in J}\sum_{i\in I} q_{ji}c_{jil}, \quad j\in J,\ i\in I,\ l=1,\cdots,L.
\end{aligned}
\tag{8.36}
$$

模型 (8.36) 为资源再分配最后一公里救援网络模型 (8.16) 在计算上的可处理的等价形式. 利用不确定时间 $\boldsymbol{v}$ 的部分概率信息 (界、均值和偏差) 处理运输时间函数的平均绝对半偏差目标值并推导出计算可处理的形式. 在概率分布信息 A_1 和 A_2 下, 推导含有不确定变量 $\boldsymbol{d}$ 和 $\boldsymbol{c}$ 的需求机会约束和经济约束在盒子+椭球+广义多面体非精确集 $\mathcal{U}$ 下的可计算安全逼近形式.

8.4 基于阿南布拉州洪水案例研究

8.4.1 问题描述与数据来源

2018 年 7 月, 尼日利亚遭遇严重洪灾, 其中部和南部地区连续几周的暴雨引发的洪水导致数千人流离失所. 据尼日利亚国家应急管理机构称, 阿南布拉州是受灾最严重的州之一. 因此, 本节主要考虑阿南布拉州的最后一公里救援网络设计问题. 在本案例研究中, 将设计最后一公里救援网络系统, 该系统确定大型仓库和分发点为位置选取、网络的连接和整个救援网络的物资分配.

根据灾区跨度大的特点, 应急管理专家选择了机场附近的一个中央仓库作为补给仓库, 一个拥有提前救援物资的现存大型仓库和两个备选的大型仓库作为救援物资储备节点. 根据受灾地区的范围, 选择了 5 个物资分发点作为救援物资的转运点. 此外, 阿南布拉州有大量的村庄, 将它们都设置为需求点是不现实的. 因此, 选择 (A—Y) 25 点作为需求点. 中央仓库在奥尼查市. 此外表 8.1 提供了阿南布拉州最后一公里救援网络中大型仓库所在城市, 表 8.2 表明 5 个分发点所在城市, 表 8.3 表示 25 个需求点所在村庄.

表 8.1 最后一公里救援网络中大型仓库位置

大型仓库 1(现存)	大型仓库 2(候选)	大型仓库 3(候选)
奥博多拉	奥卡	纽维

表 8.2 最后一公里救援网络中分发点位置

分发点 1	分发点 2	分发点 3	分发点 4	分发点 5
伊里亚特	尼米塔	野宫	迪安尼	阿瓜塔

表 8.3 最后一公里救援网络中 25 个需求点位置

A	B	C	D	E
奥德克	埃努古・奥图	茜地	埃伯克	乌姆库拉
F	G	H	I	J
乌本	埃格巴古	乌穆迪卡	尼宝	奥布贡尼克
K	L	M	N	O
纽菲亚	乌木浦	奥拉夫科恩	奥祖布鲁	姆巴克旺
P	Q	R	S	T
大沼	乌鲁阿古	阿克瓦兹	奥祖尼卡	伦博索
U	V	W	X	Y
欧顺	阿玛克・乌鲁	奥索马里	奥瓜尼奥	利哈拉

下面, 对救援网络中的参数进行描述.

参数估计

(1) 根据灾后受灾地区的地理位置和面积大小, 假设大型仓库的总数不超过 3 个, 候选临时分发点总数不超过 5 个.

(2) 将候选大型仓库分为三种规模 (大、中、小), 不同规模的大型仓库对应的储备物资的能力分别为 10000, 8000 和 6000 个救济包.

(3) 在现存大型仓库中, 提前储备的救援物资数量为 10000 以及额外增加的救援物资是 10000.

(4) 不同路线的运费与最后一公里救援网络中的距离是相关的, 实验将利用不确定距离来表示不确定的可变运费, 并测量了在开放街道上不同网络节点之间的距离. 表 8.4 表示了从中央仓库到所有大型仓库的距离. 表 8.5 给出了从现存大型仓库到候选大型仓库的距离. 表 8.6 表示了 3 个大型仓库到分发点的距离. 表 8.7 显示了分发点到 25 个需求点的距离. 根据 [66], 每条路线的运费的名义值是距离的 1.3 倍.

表 8.4 从中央仓库到所有大型仓库的距离 (单位: 公里)

	大型仓库 1(现存)	大型仓库 2(候选)	大型仓库 3(候选)
中央仓库	[51.18, 63.18]	[25.63 37.63]	[19.34, 31.34]

表 8.5 从现存大型仓库到候选大型仓库的距离 (单位: 公里)

	大型仓库 1(现存)	大型仓库 2(候选)	大型仓库 3(候选)
大型仓库 1(现存)	0	[19.5, 29.5]	[33.55, 42.55]
大型仓库 2(候选)	[19.5, 29.5]	0	[21.36, 31.36]
大型仓库 3(候选)	[32.55, 42.55]	[33.55, 42.55]	0

表 8.6 3 个大型仓库到分发点之间的距离 (单位: 公里)

	大型仓库 1(现存)	大型仓库 2(候选)	大型仓库 3(候选)
分发点 1	[10.14, 16.14]	[20.89, 26.89]	[53.27, 59.27]
分发点 2	[8.05, 14.05]	[5.86, 11.86]	[46.76, 52.76]
分发点 3	[31.64, 37.64]	[11.9, 17.9]	[24.29, 30.29]
分发点 4	[61.22, 67.22]	[39.1, 45.1]	[6.95, 12.95]
分发点 5	[59.89, 65.89]	[41.8, 47.8]	[17.34, 23.34]

(5) 分发点的容量为 4000 件.

(6) 根据阿南布拉州的灾情和人口分布, 不确定需求的名义值如表 8.8 所示, 需求的波动项为 30.

(7) 尼日利亚政府将拨 80 万元的灾害补贴给阿南布拉州.

表 8.7 分发点到 25 个需求点的距离 (单位: 公里)

需求点	分发点 1	分发点 2	分发点 3	分发点 4	分发点 5
A	[20.89, 24.89]	[29.25, 33.25]	[48.89, 52.89]	[81.3, 83.3]	[75.28, 77.28]
B	[11.06, 15.06]	[17.69, 21.69]	[41.41, 45.41]	[71.56, 73.56]	[65.84, 37.84]
C	[5.15, 9.15]	[24.76, 28.76]	[34.46, 38.46]	[68.65, 70.65]	[58.05, 60.05]
D	[17.04, 21.04]	[4.8, 8.8]	[30.05, 34.05]	[58.12, 60.12]	[59.2, 61.2]
E	[8.96, 12.96]	[5.6, 9.6]	[23.88, 27.88]	[55.46, 57.46]	[50.86, 52.86]
F	[4.39, 8.39]	[16.48, 20.48]	[24.12, 28.12]	[59.21, 61.21]	[50.22, 52.22]
G	[13.37, 17.37]	[25.54, 29.54]	[19.44, 23.44]	[51.82, 53.82]	[37.75, 39.75]
H	[12.61, 16.61]	[17.56, 21.56]	[7.44, 11.44]	[47.8, 49.8]	[34.12, 36.12]
I	[19.14, 23.14]	[23.45, 27.45]	[12.45, 16.45]	[49.65, 51.65]	[32.45, 34.45]
J	[24.29, 28.29]	[15.21, 19.21]	[6.89, 10.89]	[32.84, 34.84]	[30.86, 32.86]
K	[24.1, 28.1]	[24.97, 28.97]	[4.98, 8.98]	[35.93, 37.93]	[25.35, 27.35]
L	[24.97, 28.97]	[30.34, 34.34]	[12.73, 16.73]	[44.3, 46.3]	[25.27, 27.27]
M	[36.87, 40.87]	[30.16, 34.16]	[13.57, 17.57]	[19.3, 21.3]	[19.08, 19.08]
N	[38.92, 42.92]	[33.37, 37.37]	[12.63, 16.63]	[23.66, 25.66]	[14.47, 16.47]
O	[40.05, 44.05]	[40.24, 44.24]	[19.34, 23.34]	[31.96, 33.96]	[10.28, 12.28]
P	[42.86, 46.86]	[46.36, 50.36]	[19.08, 23.08]	[38.88, 40.88]	[12.78, 14.78]
Q	[46.78, 50.78]	[34.89, 38.89]	[19.56, 23.56]	[13.65, 15.65]	[22.99, 24.99]
R	[47.68, 51.68]	[49.65, 53.65]	[26.06, 30.06]	[32.49, 34.49]	[6.02, 8.02]
S	[61.79, 65.79]	[43.65, 47.65]	[35.55, 39.55]	[4.93, 6.93]	[33.56, 35.56]
T	[61.39, 65.39]	[51.05, 55.05]	[31.06, 35.06]	[7.15, 8.15]	[19.92, 21.92]
U	[54.17, 58.17]	[49.45, 53.45]	[29.36, 33.36]	[21.8, 23.8]	[4.05, 6.05]
V	[58.61, 62.61]	[57.25, 61.25]	[39.72, 43.72]	[31.84, 33.84]	[5.93, 7.93]
W	[70.74, 74.74]	[57.2, 61.2]	[42.49, 46.49]	[7.92, 9.92]	[37.08, 39.08]
X	[67.45, 71.45]	[56.93, 60.93]	[38.56, 42.56]	[11.58, 13.58]	[26.15, 28.15]
Y	[61.08, 65.08]	[61.54, 65.54]	[32.35, 36.35]	[12.42, 14.42]	[15.27, 17.27]

表 8.8 需求点灾民所需救援物资数量的名义值 (单位: 件)

需求点 A	需求点 B	需求点 C	需求点 D	需求点 E
631	794	458	525	736
需求点 F	需求点 G	需求点 H	需求点 I	需求点 J
515	835	650	580	713
需求点 K	需求点 L	需求点 M	需求点 N	需求点 O
817	718	678	636	769
需求点 P	需求点 Q	需求点 R	需求点 S	需求点 T
449	554	520	596	452
需求点 U	需求点 V	需求点 W	需求点 X	需求点 Y
481	502	493	620	512

8.4.2 计算结果与分析

在本节中, 将阿南布拉州洪水案例中的实际数据应用到模型 (8.36) 进行求解并分析解决方案. 该模型在 CPLEX 软件 12.6.3 版本中进行修正和求解并且设计的程序在 2.8GHz 64 位核 i5-8400U CPU 配置的计算机上运行. 计算结果表明, 除现存的大型仓库, 选择将候选大型仓库 2 和候选大型仓库 3 开放. 此外, 模型 (8.36) 的目标为 31968, 表 8.9 表明中央仓库运送至大型仓库的救援物资数量, 表 8.10 表明大型仓库运送至分发点的救援物资数量.

表 8.9 中央仓库和大型仓库的救援物资再分配

	大型仓库 1(现存)	大型仓库 2(候选)	大型仓库 3(候选)
中央仓库	7108	0	2892
大型仓库 1(现存)	0	0	3108

表 8.10 大型仓库运送至分发点的救援物资数量

大型仓库 1(现存)	大型仓库 2(候选)	大型仓库 3(候选)
分发点 3 (3638)	分发点 4 (3497)	分发点 1 (1623)
	分发点 5 (3611)	分发点 2 (3615)

表 8.11 表明最后一公里救援网络中分发点的位置和分发点运送至需求点的救援物资数量.

表 8.11 分发点与需求点间的物资分配

分发点 1	分发点 2	分发点 3	分发点 4	分发点 5
需求点 B (824)	需求点 A (661)	需求点 F (545)	需求点 K (847)	需求点 G (610)
需求点 O (799)	需求点 C (488)	需求点 J (743)	需求点 Q (584)	需求点 H (865)
	需求点 D (555)	需求点 S (626)	需求点 R (511)	需求点 I (680)
	需求点 E (766)	需求点 V (542)	需求点 T (550)	需求点 L (748)
	需求点 N (666)	需求点 X (532)	需求点 U (482)	需求点 M (523)
	需求点 P (479)	需求点 Y (650)	需求点 W (523)	

8.4.3 与椭球和广义多面体非精确集下模型的对比实验

在本节, 推导出椭球和广义多面体非精确集下模型 (8.16) 的可处理等价形式, 基于相同的参数求解模型. 椭球+多面体非精确集下模型 (8.16) 的可处理等价形式为

$$\min_{(\boldsymbol{x},\boldsymbol{y},\boldsymbol{w},\boldsymbol{q})}\left\{\max_{l}\frac{d_l}{2(1-|\mu_l|)}\left[\sum_{k\in T}\sum_{j\in J}w_{kj}(v_{kj}^0-v_{kj}^l-\mu_{kj})+\sum_{j\in J}\sum_{i\in I}q_{ji}(v_{ji}^0-v_{ji}^l-\mu_{ji})\right]^+\right.$$

$$\left.+\max_{l}\frac{d_l}{2(1-|\mu_l|)}\left[\sum_{k\in K}\sum_{j\in J}w_{kj}(v_{kj}^0+v_{kj}^l-\mu_{kj})+\sum_{j\in J}\sum_{i\in I}q_{ji}(v_{ji}^0+v_{ji}^l-\mu_{ji})\right]^+\right\}$$

s.t. 约束 (8.3)—(8.13),

$$
\begin{aligned}
&\Omega\sqrt{\sum_{l\in L} b_l^2\sigma_l^2}+\gamma\max_l|c_l\sigma_l|\leqslant q_{ji}-d_i^0,\\
&b_l+c_l=-d_i^l,\quad j\in J,\ i\in I,\ l\in L,\\
&\quad\Omega\sqrt{\sum_{l\in L} f_l^2\sigma_l^2}+\gamma\max_l|g_l\sigma_l|\\
&\quad\leqslant B-\left(\sum_{m\in M_k}\sum_{k\in H} z_{mk}f_{mk}+\sum_{h\in H}\sum_{k\in K} r_{hk}c_{hk0}+\sum_{h\in T} r_{0h}c_{0h0}\right.\\
&\qquad\left.+\sum_{k\in T}\sum_{j\in J} w_{kj}c_{kj0}+\sum_{j\in J}\sum_{i\in I} q_{ji}c_{ji0}\right),\\
&f_l+g_l=-\sum_{h\in H}\sum_{k\in K} r_{hk}c_{hkl}-\sum_{h\in T} r_{0h}c_{0hl}\\
&\qquad\quad-\sum_{k\in T}\sum_{j\in J} w_{kj}c_{kjl}-\sum_{j\in J}\sum_{i\in I} q_{ji}c_{jil},\quad j\in J,\ i\in I,\ l\in L.
\end{aligned}\tag{8.37}
$$

基于 8.4.1 节中讨论的参数, 在 CPLEX 软件 12.6.3 版中求解模型. 可处理的等价模型 (8.37) 的目标是 33295.5. 计算结果表明, 选择将候选大型仓库 2 和候选大型仓库 3 开放. 表 8.12 表明中央仓库运送至大型仓库的救援物资数量, 表 8.13 表明大型仓库运送至分发点的救援物资数量.

表 8.12 中央仓库和大型仓库的救援物资再分配

	大型仓库 1(现存)	大型仓库 2(候选)	大型仓库 3(候选)
中央仓库	0	6166.7	3833.3
大型仓库 1(现存)	0	3580	0

表 8.13 大型仓库运送至分发点的救援物资数量

大型仓库 1(现存)	大型仓库 2(候选)	大型仓库 3(候选)
分发点 5 (3067.8)	分发点 1 (2675.2)	分发点 3 (1623)
	分发点 2 (3355.8)	
	分发点 4 (3715.8)	

表 8.14 表明最后一公里救援网络中分发点的位置和分发点运送至需求点的救援物资数量. 对比模型 (8.36) 和模型 (8.37) 的下最后一公里救援网络的结构、位置选取、物资分配, 发现中央仓库和大型仓库的网络结构和运送物资的数量都有明显的变化, 此外, 不同于模型 (8.36) 下的决策, 由分发点 1 服务的区域由 “B-O” 变为 “B-D-M-T”, 由分发点 2 服务的区域由 “A-C-D-E-N-P” 变为 “A-E-J-U-Y”,

由分发点 3 服务的区域由 “F-J-S-V-X-Y” 变为 “C-I-K-N-P-Q”, 由分发点 4 服务的区域由 “K-Q-R-T-U-W” 变为 “F-G-L-O-S”, 由分发点 5 服务的区域由 “G-H-I-L-M” 变为 “H-R-V-W-X”. 此外, 运送到不同需求点的救援物资数量也与模型 (8.36) 的结果不同, 盒子、椭球和广义多面体非精确集下模型 (8.36) 的目标要小于椭球+多面体非精确集下模型 (8.37).

表 8.14　分发点与需求点间的救援物资分配

分发点 1	分发点 2	分发点 3	分发点 4	分发点 5
需求点 B (850.55)	需求点 A (687.55)	需求点 C (514.55)	需求点 F (576.55)	需求点 H (706.55)
需求点 D (799)	需求点 E (792.55)	需求点 I (636.55)	需求点 G (891.55)	需求点 R (576.55)
需求点 M (734.55)	需求点 J (269.55)	需求点 K (873.55)	需求点 L (774.55)	需求点 V (549.55)
需求点 T (508.55)	需求点 U (537.55)	需求点 N (692.55)	需求点 O (825.55)	需求点 W (549.55)
	需求点 Y (568.55)	需求点 P (505.55)	需求点 S (653.55)	需求点 X (676.55)
		需求点 Q (610.55)		

通过分析两个模型下的网络结构和物资分配情况, 可以得出以下结论: 第一, 由于盒子、椭球和广义多面体非精确集下模型 (8.36) 的目标要小于椭球、广义多面体非精确集下模型 (8.37), 这说明虽然两个非精确集都可以抵御救援网络中的不确定性因素, 但盒子+椭球+多面体非精确集下模型 (8.36) 可以在更短的时间内运输物资, 该救援网络将付出较少的鲁棒代价来获得合理的解决方案; 第二, 从表 8.11 和表 8.14 可以直观地看出, 在盒子、椭球和广义多面体非精确集下的救援网中, 分发点服务的需求点区域相对集中, 意味着此非精确集下的救援网络更加符合实际情况.

8.4.4　不确定需求下模型灵敏度分析

在模型 (8.16) 中, 灾民所需救援物资的数量会有所波动. 在 8.3.1 节中, 波动值 d_i^l 为 30. 假设新的波动值 d_i^{NEW1} 具有形式: $d_i^{\mathrm{NEW1}} = d_i^l(1+\alpha)$, 其中 α 是需求波动项 d_i^l 的增长率. 通过求解新的不确定需求下的分布鲁棒最后一公里救援网络模型 (8.36), 得到表 8.15 中的目标值. 图 8.2 描述了 α 增长率下目标的变化趋势. 通过观察表 8.15 和图 8.2, 发现当 α 的增长率增加时, 目标也在增加. 这意味着当不确定需求发生较大变化时, 救援组织将付出更高的代价来抵御不确定性以保证及时发放救援物资.

表 8.15　不同需求下的目标值

增长率 α	0	0.33	0.66	1	1.33	1.66
目标/小时	31968	32468	32968	33468	33968	34468

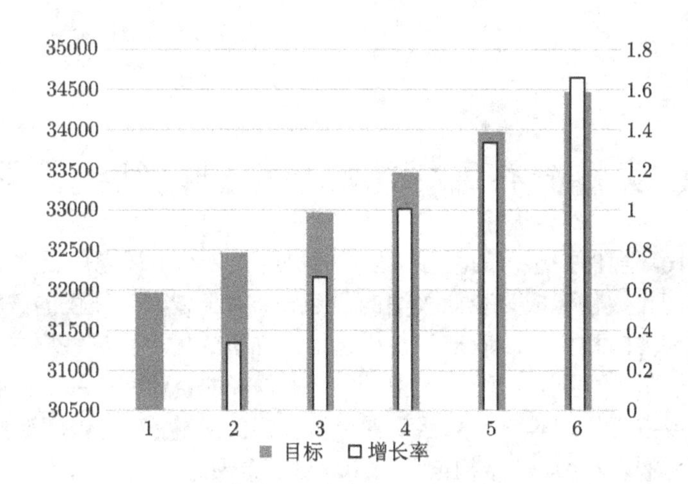

图 8.2 不同需求下的目标值的变化趋势

8.5 本章小结

本章探究了不确定环境下资源再分配最后一公里救援网络设计问题. 该问题讨论了大型仓库、分发点的选址和大型仓库、分发点和需求点之间的救援物资分配. 大型仓库包括现存大型仓库和候选大型仓库. 为了预防灾难的突发, 现存大型仓库有救援组织提前储备的物资. 然而, 由于灾难的规模过大和灾民的需求, 必须选取候选大型仓库以便将物资及时分配给灾民. 在这样的背景之下, 本章考虑将灾前储备的物资与灾后额外增加配送的物资进行整合再分配, 并提出资源再分配下最后一公里救援网络模型. 此外, 由于运输时间的不确定性, 将运输时间的平均绝对半偏差作为模型的目标, 同时考虑了含有不确定需求、不确定运费的非精确机会约束. 基于不确定参数的部分分布信息, 假设不确定参数属于一个非精确集. 在此基础上扩展了平均绝对半偏差风险目标并推导了机会约束的等价形式. 最后, 将模型用于分析尼日利亚阿南布拉州洪水灾情救援的案例, 设计了符合实际的资源再分配分布鲁棒最后一公里救援网络并通过实验验证了模型的有效性.

第 9 章 分布鲁棒闭环供应链网络设计问题

随着全民环境保护意识的增强、经济的快速变化和市场竞争压力的不断增加，逆向供应链和集成物流成为企业关注的焦点[82]. 为了减轻对环境的破坏，加拿大、日本、中国和美国相关的政府部门也相继出台立法或指令强制性要求对各种产品进行收集、再循环和回收利用[83,84]. 因此，越来越多的企业将产品的回收、检测/拆卸、再制造或报废处理等一系列活动置于传统的供应链 (正向供应链) 框架下，形成新的闭环结构，这个闭环结构被称为闭环供应链网络.

环境保护和改善的要求导致共享单车创新性地出现[85]. 同时，共享单车的生产与回收是一个封闭的循环网络，可以看作一个典型的闭环供应链问题. 在实际应用中，供应链网络受社会、经济和环境因素的多重影响，具有高度的不确定性[86,87]，通常会引发各种不可预计的风险，因此，控制不确定性参数的影响成为供应链决策的关键问题. 本章的主要研究内容是建立一个多产品、多层次的闭环供应链网络的分布鲁棒优化模型，在该模型中不确定的运输成本、需求和返回产品的分布仅仅是部分预先可知的[88]. 该模型以鲁棒均值-CVaR 优化范式作为闭环供应链网络中期望成本与风险的权衡目标. 此外，为了克服概率分布不精确所造成的求解障碍，采用两种非精确集将鲁棒对等转化为可计算形式. 最后，以我国一家共享单车企业为例，验证了所提出的鲁棒优化模型的有效性. 本章比较了鲁棒优化方法与随机优化方法的性能; 此外，还对风险厌恶参数和置信水平进行了敏感性分析.

9.1 多情景的闭环供应链网络模型

9.1.1 模型描述和假设

本章研究的闭环供应链网络是一个单周期、多部件、多产品的闭环供应链网络，需求、返回产品和运输成本是不确定的. 图 9.1 以共享单车的闭环供应链网络为例，给出了由供应商、制造商、分销中心、用户区域、回收/拆卸中心和废物处理中心组成的完整网络.

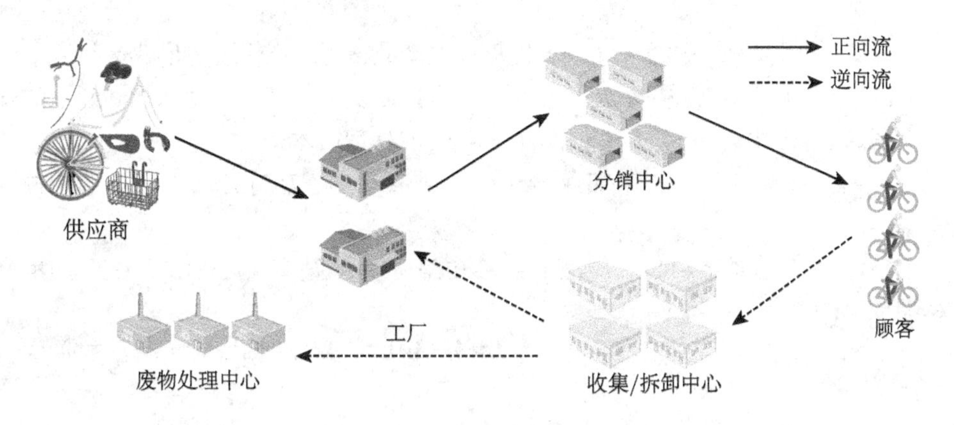

图 9.1 共享单车闭环供应链网络结构

在整个闭环供应链网络中, 制造商从潜在供应商处购买生产产品所需的组件, 然后将产品送到配送中心. 此外, 配送中心根据需求将它们转移到客户区. 注意, 客户区应该是预先确定的. 在这种闭环供应链网络中, 与分离的回收或拆卸中心相比, 混合设施可节省潜在成本. 因此, 回收和拆解中心都建立在同一地点, 并将回收产品送到那里. 拆解后, 产品中有用的部件被送到制造厂, 无用的部件被运送到废物处理中心. 特别是, 潜在供应商将根据制造商要求的部件订单数量给予不同的价格折扣. 除了从供应商处获得部件外, 制造商还可以从收集/拆卸中心接收部件. 与问题相关的一些假设如下:

(1) 工厂和顾客区是固定的;

(2) 依据订单数量潜在供应商会提供不同的价格折扣;

(3) 每种产品都是由多种部件组成的;

(4) 网络不允许未满足需求积压, 收集/拆卸中心将从客户区全面回收所有返回产品;

(5) 平均处置率是确定的.

为了方便描述模型, 我们采用以下记号来构建模型.

成本相关的参数

fs_i: 选择供应商 $i \in \mathcal{I}$ 的固定成本;

fd_k: 开设分配中心 $k \in \mathcal{K}$ 的固定成本;

fc_m: 开设收集/拆卸中心 $m \in \mathcal{M}$ 的固定成本;

fp_n: 开设废物处理中心 $n \in \mathcal{N}$ 的固定成本;

cs_{ir}: 从供应商 $i \in \mathcal{I}$ 购买每单位部件 $r \in \mathcal{R}$ 的采购成本;

cm_{jp}: 工厂 $j \in \mathcal{J}$ 处每单位产品 $p \in \mathcal{P}$ 的制造成本;

cp_{kp}: 分配中心 $k \in \mathcal{K}$ 处每单位产品 $p \in \mathcal{P}$ 的运行成本;

cc_{mp}: 收集/拆卸中心 $m \in \mathcal{M}$ 处每单位产品 $p \in \mathcal{P}$ 的收集/拆卸成本;

cr_{mr}: 工厂 $j \in \mathcal{J}$ 从循环/拆解中心 $m \in \mathcal{M}$ 处单位部件 $r \in \mathcal{R}$ 的回收成本;

cd_{nr}: 处理中心 $n \in \mathcal{N}$ 单位部件 $r \in \mathcal{R}$ 的处理成本;

tsp^s_{ijr}: 在情景 $s \in \mathcal{S}$ 下部件 $r \in \mathcal{R}$ 由供应商 $i \in \mathcal{I}$ 到工厂 $j \in \mathcal{J}$ 的单位运输成本;

tpd^s_{jkp}: 在情景 $s \in \mathcal{S}$ 下产品 $p \in \mathcal{P}$ 由工厂 $j \in \mathcal{J}$ 到分销中心 $k \in \mathcal{K}$ 的单位运输成本;

tdc^s_{klp}: 情景 $s \in \mathcal{S}$ 下产品 $p \in \mathcal{P}$ 由分销中心 $k \in \mathcal{K}$ 到顾客 $l \in \mathcal{L}$ 的单位运输成本;

tcc^s_{lmp}: 情景 $s \in \mathcal{S}$ 下产品 $p \in \mathcal{P}$ 由顾客 $l \in \mathcal{L}$ 到收集/拆卸中心 $m \in \mathcal{M}$ 的单位运输成本;

tcp^s_{mjr}: 情景 $s \in \mathcal{S}$ 下部件 $r \in \mathcal{R}$ 由收集/拆卸中心 $m \in \mathcal{M}$ 到工厂 $j \in \mathcal{J}$ 的单位运输成本;

tcd^s_{mnr}: 情景 $s \in \mathcal{S}$ 下部件 $r \in \mathcal{R}$ 由收集/拆卸中心 $m \in \mathcal{M}$ 到处理中心 $n \in \mathcal{N}$ 的单位运输成本;

π_{lp}: 顾客区 $l \in \mathcal{L}$ 对于单位产品 $p \in \mathcal{P}$ 为满足需求的罚成本.

其他参数

ss_{ir}: 供应商 $i \in \mathcal{I}$ 对部件 $r \in \mathcal{R}$ 的储存能力;

sp_{jp}: 工厂 $j \in \mathcal{J}$ 对产品 $p \in \mathcal{P}$ 的储存能力;

sd_{kp}: 分配中心 $k \in \mathcal{K}$ 对产品 $p \in \mathcal{P}$ 的储存能力;

sc_{mp}: 收集/拆卸中心 $m \in \mathcal{M}$ 对产品 $p \in \mathcal{P}$ 的储存能力;

sp_{nr}: 废物处理中心 $n \in \mathcal{N}$ 对部件 $r \in \mathcal{R}$ 的储存能力;

d^s_{lp}: 情景 $s \in \mathcal{S}$ 下顾客区 $l \in \mathcal{L}$ 对产品 $p \in \mathcal{P}$ 的需求;

r^s_{lp}: 情景 $s \in \mathcal{S}$ 下从顾客区 $l \in \mathcal{L}$ 回收产品 $p \in \mathcal{P}$ 的数量;

δ_{rp}: 生产一单位产品 $p \in \mathcal{P}$ 需要的部件 $r \in \mathcal{R}$ 的量;

κ_h: 折扣系数 $h \in \mathcal{H}$;

θ_r: 部件 $r \in \mathcal{R}$ 的平均折扣率.

决策变量

x^s_{ijrh}: 情景 $s \in \mathcal{S}$ 下工厂 $j \in \mathcal{J}$ 以数量折扣 $h \in \mathcal{H}$ 从供应商 $i \in \mathcal{I}$ 购买零部件 $r \in \mathcal{R}$ 的数量;

y^s_{jkp}: 情景 $s \in \mathcal{S}$ 下由工厂 $j \in \mathcal{J}$ 到分销中心 $k \in \mathcal{K}$ 的产品 $p \in \mathcal{P}$ 数量;

z^s_{klp}: 情景 $s \in \mathcal{S}$ 下由分销中心 $k \in \mathcal{K}$ 到顾客 $l \in \mathcal{L}$ 的产品 $p \in \mathcal{P}$ 数量;

o^s_{lmp}: 情景 $s \in \mathcal{S}$ 下从顾客 $l \in \mathcal{L}$ 回收到收集/拆卸中心 $m \in \mathcal{M}$ 的产品 $p \in \mathcal{P}$ 数量;

t^s_{mjr}: 情景 $s \in \mathcal{S}$ 下从收集/拆卸中心 $m \in \mathcal{M}$ 运输到工厂 $j \in \mathcal{J}$ 的可再利用零部件 $r \in \mathcal{R}$ 数量;

f^s_{mnr}: 情景 $s \in \mathcal{S}$ 下从收集/拆卸中心 $m \in \mathcal{M}$ 运输到处理中心 $n \in \mathcal{N}$ 的不可再利用零部件 $r \in \mathcal{R}$ 数量;

ω^s_{lp}: 情景 $s \in \mathcal{S}$ 下不满足顾客 $l \in \mathcal{L}$ 需求产品 p 的数量;

u_i: 二元决策变量, 选择供应商 i, 其值为 1, 否则为 0;

v_k: 二元决策变量, 开设分销中心 k, 其值为 1, 否则为 0;

c_m: 二元决策变量, 开设收集/拆卸中心 m, 其值为 1, 否则为 0;

w_n: 二元决策变量, 开设处理中心 n, 其值为 1, 否则为 0;

g_{ijrh}: 二元决策变量, 工厂 j 以数量折扣 h 从供应商 i 购买零部件 r, 其值为 1, 否则为 0.

9.1.2 模型的构建

使用上面的记号建立如下基于情景的闭环供应链网络模型. 首先介绍模型中各类约束条件. 模型的约束条件主要包含需要和回收满足约束条件、平衡约束条件、供应商数量折扣计划约束条件、能力约束条件及二元和非负变量约束条件这五个方面. 这些约束条件在闭环供应链网络设计决策的制定中起着重要的作用.

需求和回收满足约束

$$\sum_{k\in\mathcal{K}} z^s_{klp} + \omega^s_{lp} \geqslant d^s_{lp}, \quad \forall\, l,p,s, \tag{9.1}$$

$$\sum_{m\in\mathcal{M}} o^s_{lmp} = r^s_{lp}, \quad \forall\, l,p,s. \tag{9.2}$$

所有顾客区的需求由约束 (9.1) 控制. 如约束 (9.2) 所示来自顾客区的回收产品将被收集使用.

平衡约束

$$\sum_{i\in\mathcal{I}}\sum_{h\in\mathcal{H}} x^s_{ijrh} + \sum_{m\in\mathcal{M}} t^s_{mjr} = \sum_{k\in\mathcal{K}}\sum_{p\in\mathcal{P}} y^s_{jkp}\delta_{rp}, \quad \forall\, j,r,s, \tag{9.3}$$

$$\sum_{j\in\mathcal{J}} y^s_{jkp} = \sum_{l\in\mathcal{L}} z^s_{klp}, \quad \forall\, k,p,s, \tag{9.4}$$

$$\sum_{j\in\mathcal{J}} t^s_{mjr} = (1-\theta_r)\sum_{l\in\mathcal{L}}\sum_{p\in\mathcal{P}} o^s_{lmp}\delta_{rp}, \quad \forall\, r,m,s, \tag{9.5}$$

$$\sum_{n\in\mathcal{N}} f^s_{mnr} = \theta_r\sum_{l\in\mathcal{L}}\sum_{p\in\mathcal{P}} o^s_{lmp}\delta_{rp}, \quad \forall\, r,m,s. \tag{9.6}$$

约束 (9.3)—(9.6) 是平衡约束. 约束 (9.3) 确保供应商和回收/拆卸中心能够满足制造商生产的产品所需的部件. 约束 (9.4) 确保所有来自制造商的产品都被运送到顾客区. 约束 (9.5)—(9.6) 确保从顾客区返回的产品被完全拆卸并运输到工厂或处理中心.

供应商数量折扣计划约束条件

$$g_{ijrh}\rho_{irh-1} \leqslant x^s_{ijrh} \leqslant g_{ijrh}\rho^*_{irh}, \quad \forall\, i,j,r,h,s, \tag{9.7}$$

$$\sum_{h\in\mathcal{H}} g_{ijrh} \leqslant 1, \quad \forall\, i,j,r. \tag{9.8}$$

假设 ρ_{irh} 是由供应商 $i \in \mathcal{I}$ 提供的部件 $r \in \mathcal{R}$ 的折扣 $h \in \mathcal{H}$ 的最大折扣量, 且 $\rho_{irh-1} < \rho^*_{irh} \leqslant \rho_{irh}$. 为了保证制造商能够合理地购买零部件, 约束 (9.7) 要求从供应商处购买的零部件数量在折扣区间 $[\rho_{irh-1}, \rho^*_{irh}]$ 上, 供应商将提供特定的价格折扣. 如果只从供应商处采购一种类型的部件, 则相应的折扣级别仅为一种. 这个标准反映在约束 (9.8) 中.

能力约束

$$\sum_{j\in\mathcal{J}}\sum_{h\in\mathcal{H}} x^s_{ijrh} \leqslant ss_{ir}u_i, \quad \forall\, i,r,s, \tag{9.9}$$

$$\sum_{k\in\mathcal{K}} y^s_{jkp} \leqslant sp_{jp}, \quad \forall\, j,p,s, \tag{9.10}$$

$$\sum_{j\in\mathcal{J}} y^s_{jkp} \leqslant v_k sd_{kp}, \quad \forall\, k,p,s, \tag{9.11}$$

$$\sum_{l\in\mathcal{L}} z^s_{klp} \leqslant v_k sd_{kp}, \quad \forall\, k,p,s, \tag{9.12}$$

$$\sum_{l\in\mathcal{L}} o^s_{lmp} \leqslant c_m sc_{mp}, \quad \forall\, m,p,s, \tag{9.13}$$

$$\sum_{m\in\mathcal{M}} f^s_{mnr} \leqslant w_n sp_{nr}, \quad \forall\, n,r,s, \tag{9.14}$$

$$\sum_{j\in\mathcal{J}} t^s_{mjr} + \sum_{n\in\mathcal{N}} f^s_{mnr} \leqslant c_m \sum_{p\in\mathcal{P}} sc_{mp}\delta_{rp}, \quad \forall\, m,r,s. \tag{9.15}$$

约束 (9.9)—(9.15) 设置了能力限制. 约束 (9.9) 是供应商提供零件的能力; 约束 (9.10)—(9.13) 分别是制造厂、配送中心和收集/拆卸中心的产品储存能力; 约束 (9.14)—(9.15) 分别是收集/拆卸中心和废物处理中心的零件储存容量.

二元和非负变量约束　首先考虑到现实意义, 决策变量需要满足约束条件

$$g_{ijrh}, u_i, v_k, c_m, w_n \in \{0,1\}, \quad \forall\, i,j,r,h,k,m,n, \tag{9.16}$$

$$x^s_{ijrh}, y^s_{jkp}, z^s_{klp}, p^s_{lmp}, t^s_{mjr}, f^s_{mnr} \geqslant 0, \quad \forall\, i, j, k, l, m, n, r, p, h, s. \tag{9.17}$$

其次考虑在特定情景下的闭环供应链的总成本. 第一部分是开放设施的固定成本,

$$\mathrm{TFC} = \sum_{i\in\mathcal{I}} cf^I_i u_i + \sum_{k\in\mathcal{K}} cf^K_k v_k + \sum_{m\in\mathcal{M}} cf^M_m c_m + \sum_{n\in\mathcal{N}} cf^N_n w_n.$$

第二部分是情景 s 下的运营成本,

$$\begin{aligned}\mathrm{TPC}_s =& \sum_{i\in\mathcal{I}}\sum_{j\in\mathcal{J}}\sum_{r\in\mathcal{R}}\sum_{h\in\mathcal{H}} cm_{irh} x_{ijrh} + \sum_{j\in\mathcal{J}}\sum_{k\in\mathcal{K}}\sum_{p\in\mathcal{P}} cm'_{jp} y_{jkp}\\ &+ \sum_{k\in\mathcal{K}}\sum_{l\in\mathcal{L}}\sum_{p\in\mathcal{P}} c\omega_{kp} z_{klp} + \sum_{l\in\mathcal{L}}\sum_{m\in\mathcal{M}}\sum_{p\in\mathcal{P}} cc_{mp} o_{lmp}\\ &+ \sum_{m\in\mathcal{M}}\sum_{j\in\mathcal{J}}\sum_{r\in\mathcal{R}} cr_{mr} t_{mjr} + \sum_{m\in\mathcal{M}}\sum_{n\in\mathcal{N}}\sum_{r\in\mathcal{R}} cd_{nr} f_{mnr}.\end{aligned}$$

第三部分是情景 s 下的运输成本,

$$\begin{aligned}\mathrm{TTC}_s =& \sum_{i\in\mathcal{I}}\sum_{j\in\mathcal{J}}\sum_{r\in\mathcal{R}}\sum_{h\in\mathcal{H}} cp^I_{ijr} x_{ijrh} + \sum_{j\in\mathcal{J}}\sum_{k\in\mathcal{K}}\sum_{p\in\mathcal{P}} cp^J_{jkp} y_{jkp}\\ &+ \sum_{k\in\mathcal{K}}\sum_{l\in\mathcal{L}}\sum_{p\in\mathcal{P}} cp^K_{klp} z_{klp} + \sum_{l\in\mathcal{L}}\sum_{m\in\mathcal{M}}\sum_{p\in\mathcal{P}} cp^L_{lmp} o_{lmp}\\ &+ \sum_{m\in\mathcal{M}}\sum_{j\in\mathcal{J}}\sum_{r\in\mathcal{R}} cp^M_{mjr} t_{mjr} + \sum_{m\in\mathcal{M}}\sum_{n\in\mathcal{N}}\sum_{r\in\mathcal{R}} cp^N_{mnr} f_{mnr}.\end{aligned}$$

第四部分是情景 s 下的罚成本,

$$\mathrm{PC}_s = \sum_{l\in\mathcal{L}}\sum_{p\in\mathcal{P}} \pi_{lp}\omega_{lp}.$$

基于以上描述, 我们得到在情景 s 下闭环供应链的总成本,

$$\mathrm{TC}_s = \mathrm{TFC} + \mathrm{TPC}_s + \mathrm{TTC}_s + \mathrm{PC}_s.$$

因此, 总成本的期望值是

$$\mathrm{E}[\mathbf{TC}] = \sum_{s\in\mathcal{S}} p_s \mathrm{TC}_s. \tag{9.18}$$

考虑到闭环供应链通常不是针对平均情景下设计的, 因此, 给出条件风险值 (CVaR) 准则下闭环供应链网络设计问题的总成本函数

$$\mathrm{CVaR}_\alpha(\mathbf{TC}) = \min_{\varphi\in\mathbb{R}^+}\left\{\varphi + \frac{1}{1-\alpha}\mathrm{E}[\max\{\mathrm{TC}_s - \varphi, 0\}]\right\}, \tag{9.19}$$

其中, $\alpha \in (0,1)$ 是置信水平.

然而, CVaR 准则的局限在于, 仅度量了高于 α 的成本的平均值, 忽略了成本高于 α 的部分, 这使决策者的决策目标过于保守. 为了克服 CVaR 的不足, 本章使用均值-CVaR 来度量闭环供应链中的风险. 为方便起见, 令

$$\boldsymbol{\tau} = (x^s_{ijrh}, y^s_{jkp}, z^s_{klp}, o^s_{lmp}, t^s_{mjr}, f^s_{mnr}, u_i, v_k, c_m, w_n, g_{ijrh}).$$

结合 (9.18) 和 (9.19) 可得如下风险规避参数 $\lambda \geqslant 0$ 下的多情景均值-CVaR 闭环供应链网络模型,

$$\begin{aligned} \min_{\boldsymbol{\tau}} \quad & \lambda \mathrm{E}_{\boldsymbol{p}}[\mathbf{TC}] + (1-\lambda)\mathrm{CVaR}_{\alpha,\boldsymbol{p}}[\mathbf{TC}] \\ \text{s.t.} \quad & \text{约束 (9.1)—(9.17)}. \end{aligned} \tag{9.20}$$

显然, 当随机变量服从一般概率分布时, 用传统的优化方法计算上述随机的闭环供应链网络模型相当困难. 因此, 在 9.2 节中, 假定随机参数服从离散概率分布, 进而找到上述随机规划问题有效的解决方法.

9.2 分布鲁棒均值-条件风险值模型

在现有的闭环供应链网络文献中[89,90], 通常假设随机变量的概率分布是已知的, 并且通过求解相应的随机优化模型来获得最优供应链配置. 但在现实生活中, 随机变量的概率分布往往不完全已知. 因此, 本节假设随机变量的概率分布向量 $\boldsymbol{p}$ 属于非精确集 $\wp$. 原问题的分布鲁棒均值-CVaR 模型就可以表示为

$$\begin{aligned} \min_{\boldsymbol{\tau}} \quad & \lambda \max_{\boldsymbol{p}\in\wp} \mathrm{E}[\mathbf{TC}] + (1-\lambda)\max_{\boldsymbol{p}\in\wp}\mathrm{CVaR}_{\alpha}(\mathbf{TC}) \\ \text{s.t.} \quad & \text{约束 (9.1)—(9.17)}. \end{aligned} \tag{9.21}$$

在模型 (9.21) 中, $\max_{\boldsymbol{p}\in\wp}\mathrm{E}[\mathbf{TC}]$ 和 $\max_{\boldsymbol{p}\in\wp}\mathrm{CVaR}_{\alpha}(\mathbf{TC})$ 依赖非精确集下的离散概率分布. 因此, $\max_{\boldsymbol{p}\in\wp}\mathrm{E}[\mathbf{TC}]$ 可以等价地表示为

$$\max_{\boldsymbol{p}\in\wp}\mathrm{E}[\mathbf{TC}] = \max_{\boldsymbol{p}\in\wp}\mathbf{TC}^{\mathrm{T}}\boldsymbol{p}. \tag{9.22}$$

另外, $\max_{\boldsymbol{p}\in\wp}\mathrm{CVaR}_{\alpha}(\mathbf{TC})$ 可以等价地表示为

$$\begin{aligned} \min_{\varphi\in\mathbb{R}^+} \quad & \varphi + \frac{1}{1-\alpha}\max_{\boldsymbol{p}\in\wp}\boldsymbol{t}^{\mathrm{T}}\boldsymbol{p} \\ \text{s.t.} \quad & \mathrm{TC}_s - \varphi \leqslant t_s, \quad \forall\, s \in \mathcal{S}, \\ & t_s \geqslant 0, \quad \forall\, s \in \mathcal{S}, \end{aligned} \tag{9.23}$$

其中 $\mathbf{TC}=(\mathrm{TC}_1,\mathrm{TC}_2,\cdots,\mathrm{TC}_{|\mathcal{S}|})^{\mathrm{T}},\boldsymbol{p}=(p_1,p_2,\cdots,p_{|\mathcal{S}|})^{\mathrm{T}},\boldsymbol{t}=(t_1,t_2,\cdots,t_{|\mathcal{S}|})^{\mathrm{T}}$.

显然, 模型 (9.21) 是一个半无限优化模型, 该模型在计算上是不可处理的. 9.3 节将基于两种非精确集, 将模型 (9.21) 进一步转化, 从而使模型计算上可处理.

9.3 模型分析

首先, 介绍盒子非精确集和多面体非精确集:

$$\wp_{\mathcal{B}}=\left\{\boldsymbol{p}=\boldsymbol{p}_0+\boldsymbol{\xi}|\boldsymbol{e}^{\mathrm{T}}\boldsymbol{\xi}=0,\|\boldsymbol{\xi}\|_\infty\leqslant\Psi\right\},\tag{9.24}$$

$$\wp_{\mathcal{P}}=\left\{\boldsymbol{p}=\boldsymbol{p}_0+\boldsymbol{P}_1\boldsymbol{\xi}|\boldsymbol{e}^{\mathrm{T}}\boldsymbol{P}_1\boldsymbol{\xi}=0,\boldsymbol{p}_0+\boldsymbol{P}_1\boldsymbol{\xi}\geqslant\mathbf{0},\|\boldsymbol{\xi}\|_1\leqslant1\right\}.\tag{9.25}$$

在集合 (9.24) 和 (9.25) 中, $\boldsymbol{p}_0$ 表示名义分布, $\boldsymbol{e}$ 表示单位向量, $\boldsymbol{\xi}$ 表示波动向量, $\boldsymbol{P}_1$ 是一个已知的波动矩阵. $\boldsymbol{e}^{\mathrm{T}}\boldsymbol{P}_1\boldsymbol{\xi}=0$ 和 $\boldsymbol{p}_0+\boldsymbol{P}_1\boldsymbol{\xi}\geqslant\mathbf{0}$ 保证概率分布 $\boldsymbol{p}$ 的非负性.

基于上述的非精确集, 我们得到如下模型转化定理:

定理 9.1[88] 假设概率分布 $\boldsymbol{p}$ 属于盒子非精确集, 那么模型 (9.21) 可表示为以下等价形式:

$$\begin{aligned}
\min_{\tau,\varphi,\mu,\boldsymbol{\eta},\boldsymbol{\gamma},\mu',\boldsymbol{\eta}',\boldsymbol{\gamma}'}\quad & \lambda(\mathbf{TC}^{\mathrm{T}}\boldsymbol{p}_0+\boldsymbol{\Psi}^{\mathrm{T}}\boldsymbol{\eta}+\boldsymbol{\Psi}^{\mathrm{T}}\boldsymbol{\gamma})+(1-\lambda)\left[\varphi+\frac{(\boldsymbol{t}^{\mathrm{T}}\boldsymbol{p}_0+\boldsymbol{\Psi}^{\mathrm{T}}\boldsymbol{\eta}'+\boldsymbol{\Psi}^{\mathrm{T}}\boldsymbol{\gamma}')}{1-\alpha}\right]\\
\text{s.t.}\quad & \mathrm{TC}_s-\varphi\leqslant t_s,\quad\forall s,\\
& \boldsymbol{e}\mu-\boldsymbol{\eta}+\boldsymbol{\gamma}=\mathbf{TC},\\
& \boldsymbol{e}\mu'-\boldsymbol{\eta}'+\boldsymbol{\gamma}'=\boldsymbol{t},\\
& t_s\geqslant0,\quad\forall s,\\
& \boldsymbol{\eta}\geqslant\mathbf{0},\boldsymbol{\gamma}\geqslant\mathbf{0},\boldsymbol{\eta}'\geqslant\mathbf{0},\boldsymbol{\gamma}'\geqslant\mathbf{0},\\
& \text{约束 (9.1)—(9.17)},
\end{aligned}$$

其中 $(\mu,\mu',\boldsymbol{\eta},\boldsymbol{\eta}',\boldsymbol{\gamma},\boldsymbol{\gamma}')\in\mathbb{R}\times\mathbb{R}\times\mathbb{R}^{|\mathcal{S}|}\times\mathbb{R}^{|\mathcal{S}|}\times\mathbb{R}^{|\mathcal{S}|}\times\mathbb{R}^{|\mathcal{S}|}$ 表示对偶变量.

证明 如果概率分布 $\boldsymbol{p}$ 属于盒子非精确集, 模型 (9.22) 和 (9.23) 都是线性规划模型. 根据线性规划的强对偶理论, 模型 (9.22) 等价于下面的线性规划模型:

$$\begin{aligned}
\min_{\tau,\mu,\boldsymbol{\eta},\boldsymbol{\gamma}}\quad & \mathbf{TC}^{\mathrm{T}}\boldsymbol{p}_0+\boldsymbol{\Psi}^{\mathrm{T}}\boldsymbol{\eta}+\boldsymbol{\Psi}^{\mathrm{T}}\boldsymbol{\gamma}\\
\text{s.t.}\quad & \boldsymbol{e}\mu-\boldsymbol{\eta}+\boldsymbol{\gamma}=\mathbf{TC},\\
& \boldsymbol{\eta}\geqslant\mathbf{0},\ \boldsymbol{\gamma}\geqslant\mathbf{0},
\end{aligned}\tag{9.26}$$

另外, 模型 (9.23) 的对偶规划模型为

$$
\begin{aligned}
\min_{\mu',\boldsymbol{\tau},\boldsymbol{\eta}',\boldsymbol{\gamma}'} \quad & \varphi+\frac{1}{1-\alpha}(\boldsymbol{t}^{\mathrm{T}}\boldsymbol{p}_0+\boldsymbol{\Psi}^{\mathrm{T}}\boldsymbol{\eta}'+\boldsymbol{\Psi}^{\mathrm{T}}\boldsymbol{\gamma}') \\
\text{s.t.} \quad & \mathrm{TC}_s-\varphi\leqslant t_s, \quad \forall\, s, \\
& \boldsymbol{e}\mu'-\boldsymbol{\eta}'+\boldsymbol{\gamma}'=\boldsymbol{t}, \\
& t_s\geqslant 0, \quad \forall\, s, \\
& \boldsymbol{\eta}'\geqslant \boldsymbol{0},\ \boldsymbol{\gamma}'\geqslant \boldsymbol{0}.
\end{aligned}
\tag{9.27}
$$

结合 (9.26) 和 (9.27) 可得非精确集 $\wp=\wp_{\mathcal{B}}$ 下, 模型 (9.21) 等价于下面的线性规划模型:

$$
\begin{aligned}
\min_{\boldsymbol{\tau},\varphi,\mu,\boldsymbol{\eta},\boldsymbol{\gamma},\mu',\boldsymbol{\eta}',\boldsymbol{\gamma}'} \quad & \lambda(\mathbf{TC}^{\mathrm{T}}\boldsymbol{p}_0+\boldsymbol{\Psi}^{\mathrm{T}}\boldsymbol{\eta}+\boldsymbol{\Psi}^{\mathrm{T}}\boldsymbol{\gamma})+(1-\lambda)\left[\varphi+\frac{(\boldsymbol{t}^{\mathrm{T}}\boldsymbol{p}_0+\boldsymbol{\Psi}^{\mathrm{T}}\boldsymbol{\eta}'+\boldsymbol{\Psi}^{\mathrm{T}}\boldsymbol{\gamma}')}{1-\alpha}\right] \\
\text{s.t.} \quad & \mathrm{TC}_s-\varphi\leqslant t_s, \quad \forall\, s, \\
& \boldsymbol{e}\mu-\boldsymbol{\eta}+\boldsymbol{\gamma}=\mathbf{TC}, \\
& \boldsymbol{e}\mu'-\boldsymbol{\eta}'+\boldsymbol{\gamma}'=\boldsymbol{t}, \\
& t_s\geqslant 0, \quad \forall\, s, \\
& \boldsymbol{\eta}\geqslant\boldsymbol{0},\ \boldsymbol{\gamma}\geqslant\boldsymbol{0},\ \boldsymbol{\eta}'\geqslant\boldsymbol{0},\ \boldsymbol{\gamma}'\geqslant\boldsymbol{0}, \\
& \text{约束 (9.1)—(9.17)},
\end{aligned}
$$

其中 $(\mu,\mu',\boldsymbol{\eta},\boldsymbol{\eta}',\boldsymbol{\gamma},\boldsymbol{\gamma}')\in\mathbb{R}\times\mathbb{R}\times\mathbb{R}^{|\mathcal{S}|}\times\mathbb{R}^{|\mathcal{S}|}\times\mathbb{R}^{|\mathcal{S}|}\times\mathbb{R}^{|\mathcal{S}|}$ 表示对偶变量. □

注 9.1　当 $\boldsymbol{\Psi}=\boldsymbol{0}$ 时, 上述模型将退化为原始的随机闭环供应链模型 (9.20).

定理 9.2[88]　假设概率分布 $\boldsymbol{p}$ 属于多面体非精确集, 那么模型 (9.21) 可表示为以下等价形式:

$$
\begin{aligned}
\min_{\boldsymbol{\tau},\varphi,\boldsymbol{\vartheta},\nu,\varsigma,\boldsymbol{\vartheta}',\nu',\varsigma'} \quad & \lambda(\mathbf{TC}^{\mathrm{T}}\boldsymbol{p}_0+\boldsymbol{p}_0^{\mathrm{T}}\boldsymbol{\vartheta}+\nu)+(1-\lambda)\left[\varphi+\frac{\boldsymbol{p}_0^{\mathrm{T}}\boldsymbol{t}}{1-\alpha}+\frac{(\boldsymbol{p}_0^{\mathrm{T}}\boldsymbol{\vartheta}'+\nu')}{1-\alpha}\right] \\
\text{s.t.} \quad & \mathrm{TC}_s-\varphi\leqslant t_s, \quad \forall\, s, \\
& \|\boldsymbol{P}_1^{\mathrm{T}}\boldsymbol{t}+\boldsymbol{P}_1^{\mathrm{T}}\boldsymbol{\vartheta}+\boldsymbol{P}_1^{\mathrm{T}}\boldsymbol{e}\varsigma\|_\infty\leqslant\nu, \\
& \|\boldsymbol{P}_1^{\mathrm{T}}\boldsymbol{t}+\boldsymbol{P}_1^{\mathrm{T}}\boldsymbol{\vartheta}'+\boldsymbol{P}_1^{\mathrm{T}}\boldsymbol{e}\varsigma'\|_\infty\leqslant\nu', \\
& t_s\geqslant 0, \quad \forall\, s, \\
& \boldsymbol{\vartheta}\geqslant\boldsymbol{0},\ \nu\geqslant 0,\ \boldsymbol{\vartheta}'\geqslant\boldsymbol{0},\ \nu'\geqslant 0, \\
& \text{约束 (9.1)—(9.17)},
\end{aligned}
$$

其中 $(\boldsymbol{\vartheta},\boldsymbol{\vartheta}',\nu,\nu',\varsigma,\varsigma')\in\mathbb{R}^{|\mathcal{S}|}\times\mathbb{R}^{|\mathcal{S}|}\times\mathbb{R}\times\mathbb{R}\times\mathbb{R}\times\mathbb{R}$ 表示对偶变量.

证明　如果概率分布 $\boldsymbol{p}$ 属于多面体非精确集, 那么优化问题 (9.22) 可以表示为

$$
\begin{aligned}
\max_{\boldsymbol{p}\in\mathcal{P}_{\mathcal{P}}}\mathbf{TC}^{\mathrm{T}}\boldsymbol{p} &= \mathbf{TC}^{\mathrm{T}}\boldsymbol{p}_0+\max_{\boldsymbol{\xi}}\{\mathbf{TC}^{\mathrm{T}}\boldsymbol{P}_1\boldsymbol{\xi}|\boldsymbol{e}^{\mathrm{T}}\boldsymbol{P}_1\boldsymbol{\xi}=0,\boldsymbol{p}_0+\boldsymbol{P}_1\boldsymbol{\xi}\geqslant\boldsymbol{0},\|\boldsymbol{\xi}\|_1\leqslant 1\} \\
&= \mathbf{TC}^{\mathrm{T}}\boldsymbol{p}_0+\Upsilon^*(\mathbf{TC}),
\end{aligned}
$$

其中 $\Upsilon^*(\mathbf{TC})$ 为下面凸规划问题的最优值

$$\max_{\boldsymbol{\xi}}\{\mathbf{TC}^{\mathrm{T}}\boldsymbol{P}_1\boldsymbol{\xi}|\boldsymbol{e}^{\mathrm{T}}\boldsymbol{P}_1\boldsymbol{\xi}=0,\boldsymbol{p}_0+\boldsymbol{P}_1\boldsymbol{\xi}\geqslant\mathbf{0},\|\boldsymbol{\xi}\|_1\leqslant 1\}. \tag{9.28}$$

问题 (9.28) 的拉格朗日函数可表示为

$$\mathcal{L}(\boldsymbol{\vartheta},\nu,\varsigma,\boldsymbol{\xi})=\mathbf{TC}^{\mathrm{T}}\boldsymbol{P}_1\boldsymbol{\xi}+\boldsymbol{\vartheta}^{\mathrm{T}}(\boldsymbol{p}_0+\boldsymbol{P}_1\boldsymbol{\xi})+\varsigma\boldsymbol{e}^{\mathrm{T}}\boldsymbol{P}_1\boldsymbol{\xi}+\nu(1-\|\boldsymbol{\xi}\|_1).$$

故问题 (9.28) 的拉格朗日对偶函数如下

$$\begin{aligned}g(\boldsymbol{\vartheta},\nu,\varsigma)&=\max_{\boldsymbol{\xi}}\mathcal{L}(\boldsymbol{\vartheta},\nu,\varsigma,\boldsymbol{\xi})\\&=(\boldsymbol{p}_0^{\mathrm{T}}\boldsymbol{\vartheta}+\nu)+\max_{\boldsymbol{\xi}}\{(\boldsymbol{P}_1^{\mathrm{T}}\boldsymbol{t}+\boldsymbol{P}_1^{\mathrm{T}}\boldsymbol{\vartheta}+\boldsymbol{P}_1^{\mathrm{T}}\boldsymbol{e}\varsigma)\boldsymbol{\xi}-\nu\|\boldsymbol{\xi}\|_1\}\\&=(\boldsymbol{p}_0^{\mathrm{T}}\boldsymbol{\vartheta}+\nu)+f^*(\boldsymbol{P}_1^{\mathrm{T}}\boldsymbol{t}+\boldsymbol{P}_1^{\mathrm{T}}\boldsymbol{\vartheta}+\boldsymbol{P}_1^{\mathrm{T}}\boldsymbol{e}\varsigma),\end{aligned}$$

其中

$$f^*(\boldsymbol{P}_1^{\mathrm{T}}\boldsymbol{t}+\boldsymbol{P}_1^{\mathrm{T}}\boldsymbol{\vartheta}+\boldsymbol{P}_1^{\mathrm{T}}\boldsymbol{e}\varsigma)=\begin{cases}0, & \|\boldsymbol{P}_1^{\mathrm{T}}\boldsymbol{t}+\boldsymbol{P}_1^{\mathrm{T}}\boldsymbol{\vartheta}+\boldsymbol{P}_1^{\mathrm{T}}\boldsymbol{e}\varsigma\|_\infty\leqslant\nu,\\ \infty, & \text{其他}\end{cases}$$

是 $f(\boldsymbol{\xi})=\nu\|\boldsymbol{\xi}\|_1$ 的对偶函数. $(\boldsymbol{\vartheta},\nu,\varsigma)\in\mathbb{R}^{|\mathcal{S}|}\times\mathbb{R}\times\mathbb{R}$ 表示对偶变量. 因此, 问题 (9.28) 的对偶优化问题为

$$\min_{(\boldsymbol{\vartheta},\nu,\varsigma)\in\mathbb{R}^{|\mathcal{S}|}\times\mathbb{R}\times\mathbb{R}}\left\{\boldsymbol{p}_0^{\mathrm{T}}\boldsymbol{\vartheta}+\nu\left|\begin{array}{l}\|\boldsymbol{P}_1^{\mathrm{T}}\boldsymbol{t}+\boldsymbol{P}_1^{\mathrm{T}}\boldsymbol{\vartheta}+\boldsymbol{P}_1^{\mathrm{T}}\boldsymbol{e}\varsigma\|_\infty\leqslant\nu,\\ \boldsymbol{\vartheta}\geqslant\mathbf{0},\nu\geqslant 0\end{array}\right.\right\}. \tag{9.29}$$

故 (9.22) 等价于下面的线性规划模型

$$\begin{aligned}\min_{\boldsymbol{\tau},\boldsymbol{\vartheta},\nu,\varsigma}\quad & \mathbf{TC}^{\mathrm{T}}\boldsymbol{p}_0+\boldsymbol{p}_0^{\mathrm{T}}\boldsymbol{\vartheta}+\nu\\ \text{s.t.}\quad & \|\boldsymbol{P}_1^{\mathrm{T}}\boldsymbol{t}+\boldsymbol{P}_1^{\mathrm{T}}\boldsymbol{\vartheta}+\boldsymbol{P}_1^{\mathrm{T}}\boldsymbol{e}\varsigma\|_\infty\leqslant\nu,\\ & \boldsymbol{\vartheta}\geqslant\mathbf{0},\quad \nu\geqslant 0.\end{aligned} \tag{9.30}$$

同理, (9.23) 的对偶规划模型为

$$\begin{aligned}\min_{\boldsymbol{\tau},\boldsymbol{\vartheta}',\nu',\varsigma'}\quad & \varphi+\frac{1}{1-\alpha}\boldsymbol{p}_0^{\mathrm{T}}\boldsymbol{t}+\frac{1}{1-\alpha}(\boldsymbol{p}_0^{\mathrm{T}}\boldsymbol{\vartheta}'+\nu')\\ \text{s.t.}\quad & \mathrm{TC}_s-\varphi\leqslant t_s,\quad \forall\, s,\\ & \|\boldsymbol{P}_1^{\mathrm{T}}\boldsymbol{t}+\boldsymbol{P}_1^{\mathrm{T}}\boldsymbol{\vartheta}'+\boldsymbol{P}_1^{\mathrm{T}}\boldsymbol{e}\varsigma'\|_\infty\leqslant\nu',\\ & t_s\geqslant 0,\quad \forall\, s,\\ & \boldsymbol{\vartheta}'\geqslant\mathbf{0},\quad \nu'\geqslant 0.\end{aligned} \tag{9.31}$$

结合 (9.30) 和 (9.31) 可得非精确集 $\wp = \wp_{\mathcal{P}}$ 下, 模型 (9.21) 等价于下面的线性规划模型:

$$
\begin{aligned}
\min_{\boldsymbol{\tau},\varphi,\boldsymbol{\vartheta},\nu,\varsigma,\boldsymbol{\vartheta}',\nu',\varsigma'} \quad & \lambda(\mathbf{TC}^{\mathrm{T}}\boldsymbol{p}_0 + \boldsymbol{p}_0^{\mathrm{T}}\boldsymbol{\vartheta} + \nu) + (1-\lambda)\left[\varphi + \frac{\boldsymbol{p}_0^{\mathrm{T}}\boldsymbol{t}}{1-\alpha} + \frac{(\boldsymbol{p}_0^{\mathrm{T}}\boldsymbol{\vartheta}' + \nu')}{1-\alpha}\right] \\
\text{s.t.} \quad & \mathrm{TC}_s - \varphi \leqslant t_s, \quad \forall\, s, \\
& \|\boldsymbol{P}_1^{\mathrm{T}}\boldsymbol{t} + \boldsymbol{P}_1^{\mathrm{T}}\boldsymbol{\vartheta} + \boldsymbol{P}_1^{\mathrm{T}}\boldsymbol{e}\varsigma\|_\infty \leqslant \nu, \\
& \|\boldsymbol{P}_1^{\mathrm{T}}\boldsymbol{t} + \boldsymbol{P}_1^{\mathrm{T}}\boldsymbol{\vartheta}' + \boldsymbol{P}_1^{\mathrm{T}}\boldsymbol{e}\varsigma'\|_\infty \leqslant \nu', \\
& t_s \geqslant 0, \quad \forall\, s, \\
& \boldsymbol{\vartheta} \geqslant \mathbf{0},\ \nu \geqslant 0,\ \boldsymbol{\vartheta}' \geqslant \mathbf{0},\ \nu' \geqslant 0, \\
& \text{约束 (9.1)—(9.17)},
\end{aligned}
\tag{9.32}
$$

其中 $\nu,\varsigma,\nu',\varsigma',\boldsymbol{\vartheta},\boldsymbol{\vartheta}' \in \mathbb{R}\times\mathbb{R}\times\mathbb{R}\times\mathbb{R}\times\mathbb{R}^{|\mathcal{S}|}\times\mathbb{R}^{|\mathcal{S}|}$ 表示对偶变量. □

接下来, 我们给出下面命题说明模型 (9.32) 的最优解为模型 (9.21) 的最优解.

命题 9.1[88]　当概率分布 $\boldsymbol{p}$ 属于多面体非精确集 $\wp_{\mathcal{P}}$ 时, 若 $(\boldsymbol{\tau}^*,\varphi^*,\mathbf{TC}^*,\boldsymbol{t}^*,\boldsymbol{\vartheta}^*,\nu^*,\varsigma^*,\boldsymbol{\vartheta}'^*,\nu'^*,\varsigma'^*)$ 是模型 (9.32) 的最优解, 那么 $(\boldsymbol{\tau}^*,\varphi^*)$ 是模型 (9.21) 的最优解; 反之, 若 $(\tilde{\boldsymbol{\tau}}^*,\tilde{\varphi}^*)$ 是模型 (9.21) 的最优解, 那么 $(\tilde{\boldsymbol{\tau}}^*,\tilde{\varphi}^*,\widetilde{\mathbf{TC}}^*,\tilde{\boldsymbol{t}}^*,\tilde{\boldsymbol{\vartheta}}^*,\tilde{\nu}^*,\tilde{\varsigma}^*,\tilde{\boldsymbol{\vartheta}}'^*,\tilde{\nu}'^*,\tilde{\varsigma}'^*)$ 是模型 (9.32) 的最优解, 即 $(\tilde{\boldsymbol{\tau}}^*,\widetilde{\mathbf{TC}}^*,\tilde{\boldsymbol{\vartheta}}^*,\tilde{\nu}^*,\tilde{\varsigma}^*)$ 是模型 (9.30) 的最优解, 且 $(\tilde{\boldsymbol{\tau}}^*,\tilde{\varphi}^*,\widetilde{\mathbf{TC}}^*,\tilde{\boldsymbol{t}}^*,\tilde{\boldsymbol{\vartheta}}'^*,\tilde{\nu}'^*,\tilde{\varsigma}'^*)$ 是模型 (9.31) 的最优解, 其中, $(\tilde{\boldsymbol{\vartheta}}^*,\tilde{\nu}^*,\tilde{\varsigma}^*)$ 是模型 (9.29) 的最优解.

证明　当概率分布 $\boldsymbol{p}$ 属于多面体非精确集 $\wp_{\mathcal{P}}$ 时, 令 $(\boldsymbol{\tau}^*,\varphi^*,\mathbf{TC}^*,\boldsymbol{t}^*,\boldsymbol{\vartheta}^*,\nu^*,\varsigma^*,\boldsymbol{\vartheta}'^*,\nu'^*,\varsigma'^*)$ 是模型 (9.32) 的最优解, 那么 $(\boldsymbol{\tau}^*,\mathbf{TC}^*,\boldsymbol{\vartheta}^*,\nu^*,\varsigma^*)$ 是模型 (9.30) 的最优解. 针对多面体非精确集 $\wp_{\mathcal{P}}$ 下的均值成本, 由拉格朗日弱对偶理论, 有

$$
\begin{aligned}
\max_{\boldsymbol{p}\in\wp_{\mathcal{P}}} \mathbf{TC}^{*\mathrm{T}}\boldsymbol{p} &= \mathbf{TC}^{*\mathrm{T}}\boldsymbol{p}_0 + \Upsilon^*(\mathbf{TC}^*) \\
&\leqslant \mathbf{TC}^{*\mathrm{T}}\boldsymbol{p}_0 + \boldsymbol{p}_0^{\mathrm{T}}\boldsymbol{\vartheta}^* + \nu^*.
\end{aligned}
$$

CVaR 准则在多面体非精确集 $\wp_{\mathcal{P}}$ 下的结果与均值准则相似. 因此, $(\boldsymbol{\tau}^*,\varphi^*,\mathbf{TC}^*,\boldsymbol{t}^*,\boldsymbol{\vartheta}^*,\nu^*,\varsigma^*,\boldsymbol{\vartheta}'^*,\nu'^*,\varsigma'^*)$ 是模型 (9.21) 的一个可行解. 假设 $(\bar{\boldsymbol{\tau}}^*,\bar{\varphi}^*,\overline{\mathbf{TC}}^*,\bar{\boldsymbol{t}}^*,\bar{\boldsymbol{\vartheta}}^*,\bar{\nu}^*,\bar{\varsigma}^*,\bar{\boldsymbol{\vartheta}}'^*,\bar{\nu}'^*,\bar{\varsigma}'^*)$ 是模型 (9.21) 的最优解, 那么 $(\bar{\boldsymbol{\tau}}^*,\overline{\mathbf{TC}}^*,\bar{\boldsymbol{\vartheta}}^*,\bar{\nu}^*,\bar{\varsigma}^*)$ 是模型 (9.30) 的最优解, 则

$$
\mathbf{TC}^{*\mathrm{T}}\boldsymbol{p}_0 + \boldsymbol{p}_0^{\mathrm{T}}\boldsymbol{\vartheta}^* + \nu^* \leqslant \overline{\mathbf{TC}}^{*\mathrm{T}}\boldsymbol{p}_0 + \boldsymbol{p}_0^{\mathrm{T}}\bar{\boldsymbol{\vartheta}}^* + \bar{\nu}^*,
$$

其中, $(\bar{\boldsymbol{\vartheta}}^*,\bar{\nu}^*,\bar{\varsigma}^*)$ 是模型 (9.29) 的最优解.

由强对偶理论, 有

$$\max_{\boldsymbol{p}\in\wp_{\mathcal{P}}} \overline{\mathbf{TC}}^{*\mathrm{T}}\boldsymbol{p} = \overline{\mathbf{TC}}^{*\mathrm{T}}\boldsymbol{p}_0 + \Upsilon^*(\overline{\mathbf{TC}}^{*\mathrm{T}})$$
$$= \overline{\mathbf{TC}}^{*\mathrm{T}}\boldsymbol{p}_0 + \boldsymbol{p}_0^{\mathrm{T}}\bar{\boldsymbol{\vartheta}}^* + \bar{\nu}^*.$$

CVaR 准则在多面体非精确集 $\wp_{\mathcal{P}}$ 下的结果与均值准则相似. 结合模型 (9.21) 和 (9.29) 的约束, $(\bar{\boldsymbol{\tau}}^*, \bar{\varphi}^*, \overline{\mathbf{TC}}^*, \bar{\boldsymbol{t}}^*, \bar{\boldsymbol{\vartheta}}^*, \bar{\nu}^*, \bar{\varsigma}^*, \bar{\boldsymbol{\vartheta}}'^*, \bar{\nu}'^*, \bar{\varsigma}'^*)$ 是模型 (9.32) 的最优解, 这与假设矛盾. 所以, $(\boldsymbol{\tau}^*, \varphi^*)$ 是模型 (9.21) 的最优解.

反之, 如果 $(\tilde{\boldsymbol{\tau}}^*, \tilde{\varphi}^*)$ 是模型 (9.21) 的最优解, 那么 $(\tilde{\boldsymbol{\tau}}^*, \widetilde{\mathbf{TC}}^*, \tilde{\boldsymbol{\vartheta}}^*, \tilde{\nu}^*, \tilde{\varsigma}^*)$ 是模型 (9.30) 的最优解, 其中, 模型 (9.29) 的最优解为 $(\tilde{\boldsymbol{\vartheta}}^*, \tilde{\nu}^*, \tilde{\varsigma}^*)$, 并且 $(\tilde{\boldsymbol{\tau}}^*, \tilde{\varphi}^*, \widetilde{\mathbf{TC}}^*, \tilde{\boldsymbol{t}}^*, \tilde{\boldsymbol{\vartheta}}'^*, \tilde{\nu}'^*, \tilde{\varsigma}'^*)$ 是模型 (9.31) 的最优解. 因此, $(\tilde{\boldsymbol{\tau}}^*, \tilde{\varphi}^*, \widetilde{\mathbf{TC}}^*, \tilde{\boldsymbol{t}}^*, \tilde{\boldsymbol{\vartheta}}^*, \tilde{\nu}^*, \tilde{\varsigma}^*, \tilde{\boldsymbol{\vartheta}}'^*, \tilde{\nu}'^*, \tilde{\varsigma}'^*)$ 是模型 (9.32) 的一个可行解. 假设 $(\bar{\boldsymbol{\tau}}^*, \bar{\varphi}^*, \overline{\mathbf{TC}}^*, \bar{\boldsymbol{t}}^*, \bar{\boldsymbol{\vartheta}}^*, \bar{\nu}^*, \bar{\varsigma}^*, \bar{\boldsymbol{\vartheta}}'^*, \bar{\nu}'^*, \bar{\varsigma}'^*)$ 是模型 (9.21) 的最优解, 那么对于均值准则, 有 $(\bar{\boldsymbol{\tau}}^*, \overline{\mathbf{TC}}^*, \bar{\boldsymbol{\vartheta}}^*, \bar{\nu}^*, \bar{\varsigma}^*)$ 是模型 (9.30) 的最优解, 即

$$\widetilde{\mathbf{TC}}^{*\mathrm{T}}\boldsymbol{p}_0 + \boldsymbol{p}_0^{\mathrm{T}}\tilde{\boldsymbol{\vartheta}}^* + \tilde{\nu}^* \leqslant \overline{\mathbf{TC}}^{*\mathrm{T}}\boldsymbol{p}_0 + \boldsymbol{p}_0^{\mathrm{T}}\bar{\boldsymbol{\vartheta}}^* + \bar{\nu}^*,$$

其中 $(\bar{\boldsymbol{\vartheta}}^*, \bar{\nu}^*, \bar{\varsigma}^*)$ 是模型 (9.29) 的最优解. 由上述证明可知, $(\bar{\boldsymbol{\tau}}^*, \bar{\varphi}^*)$ 是模型 (9.21) 的最优解, 这与假设矛盾. 因此, $(\tilde{\boldsymbol{\tau}}^*, \tilde{\varphi}^*, \widetilde{\mathbf{TC}}^*, \tilde{\boldsymbol{t}}^*, \tilde{\boldsymbol{\vartheta}}^*, \tilde{\nu}^*, \tilde{\varsigma}^*, \tilde{\boldsymbol{\vartheta}}'^*, \tilde{\nu}'^*, \tilde{\varsigma}'^*)$ 是模型 (9.32) 的最优解. □

注 9.2 当 $\boldsymbol{P}_1 = \mathbf{0}$ 时, 上述模型可退化为原始的随机闭环供应链模型 (9.20).

9.4 京津冀地区共享单车的案例研究

9.4.1 数据描述

共享单车是一种新型的自行车租赁业务, 主要以自行车为载体. 自行车共享解决了“最后一公里”的交通问题, 提高了短途城市生活的效率, 真正实现了低碳、绿色出行[91]. 目前, 作为一种绿色、灵活、可持续的出行方式, 共享单车已经引起了许多城市居民的关注. 2017 年, 我国的共享单车用户数量达到 7000 万, 用户分布在全国的 150 个城市[92]. 因此, 本节以我国京津冀地区 ofo 共享单车为研究背景来验证本章所提出的分布鲁棒优化模型的可行性和有效性. 本节实验是在 Inter (R) Core i5-7200, 2.50GHz 处理器和 8.0GB RAM 的计算机上使用优化软件 ILOG CPLEX 12.6.3 完成的. 表 9.1 表示京津冀地区各级设施分布情况 (不含供应商和工厂). 由于生产共享单车的 3 间工厂 (p1 到 p3) 都在天津, 因此, 假定 10 家供应商 (s1 到 s10) 均在天津. 另外, 设定有 5 个配送中心 (d1 到 d5), 13 个城市作为客户区 (c1 到 c13), 6 个收集/拆卸中心 (cd1 到 cd6) 和 5 个处理中心 (dc1 到 dc5). 为缓解一线城市的环境压力, 将配送中心、集散中心设立在二三线城市. 除此之外, 根据调查, 3 家工厂共生产 5 种自行车, 分别是 ofo1.0, ofo2.0, ofo3.0, ofo3.1 和 ofo curve. 在折扣方案方面, 假定供应商以三种折扣向工厂提供生产共享单车的 25 种零部件.

表 9.1 供应链网络中 13 个城市的设施分布

城市	分销中心	处理中心	收集/拆卸中心	顾客区
承德	d_1	dc_1	–	c_1
张家口	–	–	cd_1	c_2
秦皇岛	d_2	–	–	c_3
北京	–	dc_2	–	c_4
廊坊	–	–	cd_2	c_5
唐山	–	–	cd_3	c_6
天津	d_3	–	cd_4	c_7
保定	–	–	cd_5	c_8
沧州	–	dc_3	–	c_9
石家庄	d_4	–	–	c_{10}
衡水	d_5	dc_4	–	c_{11}
邢台	–	–	cd_6	c_{12}
邯郸	–	dc_5	–	c_{13}

在精确概率分布未知, 并且离散概率分布属于盒子和多面体非精确集的情况下, 考虑 3 种情景下的不确定需求、回收产品的数量和运输成本. 顾客需求 d_{lp}^s 是关于随机参数 d^s 的函数[78], 表示为 $d_{lp}^s = d\_r_p \times d\_a_l \times d^s + d\_b_{lp}$, 这里 d^s 是情景 s 下每一百人中单位产品的需求量, d_a_l 是客户区人口的数量, d_r_p 是城市中共享单车的使用系数, d_b_{lp} 是额外需求. 回收产品的数量取决于需求, 因此, 我们考虑回收产品的数量 r_{lp}^s 是关于顾客需求 d_{lp}^s 的函数, 表示为 $r_{lp}^s = r \times d_{lp}^s$, 这里 r 是回收产品的回收率. 通常, 回收率在区间 $[1.2, 1.4]$ 上随机取值.

另外, 供应链网络中的运输成本往往依赖燃油价格和各级之间的距离. 对于运输成本 tsp_{ijr}^s, 它表示由供应商 i 到工厂 j 运送零部件 r 的单位运输费用. 我们考虑运输成本 tsp_{ijr}^s 是关于随机变量 tsp^s 的函数, 表示为 $tsp_{ijr}^s = tsp\_r_r \times tsp\_a_{ij} \times tsp^s + tsp\_b_{ijr}$. 这里 tsp^s 是情景 s 下的油价, tsp_r_r 是运送零部件的成本系数, tsp_a_{ijr} 是供应商 i 到工厂 j 之间的距离, tsp_b_{ijr} 是额外成本. 相似地, 运输成本 tpd_{jkp}^s 是关于随机变量 tpd^s 的函数, 表示为 $tpd_{jkp}^s = tpd\_p_p \times tpd\_a_{jk} \times tpd^s + tpd\_b_{jkp}$. 运输成本 tdc_{klp}^s 是关于随机变量 tdc^s 的函数, 表示为 $tdc_{klp}^s = tdc\_p_p \times tdc\_a_{kl} \times tdc^s + tdc\_b_{klp}$. 运输成本 tcc_{lmp}^s 是关于随机变量 tcc^s 的函数, 表示为 $tcc_{lmp}^s = tcc\_p_p \times tcc\_a_{lm} \times tcc^s + tcc\_b_{lmp}$. 运输成本 tcp_{mjr}^s 是关于随机变量 tcp^s 的函数, 表示为 $tcp_{mjr}^s = tcp\_r_r \times tcp\_a_{mj} \times tcp^s + tcp\_b_{mjr}$. 运输成本 tcd_{mnr}^s 是关于随机变量 tcd^s 的函数, 表示为 $tcd_{mnr}^s = tcd\_r_r \times tcd\_a_{mn} \times tcd^s + tcd\_b_{mnr}$.

在数值实验中, 表 9.2 展示了模型中相关参数的取值范围或数据值[93]. 除此之

外, 供应商折扣方案在表 9.3 中表示. 值得注意的是, 虽然精确概率分布未知, 但可以根据现实的情况设定名义概率分布, 并表示为 $\boldsymbol{p}_0 = (0.4, 0.5, 0.1)^{\mathrm{T}}$. 且盒子非精确集中的可调整参数设定为 $\Psi = 0.01, 0.02, 0.03, 0.04, 0.05, 0.06, 0.07, 0.08, 0.09, 0.1$. 依据 Kisomi 等[94] 的工作, 多面体非精确集中的波动矩阵为 $\boldsymbol{P}_1 = \Gamma \boldsymbol{I} = \Psi|S|\boldsymbol{I}$, 这里 $\boldsymbol{I}$ 是单位矩阵, Γ 是可调整参数.

表 9.2 模型参数的数据集

成本参数	值 /元	其他参数	值/元
fs_i	20000—40000	ss_{ir}	200000—300000
fd_k	20000—40000	sp_{jp}	400000—600000
fc_m	60000—80000	sd_{kp}	100000—200000
fp_n	40000—60000	sc_{mp}	250000—300000
cs^s_{irh}	25—35	sp_{nr}	400000—500000
cm^s_{jp}	300	ρ_{ir1}	120000—150000
cp^s_{kp}	13—20	ρ_{ir2}	180000—250000
cc^s_{mp}	0.5—1.5	d^s	6—10
cr^s_{mr}	0.5—1.5	θ_r	0.1
cd^s_{nr}	43—50	tsp^s, tpd^s, tdc^s	[0.7, 3]
π^s_{lp}	40000—60000	tcc^s, tcp^s, tcd^s	

表 9.3 供应商折扣方案

折扣方案 (h)	订单数量 (x_{ijrh})	折扣系数/%
1	$1 - \rho^*_{ir1}$	90
2	$\rho_{ir1} - \rho^*_{ir2}$	85
3	大于 ρ^*_{ir2}	75

9.4.2 计算结果与数据分析

为了处理具有非精确概率分布的不确定参数, 本章采用分布鲁棒优化方法优化闭环供应链网络设计问题. 表 9.4 展示了分布鲁棒模型在不同的可调整参数、风险规避参数以及置信水平下的计算结果. 本实验中, 设定可调整参数从 0.01 开始, 并以 0.01 为增量从 0.01 到 0.1; 风险规避参数从 0.1 开始, 并以 0.2 为增量从 0.1 到 0.9 变化; 置信水平从 0.5 开始, 并以 0.2 为增量从 0.5 到 0.9 变化. 如表 9.4 所示, 目标函数随可调整参数 Ψ 的增加而增加, 图 9.2 也可以清晰地展示可调整参数对目标函数值的影响; 随风险规避参数 λ 的增加而减小; 随置信水平 α 增加而增加, 也就是说, 置信水平越高, 决策者面临的风险越小, 模型的总成本越高.

表 9.4　分布鲁棒模型的计算结果

非精确集	置信水平	风险规避	可调整参数 (Ψ)									
	(α)	参数 (λ)	0.01	0.02	0.03	0.04	0.05	0.06	0.07	0.08	0.09	0.1
盒子 (Ψ)	0.9	0.1	467212337.72	467250069.04	467303036.82	467369674.98	467422121.42	467460626.26	467512325.08	467564848.64	467617257.90	467669724.31
		0.3	460271183.50	460428582.72	460585981.95	460759840.68	460900801.08	461077145.02	461215776.85	461372978.08	461530377.30	461687776.53
		0.5	453341686.16	453604076.01	453866465.85	454147436.83	454391245.54	454653635.38	454916355.22	455178735.07	455440804.91	455703194.75
		0.7	446410561.35	446777907.13	447145252.91	447531125.89	447879944.47	448247290.26	448614636.04	448981981.82	449349327.60	449716673.38
		0.9	439479436.54	439951738.26	440424039.97	440896341.69	441368643.41	441840945.13	442313246.85	442785548.57	443257850.28	443730152.00
	0.7	0.1	451028229.24	451947835.56	452851819.79	437588213.19	454659875.75	455563857.48	456467839.21	457371740.94	458275725.16	459178624.79
		0.3	447691705.89	448511303.26	449330900.55	451945255.94	450971009.53	451789896.57	452625666.97	453428887.21	454248647.80	455085375.76
		0.5	444355182.53	445090546.24	445826280.05	446561273.68	447296637.40	448032341.12	448767364.99	449519730.24	450238402.29	450990592.13
		0.7	441018659.17	441686799.04	442320919.38	442975731.60	443623179.59	444291416.27	444942570.58	445593724.89	446244879.19	446878830.12
		0.9	437700482.41	438249716.30	438815928.80	439382825.29	439951950.18	440533964.20	441100841.87	441650987.26	442231993.47	442801474.87
	0.5	0.1	447297206.04	447845641.90	448408929.65	448972217.41	449535505.16	450098724.92	450662014.67	451240866.82	451788594.18	452351883.94
		0.3	444778186.81	445348803.29	445887650.73	446442382.69	447010422.78	447551846.62	448106778.00	448661966.84	449216042.50	449778628.08
		0.5	442290243.99	442820271.64	443366815.81	443912619.98	444458857.24	445004968.51	445551472.49	446097585.01	446643491.00	447189664.99
		0.7	439770008.14	440307624.51	440845240.89	441383361.26	441920473.64	442458090.02	442995706.39	443533322.77	444070939.15	444608975.66
		0.9	437266620.80	437795661.38	438324035.97	438853094.55	439399413.01	439911211.72	440440270.30	440969328.88	441498387.47	442027446.05
多面体 ($\Gamma = \Psi\|S\|$)	0.9	0.1	467238637.67	467302459.45	467381159.06	467478907.14	467553243.11	467631916.13	467697159.75	467774657.12	467853356.74	467946608.20
		0.3	460350114.11	460585981.95	460838244.84	461058179.63	461294278.47	461530377.30	461766476.14	462002574.98	462238832.82	462480248.47
		0.5	453472881.09	453866465.85	454260050.62	454653635.38	455047220.15	455440804.91	455834389.68	456230772.84	456621559.21	457015143.97
		0.7	446594773.24	447145252.91	447696271.58	448247290.26	448798308.93	449349327.60	449900346.27	450451364.94	451002383.61	451553402.28
		0.9	439715587.40	440424039.97	441132492.55	441840945.13	442549397.71	443257850.28	443966833.87	444674755.44	445383208.02	446108924.48
	0.7	0.1	451480144.71	452851819.79	454194917.82	455550380.82	456919830.07	458275725.18	459631701.51	460970425.63	462326116.05	463699253.89
		0.3	448117925.01	449347197.65	450560296.55	451800770.34	453035881.79	454248484.54	455477880.54	456707276.54	457954127.32	459168482.20
		0.5	444723324.97	445825909.96	446928955.54	448032001.12	449135780.81	450238402.29	451341137.86	452444183.44	453547229.02	454650524.59
		0.7	441361221.89	442321438.02	443314684.81	444274309.70	445251004.87	446227700.03	447204808.18	448181090.34	449157785.50	450134830.66
		0.9	437983014.70	438815928.80	439683647.70	440516618.28	441366963.02	442217307.76	443068183.50	443917997.24	444768341.98	445618686.72
	0.5	0.1	447578896.10	448408855.65	449253790.29	450098792.92	450943724.55	451804324.43	452649317.10	453494387.26	454339523.68	455184527.60
		0.3	445055552.79	445903311.57	446735501.48	447567691.39	448399745.66	449232303.72	450048141.01	450880238.41	451712336.33	452544679.92
		0.5	442563828.46	443366445.81	444186062.06	445021276.18	445840585.84	446659895.50	447463047.08	448282276.78	449101902.62	449920535.84
		0.7	440038816.32	440845240.89	441651665.45	442458090.02	443264969.58	444070939.15	444877363.71	445700626.53	446507007.99	447296638.97
		0.9	437530448.09	438324035.97	439118262.84	439928445.77	440704799.59	441498387.47	442291975.34	443085563.22	443896191.51	444673198.10

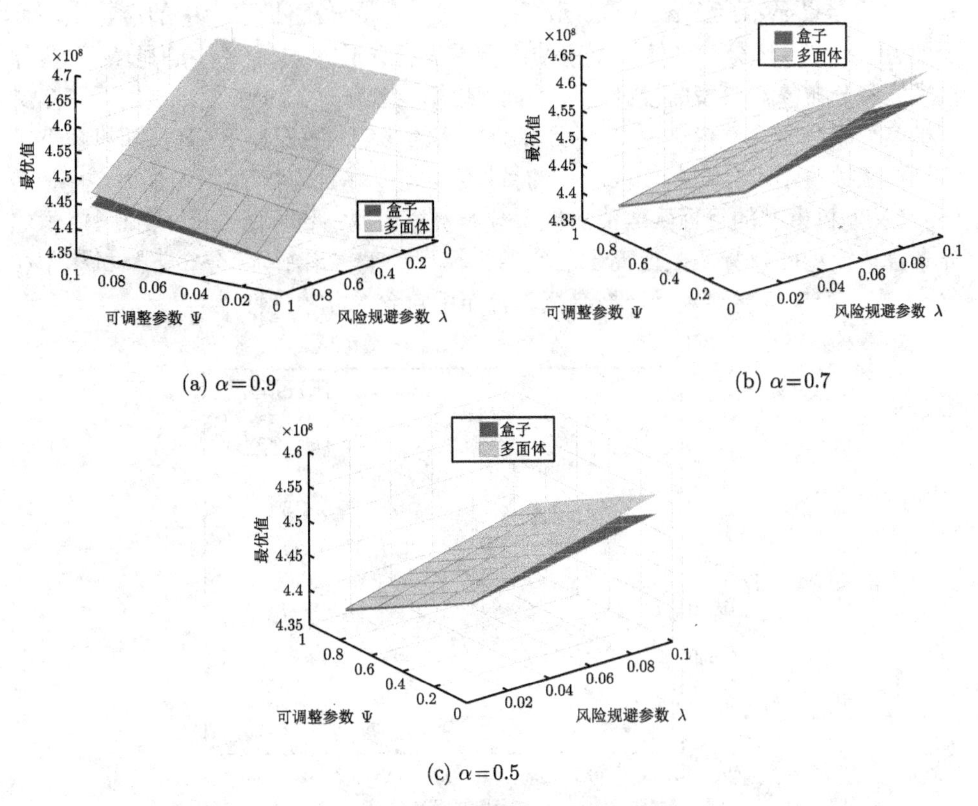

图 9.2 不同可调整参数下计算结果

9.4.3 比较研究

本节讨论分布鲁棒模型与名义随机模型下最优目标值的比较. 不同置信水平和风险规避参数下的名义随机模型的计算结果在表 9.5 中表示. 结果显示, 当风险规避参数固定时, 目标函数值随着置信水平的增加而增加, 与分布鲁棒模型一致; 另一方面, 当置信水平固定时, 风险规避参数越大, 目标函数越小. 图 9.3 清晰地描述了这一变化趋势.

表 9.5 名义随机模型的计算结果

置信水平 α	风险规避参数 λ				
	0.1	0.3	0.5	0.7	0.9
0.9	467145060.22	460114024.27	453079296.32	446043215.57	439007134.82
0.7	450126298.69	446872108.55	443619818.81	440367529.06	437115239.32
0.5	446718986.39	444223454.85	441727923.30	439232391.76	436736860.22

下面我们对分布鲁棒模型和具有精确概率分布的名义随机模型进行比较研

究. 实验结果显示, 当 $\alpha = 0.9$ 和 $\lambda = 0.5$ 时, 名义随机模型中的潜在供应商选址为 s1, s2, s4; 分布鲁棒模型中的潜在供应商选址为 s1, s9, s10. 显然, 名义随机模型和分布鲁棒模型的设施选址不同. 此外, 当 $\alpha = 0.9$ 时, 图 9.4 展示了名义随机模型和分布鲁棒模型中 λ 对目标函数值的影响. 图像显示, 名义随机模型下的目标函数值小于分布鲁棒模型下的目标函数值, 并且均随 λ 的增加而减小. 另外, 名义随机模型的目标函数值均低于分布鲁棒模型的目标函数值 (表 9.4). 虽然分布鲁棒模型的目标函数值高于名义随机模型, 但与精确概率分布下随机模型相比, 分布鲁棒模型能够较好地抵御概率分布中包含的非精确性.

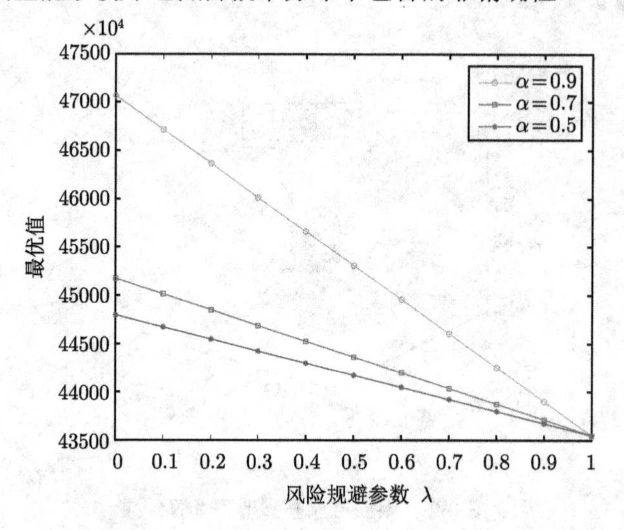

图 9.3 不同风险规避参数的目标函数值

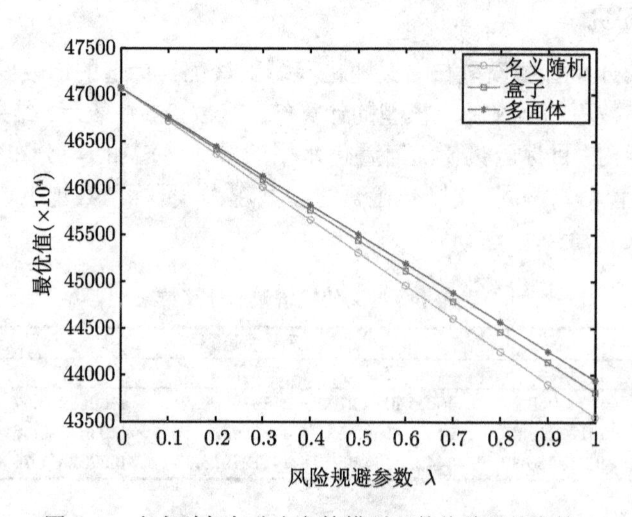

图 9.4 名义随机与分布鲁棒模型下数值结果的比较

9.4.4 管理启示

目前, 在设计共享单车闭环供应链网络决策过程中, 客户需求、回收产品数量以及运输成本有很强的不确定性. 这些不确定性往往导致巨大的风险, 并伴随着巨大的损失. 因此, 为了在市场竞争中获得稳健的决策策略, 我们利用风险规避的方法设计了共享单车闭环供应链网络. 近年来, 一些研究集中在仅用 CVaR 来度量闭环供应链网络设计问题中的不确定性带来的下行风险. 均值-CVaR 方法将 CVaR 与期望总成本相结合, 克服了期望值模型的低效性, 也解决了闭环供应链网络设计中的风险问题.

本章所建的分布鲁棒优化模型可供共享单车的决策者使用. 数值实验表明, 当不确定概率分布属于某个非精确集时, 本章所建模型可以提供鲁棒解. 许多公司认为, 通过分析现有的历史数据可以获得准确的概率分布信息. 然而, 在一些行业, 如: 电子工业和汽车工业等, 很难通过历史数据获得可靠的概率分布. 因此, 管理者需要使用分布鲁棒优化方法抵御概率分布的非精确性所带来的风险.

与名义随机方法相比, 分布鲁棒优化方法克服了实际问题中概率分布信息未知、大规模问题计算复杂性等缺点, 并且管理者可以很容易地将其应用到企业供应链管理中. 在鲁棒的供应链决策过程中, 有很多非精确集可供选择, 例如: 盒子非精确集、多面体非精确集和椭球非精确集等. 管理者可以根据企业自身的需求灵活使用.

9.5 本 章 小 结

本章研究了均值-CVaR 准则下多场景闭环供应链网络设计问题. 首先, 针对闭环供应链网络设计问题, 提出了分布鲁棒均值-CVaR 模型, 该模型参数具有不精确的离散概率分布特征. 在所建模型中, 根据得到的部分概率分布信息, 目标函数为期望值总成本和 CVaR 的凸组合. 其次, 本章所提出的分布鲁棒优化问题的鲁棒对等模型是一个半无限规划模型, 这是一个 NP-难问题. 在盒子非精确集和多面体非精确集下, 利用对偶理论将鲁棒对等模型转化为计算上可处理的确定规划模型, 并且可以通过 CPLEX 等优化软件得到最优解. 最后, 我们通过京津冀地区一家共享单车公司的案例验证所提出的优化模型的有效性和实用性. 数值实验结果表明, 本章所提出的分布鲁棒优化模型与传统的名义随机模型相比具有一定的优越性, 可以帮助决策者在模型参数的概率分布部分已知的情况下设计闭环供应链网络.

第 10 章　分布鲁棒可持续供应商选择问题

供应商选择和订单分配问题是指在满足供应商和采购公司特定需求及局限性的前提下, 确定最佳的供应商, 同时基于所选供应商寻找合理的订单分配方案[95]. 为提高企业的绩效和服务水平, 在竞争激烈的全球市场中, 企业最基本的要求之一就是做出关键性的决策[99,102,108]. 选择供应商和确定分配订单量是供应链网络管理中的战略决策, 在很大程度上影响其他管理供应网络的过程, 如公司最终产品的质量和价格等后续决策[101,105,109]. 对于一个可持续的供应链网络, 当今的全球商业环境越来越要求加入与可持续发展有关的因素[96,107], 例如, 二氧化碳 (CO_2) 排放[103]、社会[100]、供应商的综合价值[101,105,109,110] 等等, 将传统的供应商选择和订单分配问题转换成可持续发展的供应商选择问题. 文献 [108] 指出, 选择可持续的供应商, 并在签约供应商之间合理分配订单, 可以显著降低成本, 提高社会满意度, 减少排放, 增强采购公司的竞争力. 在这样的策略要求下, 致力于长期和可持续发展的公司必须提高其综合绩效和质量, 同时降低成本和环境污染, 以实现长远发展.

然而在现实生活中, 采购公司在规划可持续的供应商选择和订单分配问题时面临一个重大挑战, 就是广泛收集数据并确定输入数据的准确分布. 为此, 本章假设不确定性的单位成本、排放、需求、供给能力和最小订单质量具有不精确概率分布, 并通过包含真实分布的非精确集刻画这些参数的不确定性. 同时, 为了实现公司的可持续性, 采购公司做决策时需要考虑四个相互冲突的目标: 成本、环境保护、社会和供应商的综合价值. 因此, 本章拟采用分布鲁棒目标规划优化方法研究可持续供应商选择和订单分配问题[104], 建立一个基于期望约束和联合机会约束的分布式鲁棒可持续供应商选择和订单分配目标规划模型. 所提出的优化模型能够平衡多个冲突目标, 有效地解决可持续供应商选择问题. 更重要的是, 我们构造了非精确分布集, 从而导出了所提模型的计算上可处理的逼近形式. 最后, 通过对某钢铁公司的案例分析, 说明所用优化方法的有效性, 并深入探讨不确定性对最优决策的影响, 依据计算结果归纳其管理含义.

10.1　分布鲁棒可持续供应商选择目标规划模型

10.1.1　问题描述

本章研究不确定环境下的可持续供应商选择和订单分配问题. 如图 10.1 所示, 考虑一个由一个采购公司和多个供应商构成的集中式供应链. 可持续供应商选择和订单分配问题包含四个与可持续发展有关的相互冲突的目标: 成本、二氧化碳排放、社会和供应商综合价值. 在制定决策之前, 不确定参数 (例如单位采购成本、单位运输成本、二氧化碳排放量、需求、供应能力和可接受的供应商最低订购量) 的真实分布不易准确获取, 这大大增加了决策的复杂性. 为此, 本章在 10.1.2 节提出一种综合性的方法: 分布鲁棒目标规划建模法.

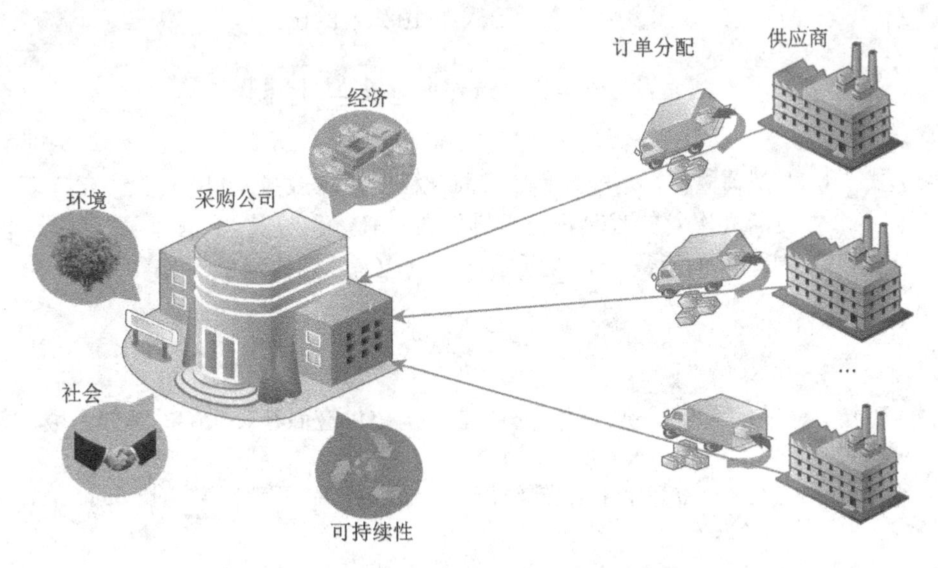

图 10.1 可持续供应商选择和订单分配问题示意图

10.1.2 建模过程

本节讨论不确定分布下可持续供应商选择和订单分配问题的建模过程, 所建立的分布鲁棒目标规划模型包含四个相互冲突的目标: 最小化成本、最小化二氧化碳排放量、最大化社会影响、最大化供应商的综合价值. 下面先给出不确定信息下各目标的表达式:

$$
\begin{aligned}
&F_1(\boldsymbol{q},\boldsymbol{x},\boldsymbol{\zeta}^p,\boldsymbol{\zeta}^t)\\
&=\sum_{j\in J}C_j^{\mathrm{adm}}x_j+\sum_{j\in J}C_j^{\mathrm{pur}}(\zeta_j^p)q_j+\sum_{j\in J}C_j^{\mathrm{tran}}(\zeta_j^t)\left\lceil\frac{q_j}{\mathrm{TC}}\right\rceil\mathrm{Dis}_j
\end{aligned}\tag{10.1}
$$

刻画供应商选择和订单分配问题的总成本. 等号右端第一项 $\sum_{j\in J}C_j^{\mathrm{adm}}x_j$ 是供应商的管理成本, 其中 C_j^{adm} 表示第 j 个供应商的单位管理费用, 二元决策变量 $x_j=1$ 表示选择第 j 个供应商, 否则 $x_j=0$. 第二项 $\sum_{j\in J}C_j^{\mathrm{pur}}(\zeta_j^p)q_j$ 是供应商的管理成本, 其中 $C_j^{\mathrm{pur}}(\zeta_j^p)$ 表示从第 j 个供应商处订购原材料的单位购买费用, 决策变

量 q_j 表示第 j 个供应商处订购原材料的数量. 第三项 $\sum_{j\in J} C_j^{\mathrm{tran}}(\zeta_j^t)\left\lceil \frac{q_j}{\mathrm{TC}} \right\rceil \mathrm{Dis}_j$ 是原材料的运输费用, 其中 $C_j^{\mathrm{tran}}(\zeta_j^t)$ 表示从第 j 个供应商到采购公司每公里的运输费用, TC 表示车辆的运输能力, Dis_j 表示从第 j 个供应商到采购公司的距离. 需要指出的是, 参数 $C_j^{\mathrm{pur}}(\zeta_j^p)$ 和 $C_j^{\mathrm{tran}}(\zeta_j^t)$ 具有不确定性, 分别是随机变量 ζ_j^p 和 ζ_j^t 的函数, 具体参数化表示形式在 10.2 节给出.

$$F_2(\boldsymbol{q},\boldsymbol{\zeta}^c) = \sum_{j\in J} \mathrm{CO}_{2j}^{\mathrm{tran}}(\zeta_j^c)\left\lceil \frac{q_j}{\mathrm{TC}} \right\rceil \mathrm{Dis}_j \tag{10.2}$$

表达式 (10.2) 刻画原材料运输过程中二氧化碳的总排放量, 其中 $\mathrm{CO}_{2j}^{\mathrm{tran}}(\zeta_j^c)$ 表示从第 j 个供应商处出发的车辆每公里排放的二氧化碳数量, 具有不确定性, 可以表示为随机变量 ζ_j^c 的函数, 即 $\mathrm{CO}_{2j}^{\mathrm{tran}}(\zeta_j^c) = (\mathrm{CO}_{2j}^{\mathrm{tran}})^0 + \sum_{l\in L}(\mathrm{CO}_{2j}^{\mathrm{tran}})^l \zeta_j^{cl}$.

$$F_3(\boldsymbol{q}) = \sum_{j\in J} w_j^{\mathrm{soc}} q_j \tag{10.3}$$

供应商社会影响的量化反映, 其中 w_j^{soc} 是第 j 个供应商社会影响的绩效系数.

$$F_4(\boldsymbol{q}) = W^{\mathrm{eco}}\left(\sum_{j\in J} w_j^{\mathrm{eco}} q_j\right) + W^{\mathrm{env}}\left(\sum_{j\in J} w_j^{\mathrm{env}} q_j\right) + W^{\mathrm{soc}}\left(\sum_{j\in J} w_j^{\mathrm{soc}} q_j\right) \tag{10.4}$$

表示供应商的综合价值, 通过供应商在经济、环境和社会三组标准下的综合贡献来衡量. 这三组准则将在 10.3.1 节中提供, 以便决策者选择综合价值更高的供应商. 参数 w_j^{eco} 和 w_j^{env} 分别表示第 j 个供应商相对于经济准则和环境准则的绩效系数, 而参数 $W^{\mathrm{eco}}, W^{\mathrm{env}}$ 和 W^{soc} 分别代表经济标准、环境标准和社会标准的权重. 权重和绩效系数的确定是一个多准则决策过程, 可以根据 10.3.1 节中关于经济、环境和社会的三组标准计算出来. 在文献 [101,107] 中, 研究者采用类似的方式来刻画供应商的综合价值.

对可持续供应商选择和订单分配问题, 基于上述四个相互冲突的目标函数, 我们建立一个新的具有期望约束和联合机会约束的分布鲁棒目标规划模型如下

$$\begin{aligned}
\min\quad & P_1 d_1^+ + P_2 d_2^+ + P_3 d_3^- + P_4 d_4^- && (10.5)\\
\text{s.t.}\quad & \mathrm{E}_{\boldsymbol{\zeta}^p,\boldsymbol{\zeta}^t\sim\mathbb{P}}(F_1(\boldsymbol{q},\boldsymbol{x},\boldsymbol{\zeta}^p,\boldsymbol{\zeta}^t)) - d_1^+ \leqslant g_1, \quad \forall \mathbb{P}\in\mathcal{P}_\zeta, && (10.6)\\
& \mathrm{E}_{\boldsymbol{\zeta}^c\sim\mathbb{P}}(F_2(\boldsymbol{q},\boldsymbol{\zeta}^c)) - d_2^+ \leqslant g_2, \quad \forall \mathbb{P}\in\mathcal{P}_\zeta, && (10.7)\\
& F_3(\boldsymbol{q}) + d_3^- \geqslant g_3, && (10.8)\\
& F_4(\boldsymbol{q}) + d_4^- \geqslant g_4, && (10.9)\\
& \mathrm{E}_{\boldsymbol{\zeta}^p,\boldsymbol{\zeta}^t\sim\mathbb{P}}[F_1(\boldsymbol{q},\boldsymbol{x},\boldsymbol{\zeta}^p,\boldsymbol{\zeta}^t) - \mathrm{E}(F_1(\boldsymbol{q},\boldsymbol{x},\boldsymbol{\zeta}^p,\boldsymbol{\zeta}^t))]^+ \leqslant \alpha, \quad \forall \mathbb{P}\in\mathcal{P}_\zeta, && (10.10)
\end{aligned}$$

$$\mathrm{E}_{\boldsymbol{\zeta}^c\sim\mathbb{P}}[F_2(\boldsymbol{q},\boldsymbol{\zeta}^c)-\mathrm{E}(F_2(\boldsymbol{q},\boldsymbol{\zeta}^c))]^+\leqslant\beta,\quad\forall\mathbb{P}\in\mathcal{P}_{\zeta},\tag{10.11}$$

$$\Pr_{\xi\sim\mathbb{P}}\left\{\sum_{j\in J}q_j\geqslant D(\xi)\right\}\geqslant 1-\epsilon_D,\quad\forall\mathbb{P}\in\mathcal{P}_{\xi},\tag{10.12}$$

$$\Pr_{\xi\sim\mathbb{P}}\left\{\sum_{j\in J}\eta_j q_j\leqslant D(\xi)\theta\right\}\geqslant 1-\epsilon_d,\quad\forall\mathbb{P}\in\mathcal{P}_{\xi},\tag{10.13}$$

$$\Pr_{\boldsymbol{\eta}^S\sim\mathbb{P}}\left\{q_j\leqslant S_j(\eta_j^S)x_j,\ \forall j\in J\right\}\geqslant 1-\epsilon_s,\quad\forall\mathbb{P}\in\mathcal{P}_{\eta},\tag{10.14}$$

$$\Pr_{\boldsymbol{\eta}^Q\sim\mathbb{P}}\left\{q_j\geqslant Q_j^m(\eta_j^Q)x_j,\ \forall j\in J\right\}\geqslant 1-\epsilon_Q,\quad\forall\mathbb{P}\in\mathcal{P}_{\eta},\tag{10.15}$$

$$\sum_{j\in J}x_j\leqslant N_{\max},\tag{10.16}$$

$$\sum_{j\in J}x_j\geqslant N_{\min},\tag{10.17}$$

$$x_j\in\{0,1\},\quad q_j\geqslant 0,\quad\forall j,\tag{10.18}$$

$$d_1^+,\ d_2^+,\ d_3^-,\ d_4^-\geqslant 0,\quad\forall j.\tag{10.19}$$

在上面的模型中, 表达式 (10.6), (10.7) 和 (10.10)—(10.15) 中含有不确定信息. 符号 g_i 是第 i 个目标的目标值, $i=1,\ 2,\ 3,\ 4$. 根据目标规划方法, 目标值是由决策者根据他们的愿望和发展需要预先确定的. 正偏差变量 d^+ 表示决策值超过目标值的部分, 而负偏差变量 d^- 表示决策值未达到目标值的部分. 偏差变量 $(d_1^+,\ d_2^+,\ d_3^-,\ d_4^-)$ 是决策变量, 可以通过求解模型得到. 在目标规划思想下, 若达到了预定的目标值 $g_1,\ g_2,\ g_3,\ g_4$, 则模型求解的偏差变量取值为零, 否则, 它们会出现非零值. 在优化目标规划过程中, 要求达到的这些目标有主次或轻重缓急之分, 优先级高的目标通常比优先级低的目标优先实现.

(10.5) 式是目标规划的目标函数, 由各目标约束的正、负偏差变量和赋予相应的优先因子构造而成. 当每一目标值确定后, 决策者要求尽可能地缩小偏离目标值的程度. 优先因子 $P_1,\ P_2,\ P_3$ 和 P_4 满足 $P_1\gg P_2\gg P_3\gg P_4$, 表示在决策者心目中, 成本具有最高优先级, 二氧化碳排放量次之, 再次是社会影响, 最后是供应商综合价值.

(10.6) 式是关于费用的软约束, 要求在非精确集 $\mathcal{P}_{\boldsymbol{\zeta}}$ 下期望总费用尽可能不超过给定的目标值 g_1. 决策者希望总费用越小越好, 即允许达不到目标值. 然而, 总费用超过 g_1 是决策者不想发生的, 从而引入正偏差 d_1^+ 并使其尽可能地小.

(10.7) 式是关于二氧化碳排放量的软约束, 要求在非精确集 $\mathcal{P}_{\boldsymbol{\zeta}}$ 下期望总排放量尽可能不超过给定的目标值 g_2. 总排放量达不到目标值可以发生, 超过 g_2 是决策者不希望出现的. 为此引入正偏差 d_2^+ 并使其尽可能地小.

(10.8) 式是关于供应商社会影响的软约束. 决策者期望的目标值为 g_3, 允许社会影响的实际决策值高于 g_3. 如果低于目标值 g_3 进行惩罚, 这样最小化负偏差 d_3^- 使得决策值与目标值的间距尽可能地小.

(10.9) 式是关于供应商综合价值的软约束. 决策者希望供应商的综合价值尽可能大, 若设定目标值为 g_4, 实际决策值可以高于 g_4. 如果低于目标值 g_4 则尽可能避免, 所以最小化负偏差 d_4^-.

在不确定环境下做决策, 需要考虑不确定性带来的风险, 模型中用上半偏差度量风险. (10.10) 式确保总费用超过期望费用的风险小于等于给定阈值 α.

(10.11) 式限制二氧化碳排放量超过期望排放量的风险不超过阈值 β.

(10.12) 式是服务水平约束, 要求满足采购公司需求的概率不低于置信水平 $1-\epsilon_D$, 其中 $D(\xi)$ 表示需求, 精确值未知, 具有不确定性, 可以表示为随机变量 ξ 的函数.

(10.13) 式是质量保障约束, 保证原材料的损失不超过概率水平 ϵ_d. 该约束中符号 η_j 和 θ 分别表示第 j 个供应商的原材料次品率和采购买公司可接受的损失率.

(10.14) 式是关于供应商能力的联合机会约束, 保证从第 j 个供应商处获取的订购量不超过供应商的能力, 由于不确定性, 该事件发生的机会不低于 $1-\epsilon_s$, 其中 $S_j(\eta_j^S)$ 表示第 j 个供应商的最大供货能力.

(10.15) 式是关于供应商最低订购量的联合机会约束, 订购量低于供应商的最低限制发生的概率不超过阈值 ϵ_Q, 其中 $Q_j^m(\eta_j^Q)$ 表示第 j 个供应商的最低订购量.

(10.16) 和 (10.17) 式限制供应商的数量在一定范围内. (10.18) 式给出供应商的 0-1 选择变量和订购量的非负限制. (10.19) 式是偏差变量的非负约束.

新模型 (10.5)—(10.19) 首次被用于研究可持续供应商选择和订单分配问题. 由于模型中含有不确定性信息, 不容易直接获得最优解. 期望约束 (10.6)、(10.7)、(10.10)、(10.11)、机会约束 (10.12)—(10.13) 和联合机会约束 (10.14)—(10.15) 中的不确定参数只能得到部分分布信息, 假设它们的分布位于非精确集中. 考虑到非精确集中蕴含着无限多个分布, 导致模型具有无限多的约束条件, 从而使得模型在计算上难以处理. 为了获得一个可处理的模型, 我们没有采用传统优化方法, 而是关注一个相对新颖的分布鲁棒优化方法. 鉴于分布鲁棒模型的可处理性很大程度上依赖非精确集的选择. 因此, 在 10.2 节中, 我们提供一个具体的非精确集, 并推导出模型 (10.5)—(10.19) 的可处理形式.

10.2 可处理逼近形式

本节试图推导出模型 (10.5)—(10.19) 的计算可处理逼近形式, 难点在于如

何给出期望值约束 (10.6)—(10.7)、机会约束 (10.12)—(10.13) 和联合机会约束 (10.14)—(10.15) 的逼近形式. 下面, 我们给定分布的非精确集, 并推导各约束的可处理逼近.

10.2.1 期望约束的可处理逼近

假设随机变量 $\boldsymbol{\zeta}^p$, $\boldsymbol{\zeta}^t$ 和 $\boldsymbol{\zeta}^c$ 满足下面的非精确集:

$$\begin{aligned}\mathcal{P}_{\boldsymbol{\zeta}} = \{&\mathbb{P} : \operatorname{supp}(\zeta_j^k) \subseteq [-1,\ 1], \mathrm{E}_{\mathbb{P}}(\zeta_j^{kl}) = \mu_j^{kl},\\ &\mathrm{E}_{\mathbb{P}}[\zeta_j^{kl} - \mu_j^{kl}]^+ = (\bar{d}_j^{kl})^+,\ \forall l \in L,\ \forall j \in J\}, \quad k = p,\ t,\ c,\end{aligned} \tag{10.20}$$

其中对任意 $l \in L$, 随机变量 ζ_j^{kl} 相互独立. 符号 μ_j^{kl} 表示随机变量 ζ_j^{kl} 的均值, 满足 $-1 \leqslant \mu_j^{kl} \leqslant 1$. 符号 $(\bar{d}_j^{kl})^+$ 表示随机变量 ζ_j^{kl} 的上半偏差. 根据文献 [98] 可知, 绝对偏差满足 $0 \leqslant \bar{d}_j^{kl} \leqslant \dfrac{2(1-\mu_j^{kl})(\mu_j^{kl}+1)}{1-(-1)}$, 又因为 $(\bar{d}_j^{kl})^+ = \bar{d}_j^{kl}/2$, 所以有 $0 \leqslant (\bar{d}_j^{kl})^+ \leqslant \dfrac{(1-\mu_j^{kl})(\mu_j^{kl}+1)}{2}$. 根据给定的非精确集 (10.20), 期望约束 (10.6)—(10.7) 很容易表示为可处理的解析表达式. 下面的定理讨论期望值约束 (10.10)—(10.11) 的可处理逼近形式.

定理 10.1[104] *假设对任意 j, 不确定购买费用 $C_j^{\mathrm{pur}}(\zeta_j^p)$、运输费用 $C_j^{\mathrm{tran}}(\zeta_j^t)$ 和二氧化碳排放量 $\mathrm{CO}_{2j}^{\mathrm{tran}}(\zeta_j^c)$ 可分别表示为随机变量 ζ_j^p, ζ_j^t 和 ζ_j^c 的函数, 例如, $C_j^{\mathrm{pur}}(\zeta_j^p) = (C_j^{\mathrm{pur}})^0 + \sum_{l\in L}(C_j^{\mathrm{pur}})^l\zeta_j^{pl}$. 已知随机变量 ζ_j^p, ζ_j^t 和 ζ_j^c 的分布位于非精确集 (10.20), 则有*

$$\begin{aligned}&\sup_{\mathbb{P}\in\mathcal{P}_{\boldsymbol{\zeta}}} \mathrm{E}_{\boldsymbol{\zeta}^p,\boldsymbol{\zeta}^t\sim\mathbb{P}}[F_1(\boldsymbol{q},\boldsymbol{x},\boldsymbol{\zeta}^p,\boldsymbol{\zeta}^t) - \mathrm{E}(F_1(\boldsymbol{q},\boldsymbol{x},\boldsymbol{\zeta}^p,\boldsymbol{\zeta}^t))]^+\\ \leqslant&\sum_{j\in J}\sum_{l\in L}\left(\left|(C_j^{\mathrm{pur}})^l q_j\right|(\bar{d}_j^{pl})^+ + \left|(C_j^{\mathrm{tran}})^l\left\lceil\frac{q_j}{\mathrm{TC}}\right\rceil\mathrm{Dis}_j\right|(\bar{d}_j^{tl})^+\right),\end{aligned} \tag{10.21}$$

$$\begin{aligned}&\sup_{\mathbb{P}\in\mathcal{P}_{\boldsymbol{\zeta}}} \mathrm{E}_{\boldsymbol{\zeta}^c\sim\mathbb{P}}[F_2(\boldsymbol{q},\boldsymbol{\zeta}^c) - \mathrm{E}(F_2(\boldsymbol{q},\boldsymbol{\zeta}^c))]^+\\ \leqslant&\sum_{j\in J}\sum_{l\in L}\left|(\mathrm{CO}_{2j}^{\mathrm{tran}})^l\left\lceil\frac{q_j}{\mathrm{TC}}\right\rceil\mathrm{Dis}_j\right|(\bar{d}_j^{cl})^+.\end{aligned} \tag{10.22}$$

证明 此处仅证明 (10.21), 同理可证 (10.22).

为表示方便, 假设 $y_j = C_j^{\mathrm{pur}}(\zeta_j)q_j + C_j^{\mathrm{adm}}x_j + C_j^{\mathrm{tran}}(\zeta_j)\left\lceil\dfrac{q_j}{\mathrm{TC}}\right\rceil\mathrm{Dis}_j$, $y_j^0 = (C_j^{\mathrm{pur}})^0q_j+(C_j^{\mathrm{adm}})x_j+(C_j^{\mathrm{tran}})^0\left\lceil\dfrac{q_j}{\mathrm{TC}}\right\rceil\mathrm{Dis}_j$, $y_j^{pl} = (C_j^{\mathrm{pur}})^l q_j$ 和 $y_j^{tl} = (C_j^{\mathrm{tran}})^l\left\lceil\dfrac{q_j}{\mathrm{TC}}\right\rceil\cdot\mathrm{Dis}_j$. 因为购买费用 $C_j^{\mathrm{pur}}(\zeta_j^p)$ 和运输费用 $C_j^{\mathrm{tran}}(\zeta_j^t)$ 分别是随机变量 ζ_j^p 和 ζ_j^t 的函

数, 所以有 $y_j = y_j^0 + \sum_{l\in L} y_j^{pl}\zeta_j^{pl} + \sum_{l\in L} y_j^{tl}\zeta_j^{tl}$. 因此, $F_1(\boldsymbol{q},\boldsymbol{x},\boldsymbol{\zeta}^p,\boldsymbol{\zeta}^t) = \sum_{j\in J} y_j = \sum_{j\in J} y_j^0 + \sum_{j\in J}\sum_{l\in L}\left(y_j^{pl}\zeta_j^{pl} + y_j^{tl}\zeta_j^{tl}\right)$. 考虑到随机变量 ζ_j^p 和 ζ_j^t 的分布位于非精确集 (10.20), 可知

$$\mathrm{E}_{\boldsymbol{\zeta}^p,\boldsymbol{\zeta}^t\sim\mathbb{P}}[F_1(\boldsymbol{q},\boldsymbol{x},\boldsymbol{\zeta}^p,\boldsymbol{\zeta}^t)] = \sum_{j\in J} y_j^0 + \sum_{j\in J}\sum_{l\in L}\left(y_j^{pl}\mu_j^{pl} + y_j^{tl}\mu_j^{tl}\right). \tag{10.23}$$

将式 (10.23) 代入式 (10.10), 可得

$$\begin{aligned}&\mathrm{E}_{\boldsymbol{\zeta}^p,\boldsymbol{\zeta}^t\sim\mathbb{P}}[F_1(\boldsymbol{q},\boldsymbol{x},\boldsymbol{\zeta}^p,\boldsymbol{\zeta}^t) - \mathrm{E}(F_1(\boldsymbol{q},\boldsymbol{x},\boldsymbol{\zeta}^p,\boldsymbol{\zeta}^t))]^+\\ =&\mathrm{E}_{\boldsymbol{\zeta}^p,\boldsymbol{\zeta}^t\sim\mathbb{P}}\left[\sum_{j\in J}\sum_{l\in L}\left([y_j^{pl}\zeta_j^{pl} - y_j^{pl}\mu_j^{pl}] + [y_j^{tl}\zeta_j^{tl} - y_j^{tl}\mu_j^{tl}]\right)\right]^+.\end{aligned}$$

因为 $\mathrm{E}[\boldsymbol{\zeta} - \mathrm{E}(\boldsymbol{\zeta})]^+ = \dfrac{1}{2}\mathrm{E}|\boldsymbol{\zeta} - \mathrm{E}(\boldsymbol{\zeta})|$, 可知有

$$\begin{aligned}&\mathrm{E}_{\boldsymbol{\zeta}^p,\boldsymbol{\zeta}^t\sim\mathbb{P}}\left[\sum_{j\in J}\sum_{l\in L}\left([y_j^{pl}\zeta_j^{pl} - y_j^{pl}\mu_j^{pl}] + [y_j^{tl}\zeta_j^{tl} - y_j^{tl}\mu_j^{tl}]\right)\right]^+\\ \leqslant&\mathrm{E}_{\boldsymbol{\zeta}^p,\boldsymbol{\zeta}^t\sim\mathbb{P}}\left[\sum_{j\in J}\sum_{l\in L}\left([y_j^{pl}\zeta_j^{pl} - y_j^{pl}\mu_j^{pl}]^+ + [y_j^{tl}\zeta_j^{tl} - y_j^{tl}\mu_j^{tl}]^+\right)\right]\\ =&\sum_{j\in J}\sum_{l\in L}\mathrm{E}_{\boldsymbol{\zeta}^p\sim\mathbb{P}}\left[y_j^{pl}\zeta_j^{pl} - y_j^{pl}\mu_j^{pl}\right]^+ + \sum_{j\in J}\sum_{l\in L}\mathrm{E}_{\boldsymbol{\zeta}^t\sim\mathbb{P}}\left[y_j^{tl}\zeta_j^{tl} - y_j^{tl}\mu_j^{tl}\right]^+\\ =&\frac{1}{2}\sum_{j\in J}\sum_{l\in L}\mathrm{E}_{\boldsymbol{\zeta}^p\sim\mathbb{P}}\left|y_j^{pl}\zeta_j^{pl} - y_j^{pl}\mu_j^{pl}\right| + \frac{1}{2}\sum_{j\in J}\sum_{l\in L}\mathrm{E}_{\boldsymbol{\zeta}^t\sim\mathbb{P}}\left|y_j^{tl}\zeta_j^{tl} - y_j^{tl}\mu_j^{tl}\right|\\ =&\sum_{j\in J}\sum_{l\in L}|y_j^{pl}|\left\{\frac{1}{2}\mathrm{E}_{\boldsymbol{\zeta}^p\sim\mathbb{P}}|\zeta_j^{pl} - \mu_j^{pl}|\right\} + \sum_{j\in J}\sum_{l\in L}|y_j^{tl}|\left\{\frac{1}{2}\mathrm{E}_{\boldsymbol{\zeta}^t\sim\mathbb{P}}|\zeta_j^{tl} - \mu_j^{tl}|\right\}\\ =&\sum_{j\in J}\sum_{l\in L}|y_j^{pl}|\mathrm{E}_{\boldsymbol{\zeta}^p\sim\mathbb{P}}\left[\zeta_j^{pl} - \mu_j^{pl}\right]^+ + \sum_{j\in J}\sum_{l\in L}|y_j^{tl}|\mathrm{E}_{\boldsymbol{\zeta}^t\sim\mathbb{P}}\left[\zeta_j^{tl} - \mu_j^{tl}\right]^+\\ =&\sum_{j\in J}\sum_{l\in L}\left(|y_j^{pl}|(\bar{d}_j^{pl})^+ + |y_j^{tl}|(\bar{d}_j^{tl})^+\right).\end{aligned}$$

所以可得

$$\begin{aligned}&\sup_{\mathbb{P}\in\mathcal{P}_{\boldsymbol{\zeta}}}\mathrm{E}_{\boldsymbol{\zeta}^p,\boldsymbol{\zeta}^t\sim\mathbb{P}}[F_1(\boldsymbol{q},\boldsymbol{x},\boldsymbol{\zeta}^p,\boldsymbol{\zeta}^t) - \mathrm{E}(F_1(\boldsymbol{q},\boldsymbol{x},\boldsymbol{\zeta}^p,\boldsymbol{\zeta}^t))]^+\\ \leqslant&\sum_{j\in J}\sum_{l\in L}\left(\left|(C_j^{\mathrm{pur}})^l q_j\right|(\bar{d}_j^{pl})^+ + \left|(C_j^{\mathrm{tran}})^l\left\lceil\frac{q_j}{\mathrm{TC}}\right\rceil\mathrm{Dis}_j\right|(\bar{d}_j^{tl})^+\right).\end{aligned}$$

□

10.2.2 机会约束的可处理逼近

假设随机变量 $\boldsymbol{\xi}$ 满足下面的非精确集和波动集:

$$\mathcal{P}_{\boldsymbol{\xi}}=\{\mathbb{P}:\mathrm{supp}(\boldsymbol{\xi})\subseteq[-1,\ 1],\mathrm{E}_{\mathbb{P}}(\xi_l)=\mu_l,\mathrm{E}_{\mathbb{P}}[\xi_l-\mu_l]^+=(\bar{d}_l^+),\forall l\in L\},\quad(10.24)$$

$$\mathcal{Z}_{\boldsymbol{\xi}}=\left\{\boldsymbol{\xi}\in\mathbb{R}^l,\ -1\leqslant\xi_l\leqslant 1,\ \sqrt{\sum_{l\in L}\left(\frac{\xi_l-\mu_l}{\sigma_l}\right)^2}\leqslant\sqrt{2\ln(1/\epsilon)},\ l\in L\right\}.\quad(10.25)$$

随机变量 $\boldsymbol{\eta}_j^S$ 和 $\boldsymbol{\eta}_j^Q$ 满足下面的非精确集和波动集:

$$\begin{aligned}\mathcal{P}_{\boldsymbol{\eta}}=\{&\mathbb{P}:\mathrm{supp}(\eta_j^a)\subseteq[-1,\ 1],\ \mathrm{E}_{\mathbb{P}}(\eta_j^{al})=\mu_j^{al},\\&\mathbb{E}_{\mathbb{P}}[\zeta_j^{al}-\mu_j^{al}]^+=(\bar{d}_j^{al})^+,\ \forall l\in L,\ \forall j\in J\},\quad a=S,\ Q,\end{aligned}\quad(10.26)$$

$$\begin{aligned}\mathcal{Z}_{\boldsymbol{\eta}}=\Bigg\{&\boldsymbol{\eta}_j^a\in\mathbb{R}^l,\ -1\leqslant\eta_j^{al}\leqslant 1,\\&\sqrt{\sum_{l\in L}\left(\frac{\eta_j^{al}-\mu_j^l}{\sigma_j^{al}}\right)^2}\leqslant\sqrt{2\ln(1/\epsilon)},\ \forall l\in L,\forall j\in J\Bigg\},\quad a=S,\ Q,\end{aligned}\quad(10.27)$$

其中参数 σ 控制波动集的规模. 根据给定的非精确集 (10.24), (10.26) 和波动集 (10.25), (10.27), 下面的定理讨论机会约束 (10.12)—(10.13) 和联合机会约束 (10.14)—(10.15) 的可处理逼近形式.

定理 10.2[104] 对服务水平机会约束 (10.12) 和质量保障机会约束 (10.13), 假设不确定需求 $D(\boldsymbol{\xi})$ 可表示为随机变量 $\boldsymbol{\xi}$ 的函数 $D(\boldsymbol{\xi})=D^0+\sum_{l\in L}D^l\xi_l$. 已知随机变量 $\boldsymbol{\xi}$ 满足非精确集 (10.24) 和波动集 (10.25), 如果存在 $(\boldsymbol{u},\ r)$ 和 $(\boldsymbol{f},\ h)\in\mathbb{R}^{l+1}$ 使得 $(\boldsymbol{q},\ \boldsymbol{u},\ r)$ 和 $(\boldsymbol{q},\ \boldsymbol{f},\ h)$ 分别满足约束系统 (10.28) 和 (10.29),

$$\begin{cases}D^0-\sum\limits_{j\in J}q_j=u_0+r_0,\\D^l=u_l+r_l,\quad\forall l\in L,\\u_0+\sum\limits_{l\in L}|u_l|\leqslant 0,\\r_0+\sum\limits_{l\in L}\mu_l r_l+\sqrt{2\ln(1/\epsilon_D)}\sqrt{\sum\limits_{l\in L}(\sigma_l)^2(r_l)^2}\leqslant 0,\end{cases}\quad(10.28)$$

$$
\begin{cases}
\sum_{j\in J}\eta_j q_j - D^0\theta = f_0 + h_0, \\
-D^l\theta = f_l + h_l, \quad \forall l \in L, \\
f_0 + \sum_{l\in L}|f_l| \leqslant 0, \\
h_0 + \sum_{l\in L}\mu_l h_l + \sqrt{2\ln(1/\epsilon_d)}\sqrt{\sum_{l\in L}(\sigma_l)^2(h_l)^2} \leqslant 0,
\end{cases} \tag{10.29}
$$

其中

$$
\sigma_l = \sup_{m\in\mathbb{R}}\sqrt{\frac{2\ln(2\bar{d}_l^+\cosh(m) + (1-2\bar{d}_l^+)\mathrm{e}^{\mu_l m}) - 2\mu_l m}{m^2}}. \tag{10.30}
$$

那么向量 $\boldsymbol{q}\in\mathbb{R}^J$ 满足约束 (10.12) 和 (10.13). 也就是说, 约束系统 (10.28) 和 (10.29) 分别是机会约束 (10.12) 和 (10.13) 的安全逼近.

证明 此处仅证明 (10.28), 同理可证 (10.29).

根据文献 [50] 中定理 2.4.4, 机会约束 (10.12) 可以由下述的约束系统来逼近:

$$
\begin{cases}
D^0 - \sum_{j\in J} q_j = u_0 + r_0, \\
D^l = u_l + r_l, \quad \forall l \in L, \\
u^0 + \sum_{l\in L}|u_l| \leqslant 0, \\
r^0 + \sum_{l\in L}\max[\mu_l^- r_l,\ \mu_l^+ r_l] + \sqrt{2\ln(1/\epsilon_D)}\sqrt{\sum_{l\in L}(\sigma_l)^2(r_l)^2} \leqslant 0.
\end{cases} \tag{10.31}
$$

逼近的约束系统 (10.31) 是不等式 $\sum_{j\in J} q_j \geqslant D(\xi)$ 在波动集

$$
\mathcal{Z} = \Bigg\{\boldsymbol{\xi}\in\mathbb{R}^l,\ \exists \boldsymbol{z}\in\mathbb{R}^l,\ \mu_l^- \leqslant \xi_l - z_l \leqslant \mu_l^+, \\
-1 \leqslant \xi_l \leqslant 1,\ \sqrt{\sum_{l\in L}\left(\frac{z_l}{\sigma_l}\right)^2} \leqslant \sqrt{2\ln(1/\epsilon_D)},\ l\in L\Bigg\}
$$

下的鲁棒对等.

接下来我们根据文献 [50] 中条件

$$
\int \exp\{m\xi_l\}\mathrm{d}\mathbb{P}(\xi_l) \leqslant \exp\left\{\max[\mu_l^- m, \mu_l^+ m] + \frac{1}{2}\sigma_l^2 m^2\right\}, \quad \forall m\in\mathbb{R}, \forall \mathbb{P}\in\mathcal{P}_\xi,
$$

确定约束系统 (10.31) 中参数 μ_l^-, μ_l^+ 和 σ_l 的取值.

已知随机变量 $\boldsymbol{\xi}$ 的分布 $\mathbb{P}$ 属于非精确集 (10.24), 由文献 [70] 中 $\mathrm{E}_{\mathbb{P}}\exp(\boldsymbol{m}^{\mathrm{T}}\boldsymbol{\xi})$ 的上确界表达式可知

$$\begin{aligned}\sup_{\mathbb{P}\in\mathcal{P}_{\boldsymbol{\xi}}}\left\{\int\exp\{m\xi_l\}\mathrm{d}\mathbb{P}(\xi_l)\right\}&=\sup_{\mathbb{P}\in\mathcal{P}_{\boldsymbol{\xi}}}\mathrm{E}_{\boldsymbol{\xi}\sim\mathbb{P}}\exp\{m\xi_l\}\\&=\bar{d}_l\cosh(m)+(1-\bar{d}_l)\mathrm{e}^{\mu_l m}\\&=2\bar{d}_l^{+}\cosh(m)+(1-2\bar{d}_l^{+})\mathrm{e}^{\mu_l m},\end{aligned}$$

其中 $\bar{d}_l$ 是均值绝对偏差, $\bar{d}_l^{+}$ 是均值上半偏差, 且 $\bar{d}_l=2\bar{d}_l^{+}$. 所以有

$$2\bar{d}_l^{+}\cosh(m)+(1-2\bar{d}_l^{+})\mathrm{e}^{\mu_l m}\leqslant\exp\left\{\max[\mu_l^{+}m,\mu_l^{-}m]+\frac{1}{2}\sigma_l^2m^2\right\}.$$

考虑到随机变量 $\boldsymbol{\xi}$ 的期望值为 μ, 从而有 $\mu_l^{-}=\mu_l^{+}=\mu^l$. 进一步可得

$$\begin{aligned}&r_0+\sum_{l\in L}\max[\mu_l^{-}r_l,\ \mu_l^{+}r_l]+\sqrt{2\ln(1/\epsilon_D)}\sqrt{\sum_{l\in L}(\sigma_l)^2(r_l)^2}\\&=r_0+\sum_{l\in L}\mu_l r_l+\sqrt{2\ln(1/\epsilon_D)}\sqrt{\sum_{l\in L}(\sigma_l)^2(r_l)^2},\end{aligned}\tag{10.32}$$

$$\mathcal{Z}=\left\{\boldsymbol{\xi}\in\mathbb{R}^l,\ -1\leqslant\xi_l\leqslant1,\ \sqrt{\sum_{l\in L}\left(\frac{\xi_l-\mu_l}{\sigma_l}\right)^2}\leqslant\sqrt{2\ln(1/\epsilon_D)},\ l\in L\right\}$$

和

$$2\bar{d}_l^{+}\cosh(m)+(1-2\bar{d}_l^{+})\mathrm{e}^{\mu_l m}\leqslant\exp\left\{\mu_l m+\frac{1}{2}\sigma_l^2m^2\right\}.\tag{10.33}$$

由式 (10.33) 可知

$$\sigma_l=\sup_{m\in\mathbb{R}}\sqrt{\frac{2\ln(2\bar{d}_l^{+}\cosh(m)+(1-2\bar{d}_l^{+})\mathrm{e}^{\mu_l m})-2\mu_l m}{m^2}}.$$

综合式 (10.31) 和 (10.32) 可知 (10.28) 成立. 上述过程表明不等式 $\sum_{j\in J}q_j\geqslant D(\boldsymbol{\xi})$ 在波动集 (10.25) 下的鲁棒对等 (10.28) 是机会约束 (10.12) 在非精确集 (10.24) 下的安全逼近. □

定理 10.3[104] 对供应能力联合机会约束 (10.14), 假设不确定供应能力 S_j 相互独立, 且可表示为随机变量 η_j^S 的函数 $S_j(\eta_j^S)=S_j^0+\sum_{l\in L}S_j^l\eta_j^{Sl}$. 已知随机变量 η_j^S 满足非精确集 (10.26) 和波动集 (10.27), 如果存在 $(s_j,v_j)\in\mathbb{R}^{l+1}$ 使

得 (q_j, x_j, s_j, v_j) 满足下述约束系统

$$
\begin{cases}
q_j - S_j^0 x_j = s_j^0 + v_j^0, & \forall j \in J, \\
-S_j^l x_j = s_j^l + v_j^l, & \forall j \in J,\ \forall l \in L, \\
s_j^0 + \sum_{l \in L} |s_j^l| \leqslant 0, & \forall j \in J,\ \forall l \in L, \\
v_j^l + \sum_{l \in L} \mu_j^{Sl} v_j^l + \sqrt{2\ln(1/\epsilon_s)} \sqrt{\sum_{l \in L} (\sigma_j^{Sl})^2 (v_j^l)^2} \leqslant 0, & \forall j \in J, \forall l \in L,
\end{cases}
\tag{10.34}
$$

其中 $\bar{\epsilon}_s = \epsilon_s / |J|$ 和

$$
\sigma_j^{Sl} = \sup_{m \in \mathbb{R}} \sqrt{\frac{2\ln(2(\bar{d}_j^{Sl})^+ \cosh(m) + (1 - 2(\bar{d}_j^{Sl})^+) \mathrm{e}^{\mu_j^{Sl} m}) - 2\mu_j^{Sl} m}{m^2}}, \tag{10.35}
$$

那么向量 (q_j, x_j) 满足约束 (10.14). 也就是说, 约束系统 (10.34) 是联合机会约束 (10.14) 的安全逼近.

证明　联合机会约束 (10.14) 成立的充分条件如下

$$
\mathrm{Pr}_{\boldsymbol{\eta}^S \sim \mathbb{P}} \left\{ q_j \leqslant S_j(\eta_j^S) x_j \right\} \geqslant 1 - \frac{\epsilon_s}{|J|}, \quad \forall j \in J. \tag{10.36}
$$

与定理 10.2 的推导过程类似, 机会约束 (10.36) 可以由下述约束系统来逼近

$$
\begin{cases}
q_j - S_j^0 x_j = s_j^0 + v_j^0, & \forall j \in J, \\
-S_j^l x_j = s_j^l + v_j^l, & \forall j \in J,\ \forall l \in L, \\
s_j^0 + \sum_{l \in L} |s_j^l| \leqslant 0, & \forall j \in J,\ \forall l \in L, \\
v_j^l + \sum_{l \in L} \mu_j^{Sl} v_j^l + \sqrt{2\ln\left(1 \middle/ \frac{\epsilon_s}{|J|}\right)} \sqrt{\sum_{l \in L} (\sigma_j^{Sl})^2 (v_j^l)^2} \leqslant 0, & \forall j \in J,\ \forall l \in L.
\end{cases}
$$

对给定的决策 (q_j, x_j), 如果存在 $(s_j, v_j) \in \mathbb{R}^{l+1}$ 满足上述的约束系统, 则 (q_j, x_j) 满足机会约束 (10.36), 当然也满足联合机会约束 (10.14). 这表明约束系统 (10.34) 是联合机会约束 (10.14) 的安全逼近. □

定理 10.4[104]　对最低订购量联合机会约束 (10.15), 假设不确定最低订购量 Q_j^m 相互独立, 且可表示为随机变量 η_j^Q 的函数 $Q_j^m(\eta_j^Q) = (Q_j^m)^0 + \sum_{l \in L} (Q_j^m)^l \eta_j^{Ql}$. 已知随机变量 η_j^Q 满足非精确集 (10.26) 和波动集 (10.27), 如果存在 $(g_j, k_j) \in \mathbb{R}^{l+1}$ 使得 (q_j, x_j, g_j, k_j) 满足下述约束系统

$$\begin{cases} (Q_j^m)^0 x_j - q_j = g_j^0 + k_j^0, & \forall j \in J, \\ (Q_j^m)^l x_j = g_j^l + k_j^l, & \forall j \in J, \forall l \in L, \\ g_j^0 + \sum_{l \in L} |g_j^l| \leqslant 0, & \forall j \in J, \forall l \in L, \\ k_j^0 + \sum_{l \in L} \mu_j^{Ql} k_j^l + \sqrt{2 \ln \left(\frac{1}{\bar{\epsilon}_Q} \right)} \sqrt{\sum_{l \in L} (\sigma_j^{Ql})^2 (k_j^l)^2} \leqslant 0, & \forall j \in J, \forall l \in L, \end{cases} \tag{10.37}$$

其中 $\bar{\epsilon}_Q = \epsilon_Q / |J|$ 和

$$\sigma_j^{Ql} = \sup_{m \in \mathbb{R}} \sqrt{\frac{2 \ln(2(\bar{d}_j^{Ql})^+ \cosh(m) + (1 - 2(\bar{d}_j^{Ql})^+) \mathrm{e}^{\mu_j^{Ql} m}) - 2\mu_j^{Ql} m}{m^2}}, \tag{10.38}$$

那么向量 (q_j, x_j) 满足约束 (10.15). 也就是说, 约束系统 (10.37) 是联合机会约束 (10.15) 的安全逼近.

证明 定理的证明过程类似于定理 10.3. □

10.2.3 可处理逼近模型

根据定理 10.1—定理 10.4, 我们可以推导出含有不确定参数的约束 (10.10)—(10.15) 的计算可处理形式, 从而将原分布鲁棒目标规划模型 (10.5)—(10.19) 转化为计算可处理的逼近模型如下

$$\begin{aligned} \min \quad & P_1 d_1^+ + P_2 d_2^+ + P_3 d_3^- + P_4 d_4^- \\ \text{s.t.} \quad & \sum_{j \in J} \left[(C_j^{\text{pur}})^0 q_j + (C_j^{\text{adm}}) x_j + (C_j^{\text{tran}})^0 \left\lceil \frac{q_j}{\text{TC}} \right\rceil \text{Dis}_j \right. \\ & \left. + \sum_{l \in L} \left((C_j^{\text{pur}})^l q_j \mu_j^{pl} + (C_j^{\text{tran}})^l \left\lceil \frac{q_j}{\text{TC}} \right\rceil \text{Dis}_j \mu_j^{tl} \right) \right] - d_1^+ \leqslant g_1, \\ & \sum_{j \in J} \left[(\text{CO}_{2j}^{\text{tran}})^0 \left\lceil \frac{q_j}{\text{TC}} \right\rceil \text{Dis}_j + \sum_{l \in L} \left((\text{CO}_{2j}^{\text{tran}})^l \left\lceil \frac{q_j}{\text{TC}} \right\rceil \text{Dis}_j \right) \mu_j^{cl} \right] - d_2^+ \leqslant g_2, \\ & F_3(\boldsymbol{q}) + d_3^- \geqslant g_3, \\ & F_4(\boldsymbol{q}) + d_4^- \geqslant g_4, \\ & \sum_{j \in J} \sum_{l \in L} \left(|(C_j^{\text{pur}})^l q_j| (\bar{d}_j^{pl})^+ + \left| (C_j^{\text{tran}})^l \left\lceil \frac{q_j}{\text{TC}} \right\rceil \text{Dis}_j \right| (\bar{d}_j^{tl})^+ \right) \leqslant \alpha, \\ & \sum_{j \in J} \sum_{l \in L} \left| (\text{CO}_{2j}^{\text{tran}})^l \left\lceil \frac{q_j}{\text{TC}} \right\rceil \text{Dis}_j \right| (\bar{d}_j^{cl})^+ \leqslant \beta. \\ & \text{约束 (10.16)—(10.19), (10.28)—(10.29), (10.34) 和 (10.37).} \end{aligned} \tag{10.39}$$

模型 (10.39) 是原模型 (10.5)—(10.19) 的可处理逼近模型. 也就是说, 如果决策向量 $\boldsymbol{x}$ 和 $\boldsymbol{q}$ 满足模型 (10.39), 那么 $\boldsymbol{x}$ 和 $\boldsymbol{q}$ 亦是原模型 (10.5)—(10.19) 的可行解.

10.3 案例研究

为说明所提分布鲁棒目标规划模型的性能, 此处以一家钢铁公司为基础进行案例研究. 本节中所有数值实验在个人计算机上应用 CPLEX 软件求解.

10.3.1 案例描述

可持续的供应链设计近年来受到广泛的关注, 其关键步骤包括选择可持续的供应商和合理分配订单[96]. 然而, 解决环境问题已经成为实现可持续供应商选择和订单分配问题的一个不可避免的挑战[102]. 为了响应可持续发展的需求, 钢铁企业面临着许多挑战, 许多小型钢铁公司被迫停止生产. 实践经验显示, 钢铁企业的环境污染程度与原材料有明显的关系. 近年来, 一家钢铁公司从 8 家供应商处购买石灰石原材料, 但随着时间发展, 有部分供应商可能无法满足可持续性发展的要求. 针对当前的发展形势, 公司致力于转型, 追求可持续发展. 因此, 经过综合考虑, 钢铁公司计划限制供应商的数量, 重新选择满足成本、排放、社会和综合价值目标的供应商以符合可持续发展的要求. 为此, 公司董事会建立了一个评估小组, 由 5 名来自不同部门的专家组成, 对最初锁定的 5 家供应商进行评价.

图 10.2 中给出经济、环境和社会三组标准[107]. 5 名专家 (决策者), 记为 DM1—DM5, 利用这三组标准对供应商进行评估, 从而计算出第三个目标 F_3 和第四个目标 F_4 中的供应商的绩效系数公式 (10.3) 和权重 (10.4). 各标准的重要性

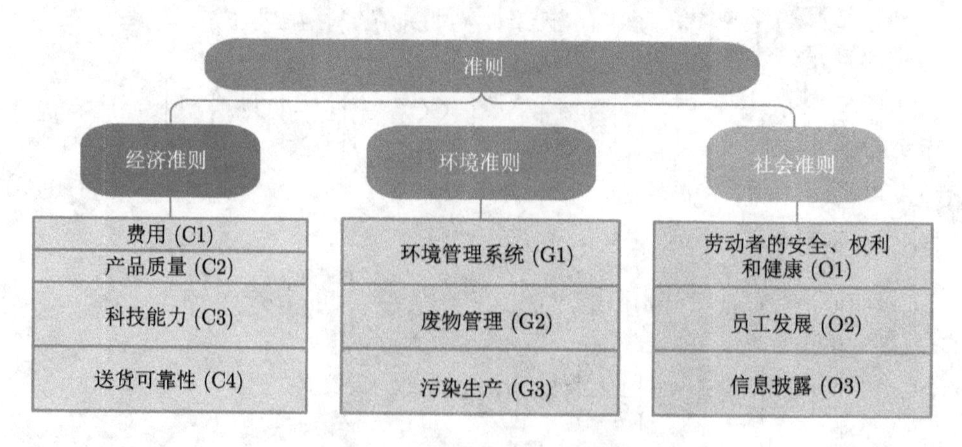

图 10.2 供应商的评价准则

和专家对供应商的评价等级分别列于表 10.1 和表 10.2. 依据表 10.1 和表 10.2, 各准则的权重采用层次分析法计算, 供应商的绩效系数用于理想解的偏好排序法计算, 结果如图 10.3 所示.

表 10.1 准则的重要性

决策者	经济				环境			社会		
	C1	C2	C3	C4	G1	G2	G3	O1	O2	O3
DM1	VH	VH	VH	H	VH	VH	M	H	M	VH
DM2	VH	H	VH	VH	VH	H	H	H	M	VH
DM3	VH	VH	VH	VH	M	VH	H	H	H	H
DM4	H	H	VH	VH	VH	M	H	M	H	VH
DM5	VH	VH	H	VH	H	H	VH	H	M	VH

表 10.2 供应商的评价

决策者	供应商	经济				环境			社会		
		C1	C2	C3	C4	G1	G2	G3	O1	O2	O3
DM1	S1	VH	M	M	H	VH	M	H	H	H	H
	S2	VH	H	H	H	M	H	VH	H	L	VH
	S3	H	VH	H	H	M	H	H	VH	L	VH
	S4	H	VH	H	M	H	VH	H	H	H	H
	S5	H	H	VH	H	M	H	H	M	H	H
DM2	S1	VH	H	H	M	H	M	VH	M	M	VH
	S2	VH	M	VH	H	M	VH	M	H	M	H
	S3	H	VH	M	H	H	VH	M	M	H	H
	S4	H	H	H	VH	M	VH	M	H	M	VH
	S5	VH	H	H	H	L	H	VH	M	H	VH
DM3	S1	VH	H	H	H	VH	H	H	VH	M	L
	S2	H	H	VH	H	H	VH	M	M	H	H
	S3	VH	H	M	L	H	H	H	H	L	VH
	S4	H	VH	H	H	M	H	H	H	M	VH
	S5	H	H	VH	M	H	H	L	VH	L	H
DM4	S1	VH	VH	H	VH	VH	M	L	M	H	VH
	S2	VH	H	H	H	VH	M	H	H	M	H
	S3	H	VH	VH	H	H	M	VH	VH	L	H
	S4	H	L	VH	VH	H	H	VH	VH	M	M
	S5	VH	H	H	VH	H	VH	H	L	VH	H
DM5	S1	VH	H	H	M	H	M	M	H	L	VH
	S2	VH	M	H	VH	H	M	VH	M	L	VH
	S3	VH	H	M	VH	M	M	H	H	H	H
	S4	H	L	VH	VH	M	H	H	H	L	VH
	S5	H	VH	VH	M	H	H	H	M	H	H

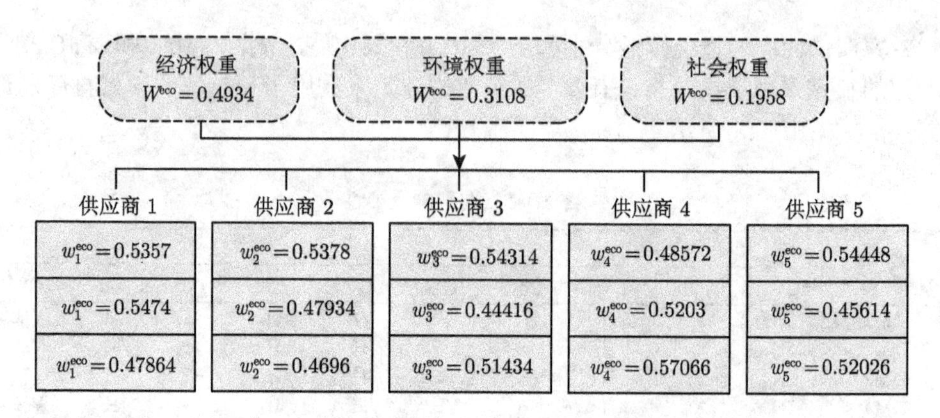

图 10.3 各准则的权重和供应商的绩效系数

这家钢铁公司每周向供应商下一次订单, 输入数据从供应商和钢铁公司处收集. 公司有五个候选供应商 $N_{\max}=5$, 初步拟定从中至少选择两个供应商 $N_{\min}=2$. 石灰石的周需求量约为 7000 吨, 这样, 需求的名义值为 $D^0 = 7000$. 根据钢铁公司的发展要求, 设定四个目标值分别为 $g_1 = 600000$ 元, $g_2 = 15000000$ 千克, $g_3 = 4000$ 和 $g_4 = 4500$. 每辆重卡的载重量为 TC = 50 吨. 表 10.3 列出与供应商相关的输入数据, 其中采购公司与供应商之间的运输距离来自谷歌地图. 在随后的实验中, 我们分别设置优先因子为 $P_1 = 10^7$, $P_2 = 10^5$, $P_3 = 10^3$ 和 $P_4 = 10$. 此外, 不确定参数受到三个潜在因素的影响 $L = 3$. 在上述数据基础上, 一系列的实验结果和灵敏度分析见 10.3.2 节和 10.3.3 节.

表 10.3 已知数据

Data	S_1	S_2	S_3	S_4	S_5
$(C_j^{\mathrm{pur}})^0$	50	60	70	80	140
C_j^{adm}	20	20	22	19	19
$(C_j^{\mathrm{tran}})^0$	2	2	2	2	2
CO_{2j}^0	1100	1100	1100	1100	1100
Dis_j	82.4	74.3	76.2	78.5	51.4
S_j^0	10500	9660	7000	6300	11200
$(Q_j^m)^0$	1000	900	850	600	550
η_j	0.2	0.05	0.1	0.15	0.01

10.3.2 计算结果

在进行实验之前, 设置模型参数如下: 均值为 $\mu_j^{kl} = \mu_j^{al} = \mu_l = 0$, 半偏差为 $(\bar{d}_j^{kl})^+ = (\bar{d}_j^{al})^+ = (\bar{d}_j^l)^+ = 0.05$ $(k = p,t,c;\ a = S,Q)$. 根据式 (10.30), (10.35) 和 (10.38), 计算可得 $\sigma_j^{al} = \sigma_l = 0.4126421$. 波动系数分别为 $D^l = 350$ $(\forall l = 1,2,3)$, $(Q^m)^l = [7,\ 6,\ 5.5,\ 4,\ 2]$, $(C^{\mathrm{pur}})^l = [0.5\%(C_1^{\mathrm{pur}})^0,\ 0.5\%(C_2^{\mathrm{pur}})^0,$

$0.5\%(C_3^{\text{pur}})^0$, $0.5\%(C_4^{\text{pur}})^0$, $0.5\%(C_5^{\text{pur}})^0]$, $(C_j^{\text{tran}})^l = 0.5\%(C_j^{\text{tran}})^0$, $(\text{CO}_{2j}^{\text{tran}})^l = 0.5\%(\text{CO}_{2j}^{\text{tran}})^0$ 和 $S_j^l = 1\%S_j^0$ $(\forall j \in J,\ \forall l = 1,2,3)$. 概率水平设置为 $\epsilon_D = \epsilon_d = \bar{\epsilon}_s = \bar{\epsilon}_Q = 0.1$. 基于上述数据, 在参数 θ, α 和 β 的不同取值下我们计算得到 12 组决策, 分别见表 10.4、表 10.5 和图 10.4.

表 10.4 当 $(\alpha,\beta) = (6000, 10000)$ 时不同 θ 取值下的计算结果

θ	0.04	0.06	0.08	0.10	0.12	0.14
d_1^+	117450	0	0	0	0	0
d_2^+	0	0	0	0	0	0
d_3^-	302.54	336.64	231.87	156.73	100	43.828
d_4^-	659.6	618.6	491.05	397.9	329.47	351.56
x_1	0	0	1	1	1	1
x_2	1	1	1	1	1	1
x_3	0	0	0	0	0	1
x_4	0	0	0	0	0	0
x_5	1	1	1	1	1	1
q_1	0	0	1200	2000	2800	3350
q_2	4550	6250	5250	4650	3900	2300
q_3	0	0	0	0	0	1050
q_4	0	0	0	0	0	0
q_5	3000	1400	1400	1350	1400	1350

表 10.5 当 $\theta = 0.11$ 时不同 (α,β) 取值下的计算结果

(α,β)	$\beta = 10000$			$\alpha = 6000$		
	$\alpha = 6000$	$\alpha = 5500$	$\alpha = 5000$	$\beta = 8500$	$\beta = 8000$	$\beta = 7500$
d_1^+	0	0	15979	42980	144890	246810
d_2^+	0	0	0	0	0	0
d_3^-	129.63	253.96	325.81	350.67	284.81	218.95
d_4^-	363.83	510.633	605.11	665.3	657.49	649.69
x_1	1	1	1	0	0	0
x_2	1	1	1	1	1	1
x_3	0	0	0	0	0	0
x_4	0	0	0	0	0	0
x_5	1	1	1	1	1	1
q_1	2400	2550	2750	0	0	0
q_2	4300	3550	2750	5500	4200	2900
q_3	0	0	0	0	0	0
q_4	0	0	0	0	0	0
q_5	1350	1650	2050	2050	3350	4650

表 10.4 反映供应商选择、订单分配和各个目标的实现程度与公司可接受损失率 θ 之间的关系. 一方面, 我们可以清楚地看到, 每个目标的实现程度随着 θ 的变化而变化. 当 $\theta = 0.04$ 时, 第一个目标没有实现, 但是当 θ 取其他值时, 第一个目

标均已实现. 在损失率 θ 的所有取值下, 第二个目标总是可以实现的, 而第三个和第四个目标总是没有实现. 在这些情况中, 可接受的损失率 $\theta=0.04$ 时所得决策对决策者来说可能不是一个好的选择. 此外, 我们还可以观察到, 即使某个目标在没有实现的情况下, 未实现的程度也是不同的. 另一方面, 损失率 θ 变化时, 签约供应商的最优数量和相应的订单分配也是不同的. 当 $\theta=0.04, 0.06$ 时, 选择供应商 2 和供应商 5; 当 $\theta=0.08, 0.10, 0.12$ 时, 选择供应商 1, 2 和 5; 当 $\theta=0.14$ 时, 签约供应商分别为供应商 1, 2, 3 和 5. 即使在 θ 的不同值下签约供应商可能是相同的, 其提供的订单分配量也是不同的. 例如, 当 $\theta=0.04$ 时, 订单量 q_2 和 q_5 分别为 4550 和 3000, 与 $\theta=0.06$ 时的订单量 6250 和 1400 不同. 这意味着决策者通过调整可接受损失率 θ 来获得一个令人满意的供应商组合和分配订单方案.

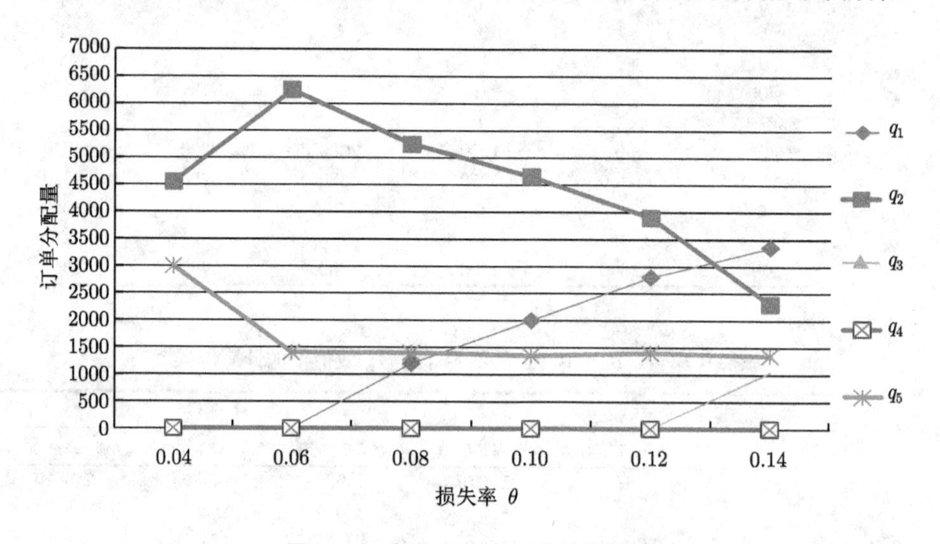

图 10.4　损失率 θ 对订购量的影响

图 10.4 描述公司可接受损失率 θ 改变对订单分配量的影响, 其中横轴表示损失率 θ, 纵轴表示签约供应商的订单分配量. 从图 10.4 可见, 损失率 θ 变化时订单分配量明显不同, 尤其是 q_1, q_2, q_3 和 q_5. 当 $\theta=0.04$ 或 0.06 时, 订单量 q_2 最大, 其次为 q_5, 其他供应商的订单量为 0. 当 $\theta>0.06$ 时, 订单量 q_1 随着 θ 增加单调增大, q_2 减少, q_5 保持稳定状态. 当 $\theta=0.14$ 时, 第三个供应商开始分配订单. 值得注意的是, 无论 θ 取值如何改变, 第四个供应商的订单数量 q_4 恒为 0.

表 10.5 显示不同风险水平 (α,β) 下的供应商选择、订单分配和各个目标的实现程度. 一方面, 从表中可以看到, 每个目标的实现程度随着 (α,β) 的变化而有所不同. 当 $\alpha=6000$, 5500 和 $\beta=8500$, 8000, 7500 时, 第一个目标均实现, 但是当 $\alpha=5000$ 时, 第一个目标没有实现. 在风险水平 (α,β) 的所有取值下, 第二个

目标总是可以实现的, 而第三个和第四个目标总是没有实现. 风险水平 (α,β) 取值为 (6000, 10000) 和 (5500, 10000) 时所得方案对决策者来说可能效果更好. 另一方面, 风险水平 (α,β) 变化时, 签约供应商的组合方式和相应的订单分配也是不同的. 当 $\beta=10000$, α 变化时, 选择供应商 1, 2 和 5; 当 $\alpha=6000$, β 变化时, 签约供应商分别为供应商 2 和 5. 即使不同的风险水平得到相同的供应商组合, 其提供的订单分配量也是不同的. 当 $\alpha=6000, \beta=8500,8000,7500$ 时, 订单量 q_2 分别为 5500, 4200 和 2900. 这说明供应商选择方式和订单分配量受风险水平的影响. 因此, 决策者可以依据特定的风险水平做出满意的决策.

10.3.3 灵敏度分析

在本节中对参数 σ、概率水平 ϵ、不确定参数和权重进行灵敏度分析. 概率水平 ϵ 反映随机事件的可能性, 参数 σ 控制波动集的规模, 通过对 ϵ 和 σ 进行灵敏度分析, 探讨它们对最优决策的影响. 对于目标函数中出现的不确定参数, 依据目标规划的优先级水平, 优先级从高到低依次探讨成本不确定性和二氧化碳排放量不确定性对决策的影响, 再研究成本和碳排放不确定性联合作用下对决策的影响. 对于约束条件中的不确定性参数, 这里以需求不确定性为例, 讨论其对决策的影响. 约束中供应商能力不确定性的灵敏度分析同理可得. 最后, 我们探讨各准则的权重和供应商的绩效系数对决策的影响.

1. 参数 σ 和概率水平 ϵ 对决策的影响

本节探讨波动规模参数 σ 和概率水平 ϵ 对最优决策的影响. 实验参数取值设置如下: 均值 $\mu_j^{kl}=\mu_j^{al}=\mu_l=\mu$, 半偏差 $(\bar{d}_j^{kl})^+=(\bar{d}_j^{al})^+=(\bar{d}_j^{l})^+=\bar{d}^+$ $(k=p,t,c;\ a=S,Q)$, 波动规模参数 $\sigma_j^{al}=\sigma_l=\sigma$. 当参数 σ 和 ϵ 变化时, 计算结果分别见表 10.6 和表 10.7.

表 10.6 当 $\theta=0.09, \epsilon=0.10$ 时参数 σ 的灵敏度分析

μ	$\bar{d}^+$	σ	d_1^+	d_2^+	d_3^-	d_4^-	q_1	q_2	q_3	q_4	q_5
0	0.05	0.4126421	0	0	204.77	456.99	1600	4900	0	0	1400
	0.025	0.3695402	0	0	183.82	431.97	1600	5000	0	0	1350
0.05	0.05	0.4111048	0	0	204.32	455.89	1650	4850	0	0	1400
	0.025	0.3690423	0	0	183.37	430.88	1650	4950	0	0	1350
0.25	0.05	0.460666	0	0	205.22	429.78	1700	4900	0	0	1350
	0.025	0.4345143	0	0	129.54	428.69	1750	4850	0	0	1350

表 10.6 通过调整参数 σ 提供了 6 组解. 参数 σ 的取值依赖于 $(\mu,\bar{d}^+)$, 对应于 $(\mu,\bar{d}^+)$ 的 6 组取值, 可以得到 6 组决策. 由表 10.6 可见, 参数 σ 值不同时, 第三个目标和第四个目标的实现程度不同, 而且供应商提供的订购量也不一样. 例如, 当 $\sigma=0.4126421$ 时, 第三个目标没有实现, 偏差值为 204.77, 比 $\sigma=0.3695402$ 时

的偏差值 183.82 要大. 当 $\sigma = 0.4126421$ 时, 订单量 q_1, q_2 和 q_5 分别为 1600, 4900 和 1400, 而在 $\sigma = 0.3690423$ 下分别为 1650, 4950 和 1350. 对于 σ 的其他值也可以得到类似情况.

表 10.7 当 $\theta = 0.10, \sigma = 0.4126421$ 时参数 ϵ 的灵敏度分析

ϵ	d_1^+	d_2^+	d_3^-	d_4^-	q_1	q_2	q_3	q_4	q_5
0.05	0	0	157.18	399	1950	4700	0	0	1350
0.10	0	0	156.73	397.9	2000	4650	0	0	1350
0.20	0	0	156.28	396.81	2050	4600	0	0	1350
0.30	0	0	155.82	395.71	2100	4550	0	0	1350

表 10.7 给出目标的实现程度和订单分配对不同概率水平 ϵ 的灵敏度. 从表中我们可以观察到, ϵ 取不同值时, 对应的第三个目标和第四个目标的实现程度略有不同. 例如, 当 $\epsilon = 0.05$ 时, 第三个和第四个目标的未实现度分别为 157.18 和 399, 略大于 $\epsilon = 0.10$ 时的偏差值 156.73 和 397.9. 此外, 容易观察到, 对于不同的概率水平, 供应商 1, 2 和 5 的订单分配结果是不同的. 例如, q_1, q_2 和 q_5 在 $\epsilon = 0.05$ 时分别为 1950, 4700 和 1350, 这与概率水平 $\epsilon = 0.30$ 时对应的值 2100, 4550 和 1350 不同.

根据 σ 和 ϵ 的灵敏度分析, 不同的参数 σ 和概率水平 ϵ 取值对签约供应商的订单分配有一定的影响. 也就是说, 订单分配量对参数 σ 和概率水平 ϵ 的变化比较敏感. 在这种情况下, 决策者可以依靠个人的经验和知识来确定参数 σ 和概率水平 ϵ, 通过对指定的供应商制定合理的分配订单, 实现可持续策略.

2. 费用不确定性对决策的影响

为了观察费用不确定性对最优决策的影响, 对不确定的费用取下列值时求解模型. 考虑到 $(C^{\mathrm{pur}})^l = [(C_1^{\mathrm{pur}})^l, (C_2^{\mathrm{pur}})^l, (C_3^{\mathrm{pur}})^l, (C_4^{\mathrm{pur}})^l, (C_5^{\mathrm{pur}})^l]$ 和 $(C^{\mathrm{tran}})^l = [(C_1^{\mathrm{tran}})^l, (C_2^{\mathrm{tran}})^l, (C_3^{\mathrm{tran}})^l, (C_4^{\mathrm{tran}})^l, (C_5^{\mathrm{tran}})^l]$, 设计两种情形如下: (I) $(C^{\mathrm{pur}})^l = [0.55, 0.2, 0.355, 0.355, 0.2]$ 和 $(C^{\mathrm{tran}})^l = [0.02, 0.02, 0.02, 0.02, 0.02]$ $(\forall l \in L)$; (II) $(C^{\mathrm{pur}})^l = [0.5, 1.2, 0.7, 0.8, 0.14]$ 和 $(C^{\mathrm{tran}})^l = [0.03, 0.03, 0.03, 0.03, 0.03]$ $(\forall l \in L)$. 模型中其他参数设置如下, $\theta = 0.1$, $\epsilon = 0.1$, $\sigma = 0.4126421$ 和 $(\alpha, \beta) = (6000, 10000)$.

情形 (I) 下的偏差取值为 $d_1^+ = d_2^+ = d_3^- = 0$, $d_4^- = 275.38$, 而情形 (II) 下的偏差取值为 $d_1^+ = 252150$, $d_2^+ = 0$, $d_3^- = 178.17$ 和 $d_4^- = 591.8$. 显然, 费用不确定性对目标的实现有一定影响. 两种情形下供应商选择情况和订购量分配如图 10.5 所示.

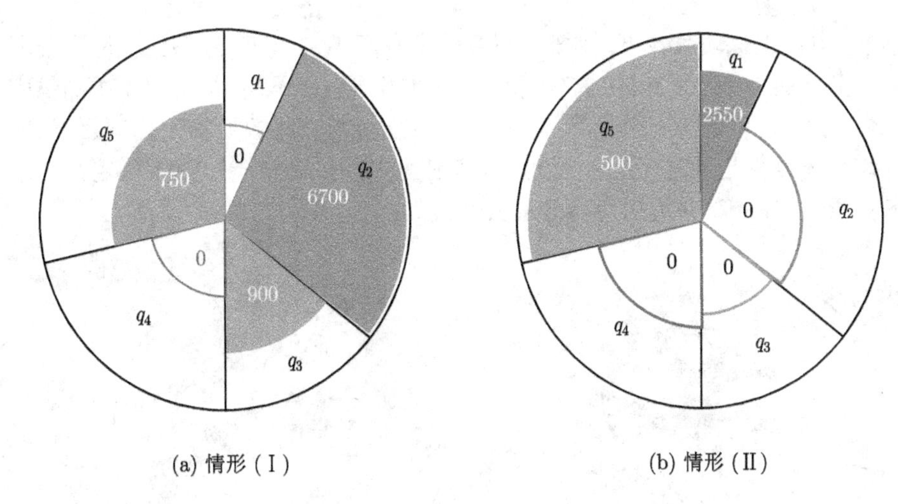

图 10.5 费用不确定性下的最优决策

图 10.5 显示了两组扰动系数 (I) 和 (II) 下的最优供应商组合和订单分配方案. 图中空白扇形区域表示没有选择对应的供应商, 相应的订单分配为 0. 图中扇形区域表示选择对应的供应商提供原材料, 而且扇区的半径越长, 意味着供应商提供的订单数量越大. 图示直观地展示了成本不确定性对供应商组合和订单分配的影响. 在情形 (I) 中, 选择供应商 2, 3, 5, 对应的订单量 q_2, q_3, q_5 分别为 6700, 900, 750. 不同于情形 (I), 当扰动系数设置为情形 (II) 时, 与供应商 1 和 5 签约, 订单量 q_1, q_5 分别为 2550 和 5000. 这意味着不确定费用的不同水平对供应商选择和订单分配有很大的影响. 为了制定有效的决策, 决策者确定费用的不确定性水平是非常重要的.

3. 二氧化碳排放量不确定性对决策的影响

为了观察二氧化碳排放量不确定性对最优决策的影响, 考虑波动系数 $(CO_2^{\text{tran}})^l = [(CO_{21}^{\text{tran}})^l, (CO_{22}^{\text{tran}})^l, (CO_{23}^{\text{tran}})^l, (CO_{24}^{\text{tran}})^l, (CO_{25}^{\text{tran}})^l]$ 在以下两组取值时求解模型: (i) $(CO_2^{\text{tran}})^l = [6, 6, 6, 6, 6]$; (ii) $(CO_2^{\text{tran}})^l = [8, 8, 8, 8, 8]$. 模型中其他参数设置如下, $\theta = 0.1$, $\epsilon = 0.1$, $\sigma = 0.4126421$ 和 $(\alpha, \beta) = (6000, 10000)$.

情形 (i) 下的偏差取值为 $d_1^+ = d_2^+ = 0$, $d_3^- = 200$ 和 $d_4^- = 598.7$, 而情形 (ii) 下的偏差取值为 $d_1^+ = 380070$, $d_2^+ = 0$, $d_3^- = 132.83$ 和 $d_4^- = 639.5$. 这表明波动系数取值越大, 目标值实现的可能性越小. 因此, 若能获取尽可能多的二氧化碳排放信息对决策制定有正面影响. 两种情形下供应商选择情况和订购量分配如图 10.6 所示.

二氧化碳排放量的不确定性对最终供应商选择和订单分配方案的影响如图 10.6 所示. 从图中可以看到, 在不同的二氧化碳排放量下对应的解是不同的.

在情形 (i) 中设置扰动系数下, 供应商组合是供应商 1, 2, 3 和 5, 签约供应商分配的订单数量分别为 1550, 3050, 1700 和 1350. 与情形 (i) 不同, 情形 (ii) 中的供应商组合为 2 和 5, 订单分配分别为 1200 和 6350. 随着碳排放量的变化, 最优供应商组合和订单分配也随之变化. 因此, 决策者可以通过确定碳排放不确定性的水平做出实质性的决策, 并提供可持续的战略规划.

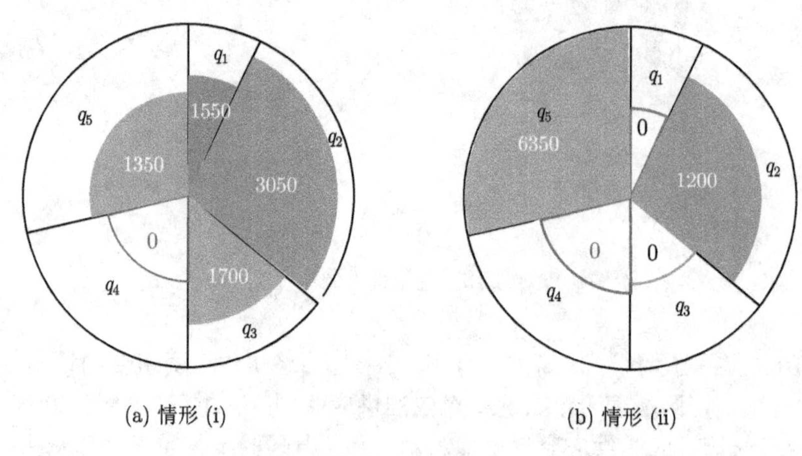

(a) 情形 (i) (b) 情形 (ii)

图 10.6 二氧化碳排放量不确定性下的最优决策

4. 费用和二氧化碳排放量联合不确定性对决策的影响

本节实验是为了观察费用和二氧化碳排放量两种不确定性联合作用对最优决策的影响. 模型中参数设置如下: $\theta = 0.1$, $\epsilon = 0.1$, $\sigma = 0.4126421$ 和 $(\alpha, \beta) = (6000, 10000)$. 情形 1 中费用波动系数设置同情形 (I), 二氧化碳排放波动系数 $(\mathrm{CO}_2^{\mathrm{tran}})^l$ 设置同情形 (i). 同理, 情形 2 中费用波动系数设置同情形 (II), 二氧化碳排放波动系数 $(\mathrm{CO}_2^{\mathrm{tran}})^l$ 设置同情形 (ii).

情形 1 和情形 2 的目标实现程度不同. 对于情形 1, 偏差 d_3^- 和 d_4^- 的决策值分别为 119.2 和 645.4, 其余均为 0. 与情形 1 不同, 情形 2 中偏差分别是 $d_1^+ = 398310$, $d_2^+ = 0$, $d_3^- = 45.725$, $d_4^- = 648.5$. 偏差 d_1^+ 和 d_3^- 的值不同. 因此, 成本和二氧化碳排放量的不确定性联合作用时对目标的实现程度有显著的影响. 此外, 两种情形下供应商的选择和订购量分配如图 10.7 所示. 图 10.7 揭示了联合成本和二氧化碳排放不确定性对决策的影响. 对于情形 1, 供应商 2, 3, 4 和 5 被指定, 提供订单量分别为 3750, 1250, 1750 和 850. 当扰动系数设置为情形 2 时, 供应商 3 和 5 被选择, 要求提供订单量为 1150 和 6400, 与情形 1 有很大的不同. 这表明, 当成本和二氧化碳排放的不确定性水平同时变化时, 相应的最优决策也会发生变化.

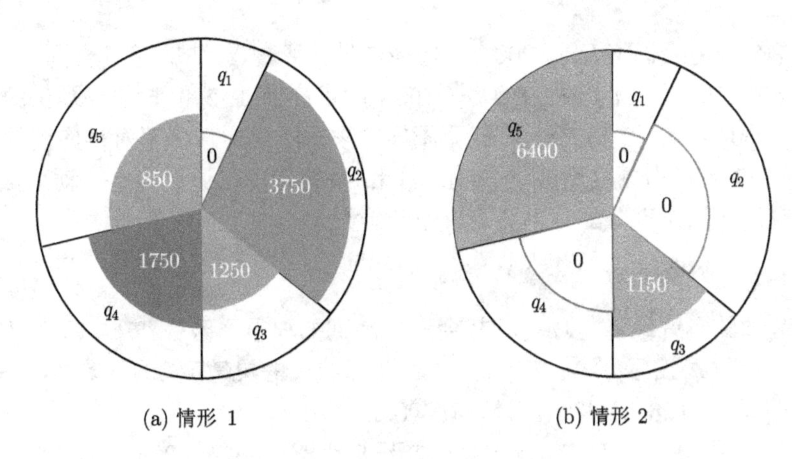

(a) 情形 1　　(b) 情形 2

图 10.7　费用和二氧化碳排放量联合不确定性下的最优决策

5. 需求不确定性对决策的影响

需求不确定性如何影响最优决策, 本节的灵敏度分析主要针对此问题. 考虑需求波动系数 D^l 取值如下: $D^l = 200, 400$. 模型的其他参数分别为 $\theta = 0.1$, $\epsilon = 0.1$, $\sigma = 0.4126421$ 和 $(\alpha, \beta) = (6000, 10000)$.

需求波动系数 D^l 变化对偏差有一定影响. 当 $D^l = 200$ 时, 偏差为 $d_3^- = 152.84, d_4^- = 394.32$, 而当 $D^l = 400$ 时, 偏差为 $d_3^- = 157.18, d_4^- = 399$. 这说明约束中需求不确定性对目标的实现影响较小. 图 10.8 显示 $D^l = 200$, 400 时供应商的订单分配情况.

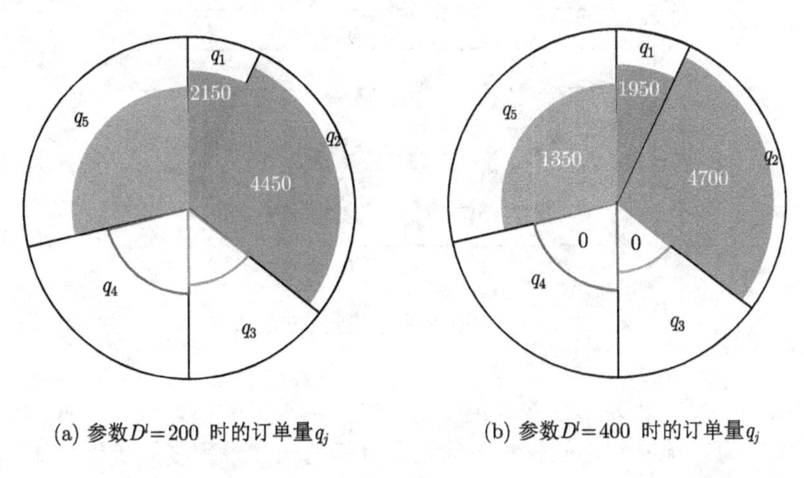

(a) 参数 $D^l=200$ 时的订单量 q_j　　(b) 参数 $D^l=400$ 时的订单量 q_j

图 10.8　需求不确定性下的最优决策

图 10.8 在需求扰动系数 D^l 的不同取值下提供了两组最优的供应商组合和相

应的订单分配方案. 当 $D^l = 200$ 时, 选择与供应商 1, 2 和 5 签订合同, 订单量分别为 2150, 4450 和 1400, 而在 $D^l = 400$ 时, 供应商 1, 2 和 5 需要提供的订单量分别为 1950, 4700 和 1350. 这表明, 不同的需求不确定性水平对供应商的选择没有影响, 但对订单分配有一定的影响. 因此, 决策者可以通过确定扰动系数 D^l 在合同供应商之间合理分配订单, 以实现可持续性.

6. 权重和绩效系数对决策的影响

本节试图研究经济、环境和社会三个准则的权重系数 W^{eco}, W^{env}, W^{soc} 和供应商的绩效系数 w_j^{eco}, w_j^{env}, w_j^{soc} 对计算结果的灵敏度分析, 其中 $\theta = 0.09$, $\epsilon = 0.1$, $\sigma = 0.4126421$ 和 $(\alpha, \beta) = (5500, 10000)$.

考虑权重 $[W^{\text{eco}}, W^{\text{env}}, W^{\text{soc}}]$ 的如下 8 组取值: ① [0.2934, 0.3108, 0.3958]; ② [0.2934, 0.4108, 0.2958]; ③ [0.3958, 0.3508, 0.2458]; ④ [0.3534, 0.3108, 0.3458]; ⑤ [0.4934, 0.2108, 0.2958]; ⑥ [0.5934, 0.2608, 0.1458]; ⑦ [0.6934, 0.1108, 0.1958]; ⑧ [0.7934, 0.1108, 0.0958]. 在这些权重下, 供应商选择情况和订购量分配为 $q_1 = 1750$, $q_2 = 4200$ 和 $q_5 = 1650$. 这种不变的供应商选择和订单分配主要是由于权重 W^{eco}, W^{env} 和 W^{soc} 是基于专家对这三组标准的重要性评估而获得的. 因此, 权重的改变不会影响供应商的选择和订单的分配. 然而, 权重改变会影响综合价值的实现. 也就是说, 8 组权重取值下偏差 d_4^- 不同, 详细结果见图 10.9.

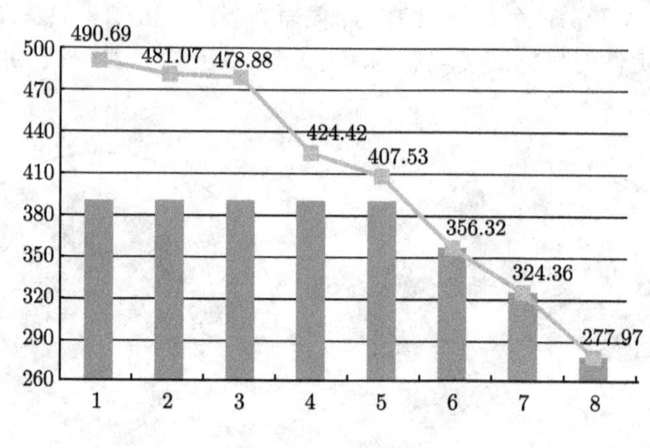

图 10.9 不同权重下偏差 d_4^- 的取值

在图 10.9 中, 横轴对应权重的 8 组取值, 纵轴反映偏差量 d_4^- 的大小. 从图中我们可以直观地看到不同权重下第四个目标的未实现程度的变化特征. 具体来说, d_4^- 随着权重从 ① 到 ⑧ 呈下降趋势. 实际上, 从 ① 到 ⑧, 经济标准的权重在增加, 环境和社会标准的权重在降低. 因此, 这表明偏差 d_4^- 的取值随着经济权重的增加、环境和社会权重的降低而逐渐减小. 这意味着除利益目标外, 决策者追求与环境和社会相关的非货币准则时，必须付出更多的努力.

绩效系数 $\boldsymbol{w}_{\text{eco}}$，$\boldsymbol{w}_{\text{env}}$ 和 $\boldsymbol{w}_{\text{soc}}$ 是由专家根据经济、环境和社会三组标准对供应商进行评价得出. 当这些系数发生变化时可能会对订单分配产生一定的影响. 为了证明这个推测，基于表 10.8 中所给两种情况分别进行实验. 可以看到两种情况下解得的偏差 d_3^- 和 d_4^- 有所不同. 情形 A 下偏差 d_3^- 和 d_4^- 分别为 58.375 和 296.94，而情形 B 下偏差 d_3^- 和 d_4^- 分别为 362.35 和 615.08. 两种情况下的订单分配见图 10.10.

表 10.8　绩效系数的两组取值

情形 A	S1	S2	S3	S4	S5
w_j^{eco}	0.508915	0.56469	0.540057	0.437148	0.571704
w_j^{env}	0.52003	0.503307	0.466368	0.46827	0.478947
w_j^{soc}	0.454708	0.49308	0.570297	0.513594	0.546273
情形 B	**S1**	**S2**	**S3**	**S4**	**S5**
w_j^{eco}	0.562485	0.48402	0.462906	0.534292	0.517256
w_j^{env}	0.57477	0.431406	0.399744	0.57233	0.433333
w_j^{soc}	0.502572	0.42264	0.488826	0.627726	0.494247

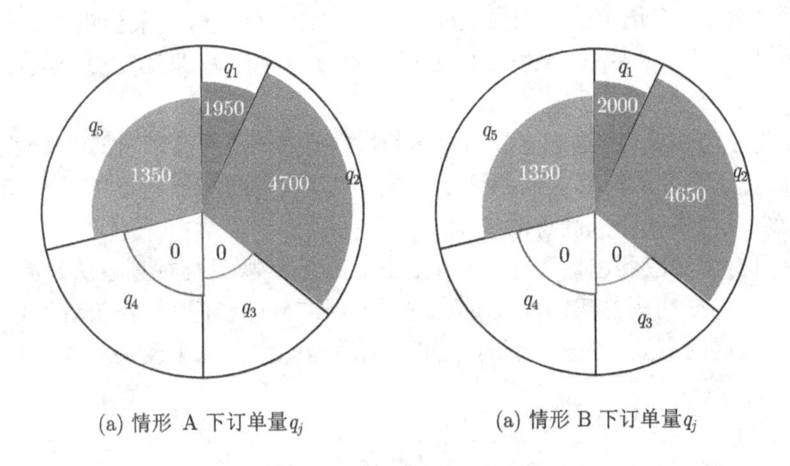

(a) 情形 A 下订单量q_j　　(a) 情形 B 下订单量q_j

图 10.10　不同绩效系数下的最优决策

图 10.10 指出两组绩效系数下供应商的选择方案均为第 1, 2 和 5 供应商，但订单分配量略有不同. 情形 A 下，供应商 1 和 2 的订单量为 1950 和 4700，而情形 B 下，供应商 1 和 2 的订单量为 2000 和 4650. 这表明，评审专家对供应商的绩效评价对计算结果有一定影响. 因此，决策者对权重和绩效系数的确定有着至关重要的作用，并进一步通过目标规划模型影响整个优化过程.

10.3.4 管理启示

案例研究表明, 分布鲁棒目标规划方法有利于采购公司选择合适的供应商和分配订单以追求可持续性发展. 计算结果表明该方法的管理和实际意义, 现在总结如下.

(1) 在该钢铁公司的案例中, 决策者不要求必须获得不确定输入数据的准确和真实的分布. 也就是说, 即使决策者无法获得完整的输入数据信息, 也可以采用我们所提出的分布鲁棒可持续供应商选择和订单分配模型得到定量决策依据.

(2) 根据实验结果, 决策者可以看到多个相互冲突的目标几乎不可能同时实现. 具有优先级结构的分布鲁棒目标规划模型可以在不确定环境中探索多个冲突目标之间的权衡, 以实现尽可能多的目标.

(3) 数值实验表明指派给参数相应取值, 所提模型均能得到目标规划的满意解. 当调整可接受的损失率 θ 和风险水平 (α, β) 时, 可以观察到满意解会发生相应的变化. 研究结果可作为决策者为满足公司长远发展需要做出适当决策的参考依据.

(4) 调整波动规模参数 σ、概率水平 ϵ 和需求不确定性参数 D^l, 供应商选择方案不变; 然而, 在选定的供应商之间进行最优订单分配时结果会随之改变. 也就是说, 在供应商选定后, 决策者可以通过调整 σ, ϵ 和 D^l 来制定更好的订单分配决策.

(5) 由于不确定性, 当成本和碳排放量发生改变时, 不仅影响了供应商的选择, 而且也改变了合同供应商之间的订单分配. 决策者可以根据自己的经验和知识来选择参数, 从而做出令人满意的决策.

(6) 可持续供应商选择和订单分配问题的分布鲁棒目标规划方法是灵活的, 这体现在可以根据问题的实际需要对其进行扩展或修改. 例如, 决策者可以根据时代和公司发展的需要, 在多个目标之间提供适当的优先级来反映不同目标的轻重缓急.

10.4 本章小结

本章研究分布不确定条件下包含多个相互冲突目标的可持续供应商选择和订单分配问题, 提出了一个带有期望约束和机会约束的分布鲁棒目标规划模型. 在所提的新模型中, 单位采购成本、单位运输成本、单位车辆的二氧化碳排放量、需求、供应能力和最低订货质量的准确分布在制定决策时无法获知, 具有不确定性. 为此, 我们用非精确集刻画上述参数的分布, 在建模时采用分布鲁棒优化思想, 规避了传统优化方法无法处理非精确分布的不足. 另一方面, 我们利用目标规划的优先结构对成本、二氧化碳排放量、社会影响和供应商综合价值四个冲突目标进行排序, 同时将成本和排放的风险度量纳入可持续供应商选择和订单分配模型. 由于分布鲁棒可持续性供应商选择和订单分配目标规划模型的复杂性, 在平均绝对半偏差非精确集和新的扰动集下, 推导出期望约束的鲁棒对等形式和机会约束的安全逼近系统. 这样, 将原模型转化为可处理的鲁棒对等逼近模型.

数值实验部分将提出的新模型应用到一个钢铁公司的案例研究中, 进行了一系列的计算以说明该模型的有效性. 结果表明, 所提模型可以作为一种定量工具为决策者解决可持续供应商选择和订单分配问题提供建议, 以实现分布不确定性下公司的可持续发展. 对致力于长期可持续发展的不同企业, 做决策时通常需要考虑多个相互冲突的目标, 除了货币目标外, 还包括一些与排放、社会和供应商综合价值相关的非货币目标. 在监管环境下, 本章提出的模型为这些企业在不确定情况下从那些愿意合作的供应商中选择多个合适的供应商提供了一个定量依据.

在本章中, 通过分布鲁棒优化方法基于均值–半偏差非精确集研究和解决了不确定输入数据的非精确分布问题. 鲁棒对等模型很大程度上依赖于非精确集的选择, 当非精确集采用其他刻画方式时逼近模型如何获取值得将来考察. 此外, 输入参数的非精确分布也可以用其他方法处理, 例如模糊优化方法[97,106] 和参数可信性优化方法[28], 有待进一步研究.

参考文献

[1] Liu Y, Liu Y K. The lambda selections of parametric interval-valued fuzzy variables and their numerical characteristics. Fuzzy Optimization and Decision Making, 2016, 15(3): 255-279.

[2] Liu Y, Li Y N. A parametric Sharpe ratio optimization approach for fuzzy portfolio selection problem. Mathematical Problems in Engineering, 2017, Article ID: 6279859.

[3] Liu Y, Ma L, Liu Y K. A novel robust fuzzy mean-UPM model for green closed-loop supply chain network design under distribution ambiguity. Applied Mathematical Modelling, 2021, 92: 99-135.

[4] Liu Z Q, Liu Y K. Type-2 fuzzy variables and their arithmetic. Soft Computing, 2010, 14(7): 729-747.

[5] Liu B, Liu Y K. Expected value of fuzzy variable and fuzzy expected value models. IEEE Transactions on Fuzzy Systems, 2002, 10(4): 445-450.

[6] Liu Y K, Gao J. The independence of fuzzy variables with applications to fuzzy random optimization. International Journal of Uncertainty, Fuzziness & Knowledge-Based Systems, 2007, 15(2): 1-20.

[7] Khouja M. The single-period (news-vendor) problem: literature review and suggestions for future research. Omega, 1999, 27(5): 537-553.

[8] Qin Y, Wang R, Vakharia A J, et al. The newsvendor problem: Review and directions for future research. European Journal of Operational Research, 2011, 213(2): 361-374.

[9] Sadeghi J, Mousavi S M, Niaki S T A. Optimizing an inventory model with fuzzy demand, backordering, and discount using a hybrid imperialist competitive algorithm. Applied Mathematical Modelling, 2016, 40(15/16): 7318-7335.

[10] Kamburowski J. The distribution-free newsboy problem under the worst-case and best-case scenarios. European Journal of Operational Research, 2014, 237(1): 106-112.

[11] Qiu R, Shang J. Robust optimisation for risk-averse multi-period inventory decision with partial demand distribution information. International Journal of Production Research, 2014, 52(24): 7472-7495.

[12] Guo Z Z, Liu Y K. Modelling single-period inventory problem by distributionally robust fuzzy optimization method. Journal of Intelligent & Fuzzy Systems, 2018, 35(1): 1007-1019.

[13] Guo Z Z, Liu Y K, Liu Y. Coordinating a three level supply chain under gene-ralized parametric interval-valued distribution of uncertain demand. Journal of Ambient Intelligence and Humanized Computing, 2017, 8(5): 677-694.

[14] Guo Z Z, Tian S N, Liu Y K. A multiproduct single-period inventory management problem under variable possibility distributions. Mathematical Problems in Engineering, 2017, 2017: 1-14.

[15] Bai X, Liu Y K. Robust optimization of supply chain network design in fuzzy decision system. Journal of Intelligent Manufacturing, 2016, 27: 1131-1149.

[16] Liu Y, Liu Y K. Distributionally robust fuzzy project portfolio optimization problem with interactive returns. Applied Soft Computing, 2017, 56: 655-668.

[17] Carter M, van Brunt B. The Lebesgue-Stieltjes Integral New York: Spinger-Verlag, 2000.

[18] Ramanathan R, Ganesh L S. Energy resource allocation incorporating qualitative and quantitative criteria: An integrated model using goal programming and AHP. Socio-Economic Planning Sciences, 1995, 29(3):197-218.

[19] Mezher T, Chedid R, Zahabi W. Energy resource allocation using multiobjective goal programming: The case of Lebanon. Applied Energy, 1998, 61(4): 175-192.

[20] Jayaraman R, Colapinto C, Torre D L, Malik T. A weighted goal programming model for planning sustainable development applied to gulf cooperation council countries. Applied Energy, 2017, 185: 1931-1939.

[21] Gupta S, Fügenschuh A, Ali I. A multi-criteria goal programming model to analyze the sustainable goals of India. Sustainability, 2018, 10(778): 1-19.

[22] Jia R, Bai X, Song F, Liu Y K. Optimizing sustainable development problem under uncertainty: Robust vs fuzzy optimization methods. Journal of Intelligent & Fuzzy Systems, 2019, 37(1): 1311-1326.

[23] Jia R, Bai X, Liu Y K. Distributionally robust goal programming approach for planning a sustainable development problem. Journal of Cleaner Production, 2020, 256 Article ID: 120438.

[24] Jayaraman R, Liuzzi D, Colapinto C, Malik T. A fuzzy goal programming model to analyze energy, environmental and sustainability goals of the United Arab Emirates. Annals of Operations Research, 2017, 251: 255-270.

[25] Mokri A, Ali M A, Emziane M. Solar energy in the United Arab Emirates: A review. Renewable and Sustainable Energy Reviews, 2013, 28: 340-375.

[26] Omri A. CO_2 emissions, energy consumption and economic growth nexus in MENA countries: Evidence from simultaneous equations models. Energy Economics, 2013, 40: 657-664.

[27] Jayaraman R, Colapinto C, Liuzzi D, Torre D L. Planning sustainable development through a scenario-based stochastic goal programming model. Operational Research, 2017, 17: 789-805.

[28] 刘彦奎, 白雪洁, 杨凯. 参数可信性优化方法. 北京: 科学出版社, 2017.

[29] Kouvaritakis B, Cannon M, Tsachouridis V. Recent developments in stochastic MPC and sustainable development. Annual Reviews in Control, 2004, 28(1): 23-35.

[30] Borges A R, Antunes C H. A fuzzy multiple objective decision support model for energy-economy planning. European Journal of Operational Research, 2003, 145: 304-316.

[31] Huang I B, Keisler J, Linkov I. Multi-criteria decision analysis in environmental sciences: Ten years of applications and trends. Science of the Total Environment, 2011, 409(19): 3578-3594.

[32] Oliveira C, Coelho D, Antunes C H. Coupling input-output analysis with multiobjective linear programming models for the study of economy-energy-environment-social (E3S) trade-offs: A review. Annals of Operations Research, 2016, 247(2): 471-502.

[33] Jayaraman R, Colapinto C, Torre D L, Malik T. Multi-criteria model for sustainable development using goal programming applied to the United Arab Emirates. Energy Policy, 2015, 87: 447-454.

[34] Oliveira C, Antunes C H. A multi-objective multi-sectoral economy-energy-environment model: Application to Portugal. Energy, 2011, 36(5): 2856-2866.

[35] San Cristóbal J R. A goal programming model for environmental policy analysis: Application to Spain. Energy Policy, 2012, 43: 303-307.

[36] Wang J J, Jing Y Y, Zhang C F, Zhao J H. Review on multi-criteria decision analysis aid in sustainable energy decision-making. Renewable and Sustainable Energy Reviews, 2009, 13(9): 2263-2278.

[37] Bai X, Li X, Jia R, Liu Y K. A distributionally robust credibilistic optimization method for the economic-environmental-energy-social sustainability problem. Information Sciences, 2019, 501: 1-18.

[38] 刘彦奎. 可信性测度论: 处理主观不确定性的现代方法论. 北京: 科学出版社, 2018.

[39] Liu Y K, Guo Z Z. Arithmetic about linear combinations of GPIV fuzzy variables. Journal of Uncertain Systems, 2017, 11(2): 154-160.

[40] Qader M R. Electricity consumption and GHG emissions in GCC countries. Energies, 2009, 2: 1201-1213.

[41] Du N N, Liu Y K, Liu Y. New safe approximation of ambiguous probabilistic constraints for financial optimization problem. Discrete Dynamics in Nature and Society, 2019, Article ID: 6903679.

[42] Zhang P Y, Yang G Q. Safe tractable approximations of ambiguous expected model with chance constraints and applications in transportation problem. Journal of Uncertain Systems, 2018, 12(2): 151-160.

[43] Jia R R, Bai X J. Robust optimization approximation for ambiguous P-model and its application. Mathematical Problems in Engineering, 2018, Article ID: 5203127.

[44] Du N N, Liu Y K, Liu Y. A new data-driven distributionally robust portfolio optimization method based on Wasserstein ambiguity set. IEEE Access, 2021, 9: 3174-3194.

[45] Charnes A, Cooper W W, Symonds G H. Cost horizons and certainty equivalents: An approach to stochastic programming of heating oil. Management Science, 1958, 4(3): 235-263.

[46] Charnes A, Cooper W W. Deterministic equivalents for optimizing and satisficing under chance constraints. Operations Research, 1963, 11(1): 18-39.

[47] Calafiore G C, Ghaoui L E. On distributionally robust chance-constrained linear programs. Journal of Optimization Theory & Applications, 2006, 130(1): 1-22.

[48] Hanasusanto G A, Roitch V, Kuhn D, Wiesemann W. Ambiguous joint chance constraints under mean and dispersion information. Operations Research, 2016, 65(3): 751-767.

[49] Khachiyan L G. The problem of calculating the volume of a polyhedron is enumerably hard. Russian Mathematical Surveys, 1989, 44(3): 199-200.

[50] Ben-Tal A, El. Ghaoui L, Nemirovski A. Robust optimization. Princeton: Princeton University Press, 2009.

[51] Hall N G, Long D Z, Qi J, Sim M. Managing underperformance risk in project portfolio selection. Operations Research, 2015, 63(3): 660-675.

[52] Chen Y, Liu Y, Wu X. A new risk criterion in fuzzy environment and its application. Applied Mathematical Modelling, 2012, 36(7): 3007-3028.

[53] Liu N, Chen Y, Liu Y K. Optimizing portfolio selection problems under credibilistic CVaR criterion. Journal of Intelligent & Fuzzy Systems, 2018, 34(1): 335-347.

[54] Contreras I, Fernández E. Hub location as the minimization of a supermodular set function. Operations Research, 2014, 62(3): 557-570.

[55] Adler N, Njoya E T, Volta N. The multi-airline p-hub median problem applied to the african aviation market. Transportation Research Part A Policy & Practice, 2018, 107: 187-202.

[56] Ghaderi A, Rahmaniani R. Meta-heuristic solution approaches for robust single allocation p-hub median problem with stochastic demands and travel times. International Journal of Advanced Manufacturing Technology, 2016, 82(9/10/11/12): 1627-1647.

[57] Xu X F, Hao J, Deng Y R, Wang Y. Design optimization of resource combination for collaborative logistics network under uncertainty. Applied Soft Computing, 2017, 56: 684-691.

[58] Yang M, Yang G. Robust optimization for the single allocation p-hub median problem under discount factor uncertainty. Journal of Uncertain Systems, 2017, 11(3): 230-240.

[59] Yin F H, Chen Y. The robust optimization for p-hub median problem under carbon emissions uncertainty. Journal of Uncertain Systems, 2018, 12(1): 22-35.

[60] Yin F H, Chen Y J, Song F, Liu Y K. A new distributionally robust p-hub median problem with uncertain carbon emissions and its tractable approximation method. Applied Mathematical Modelling, 2019, 74: 668-693.

[61] Mohammed F, Selim S Z, Hassan A, Syed M N. Multi-period planning of closed-loop supply chain with carbon policies under uncertainty. Transportation Research Part D: Transport and Environment, 2017, 51: 146-172.

[62] Niknamfar A H, Niaki S T A. Fair profit contract for a carrier collaboration framework in a green hub network under soft time-windows: Dual lexicographic max-min approach. Transportation Research Part E: Logistics and Transportation Review, 2016, 91: 129-151.

[63] Aykin T. Networking policies for hub-and-spoke systems with application to the air transportation system. Transportation Science, 1995, 29(3): 201-221.

[64] O'Kelly M E, Bryan D, Skorin-Kapov D, Skorin-Kapov J. Hub network design with single and multiple allocation: A computational study. Location Science, 1996, 4(3): 125-138.

[65] Zimmerman D W. Teacher's corner: A note on interpretation of the pairedsamples t test. Journal of Educational and Behavioral Statistics, 1997, 22(3): 349-360.

[66] Balcik B, Beamon B M, Smilowitz K. Last mile distribution in humanitarian relief. Journal of Intelligent Transportation Systems, 2008, 12(2): 51-63.

[67] Noyan N, Balcik B, Atakan S. A stochastic optimization model for designing last mile relief networks. Transportation Science, 2015, 50(3): 1-22.

[68] Afshar A, Haghani A. Modeling integrated supply chain logistics in real-time large-scale disaster relief operations. Socio-Economic Planning Sciences, 2012, 46(4): 327-338.

[69] Ben-Tal A, Nemirovski A. Robust solutions of linear programming problems contaminated with uncertain data. Mathematical Programming, 2008, 88: 411-424.

[70] Postek K, Ben-Tal A, den Hertog D, Melenberg B. Robust optimization with ambiguous stochastic constraints under mean and dispersion information. Operations Research, 2018, 66(3): 814-833.

[71] Noyan N, Kahvecioğlu G. Stochastic last mile relief network design with resource reallocation. OR Spectrum, 2018, 40(1): 187-231.

[72] Zhang P Y, Liu Y K, Yang G Q, Zhang G Q. A distributionally robust optimization model for designing humanitarian relief network with resource reallocation. Soft Computing, 2019, 24(4): 2749-2767.

[73] Zhang P Y, Liu Y K, Yang G Q, Zhang G Q. A multi-objective distributionally robust model for sustainable last mile relief network design problem. Annals of Operations Research, 2020, Doi:10.1007/s10479-020-03813-3.

[74] Zhang P Y, Liu Y K, Yang G Q, Zhang G Q. A distributionally robust optimization model for last mile relief network under mixed transport. International Journal of Production Research, 2020, Doi:10.1080/00207543.2020.1856439.

[75] Yang M, Liu Y K, Yang G Q. Multi-period dynamic distributionally robust prepositioning of emergency supplies under demand uncertainty. Applied Mathematical Modelling, 2021, 89: 1433-1458.

[76] Amiri A. Designing a distribution network in a supply chain system: Formulation and efficient solution procedure. European Journal of Operational Research, 2006, 171: 567-576.

[77] Bertsimas D, Sim D. The price of robustness. Operations Research, 2004, 52(1): 35-53.

[78] Yang G Q, Liu Y K. Optimizing an equilibrium supply chain network design problem by an improved hybrid biogeography based optimization algorithm. Applied Soft Computing, 2017, 58: 657-668.

[79] Sheu J B. Post-disaster relief-service centralized logistics distribution with survivor resilience maximization. Transportation Research Part B: Methodological, 2014, 68: 288-314.

[80] Govindan K, Fattahi M. Investigating risk and robustness measures for supply chain network design under demand uncertainty: A case study of glass supply chain. International Journal of Production Economics, 2017, 183: 680-699.

[81] Bai X, Gao J, Liu Y. Prepositioning emergency supplies under uncertainty: A parametric optimization method. Engineering Optimization, 2017, 5: 1-20.

[82] Ghadimi P, Wang C, Lim M K. Sustainable supply chain modeling and analysis: Past debate, present problems and future challenges. Resources Conservation and Recycling, 2019, 140: 72-84.

[83] Georgiadis P, Besiou M. Environmental and economical sustainability of WEEE closed-loop supply chains with recycling: A system dynamics analysis. International Journal of Advanced Manufacturing Technology, 2010, 47(5-8): 475-493.

[84] Quariguasi Frota Neto J, Walther G, Bloemhof J, et al. From closed-loop to sustainable supply chains: The WEEE case. International Journal of Production Research, 2010, 48(15): 4463-4481.

[85] Zhang C, Schmöcker J D. A Markovian model of user adaptation with case study of a shared bicycle scheme. Transportmetrica B: Transport Dynamics, 2019, 7(1): 223-236.

[86] Keyvanshokooh E, Ryan S M, Kabir E. Hybrid robust and stochastic optimization for closed-loop supply chain network design using accelerated Benders decomposition. European Journal of Operational Research, 2016, 249(1):76-92.

[87] Barbosa-Póvoa A P, da Silva C Carvalho A. Opportunities and challenges in sustainable supply chain: An operations research perspective. European Journal of Operational Research, 2018, 268(2): 399-431.

[88] Ma L, Liu Y K, Liu Y. Distributionally robust design for bicycle-sharing closed-loop supply chain network under risk-averse criterion. Journal of Cleaner Production, 2020, 246 Article ID: 118967.

[89] Pishvaee M S, Jolai F, Razmi J. A stochastic optimization model for integrated forward/reverse logistics network design. Journal of Manufacturing Systems, 2009, 28(4): 107-114.

[90] Soleimani H, Seyyed-Esfahani M, Kannan G. Incorporating risk measures in closed-loop supply chain network design. International Journal of Production Research, 2014, 52(6): 1843-1867.

[91] DeMaio P. Bike-sharing: history, impacts, models of provision, and future. Journal of Public Transportation, 2009, 12(4): 41-56.

[92] Wang J, Huang J, Dunford M. Rethinking the utility of public bicycles: The development and challenges of station-less bike sharing in China. Sustainability, 2019, 11(6): 1-20.

[93] 2017 年共享单车 -mobike 与 ofo 分析报告. https://wenku.baidu.com/view/fbd80609ae1ffc4ffe4733687e21af45b207fe13.html.

[94] Kisomi M S, Solimanpur M, Doniavi A. An integrated supply chain configuration model and procurement management under uncertainty: A set-based robust optimization methodology. Applied Mathematical Modelling, 2016, 40(17/18): 7928-7947.

[95] Aissaoui N, Haouari M, Hassini E. Supplier selection and order lot sizing modeling: A review. Computers & Operations Research, 2007, 34: 3516-3540.

[96] Azadnia A H, Saman M Z M, Wong K Y. Sustainable supplier selection and order lot-sizing: An integrated multi-objective decision-making process. International Journal of Production Research, 2015, 53(2): 383-408

[97] Bai X J, Zhang F, Liu Y K. Modeling fuzzy data envelopment analysis under robust input and output data. RAIRO-Operations Research, 2018, 52: 619-643.

[98] Ben-Tal A, Hochman E. More bounds on the expectation of a convex function of a random variable. Journal of Applied Probability, 1972, 9: 803-812.

[99] Chiu M C, Chiou J Y. Technical service platform planning based on a company's competitive advantage and future market trends: A case study of an IC foundry. Computers & Industrial Engineering, 2016, 99: 503-517.

[100] Coyle J J, Thomchick E A, Ruamsook K. Environmentally sustainable supply chain management: An evolutionary framework. Marketing Dynamism & Sustainability: Things Change, Things Stay the Same, Springer, 2015.

[101] Ghadimi P, Toosi F G, Heavey C. A multi-agent systems approach for sustainable supplier selection and order allocation in a partnership supply chain. European Journal of Operational Research, 2018, 269: 286-301.

[102] Ghorabaee M K, Amiri M, Zavadskas E K, Turskis Z. A new multi-criteria model based on interval type-2 fuzzy sets and EDAS method for supplier evaluation and order allocation with environmental considerations. Computers & Industrial Engineering, 2017, 112: 156-174.

[103] Hamdan S, Cheaitou A. Supplier selection and order allocation with green criteria: An MCDM and multi-objective optimization approach. Computers and Operations Research, 2017, 81: 282-304.

[104] Jia R, Liu Y K, Bai X J. Sustainable supplier selection and order allocation: Distributionally robust goal programming model and tractable approximation. Computers & Industrial Engineering, 2020, 140 Article ID: 106267.

[105] Kellner F, Utz S. Sustainability in supplier selection and order allocation: Combining integer variables with Markowitz portfolio theory. Journal of Cleaner Production, 2019, 214: 462-474.

[106] 刘彦奎, 陈艳菊, 刘颖, 秦蕊. 模糊优化方法与应用. 北京: 科学出版社, 2013.

[107] Mohammed A, Harris I, Govindan K. A hybrid MCDM-FMOO approach for sustainable supplier selection and order allocation. International Journal of Production Economics, 2019, 217: 171-184.

[108] Nazari-Shirkouhi S, Shakouri H, Javadi B, Keramati A. Supplier selection and order allocation problem using a two-phase fuzzy multi-objective linear programming. Applied Mathematical Modelling, 2013, 37: 9308-9323.

[109] Vahidi F, Torabi S A, Ramezankhani M J. Sustainable supplier selection and order allocation under operational and disruption risks. Journal of Cleaner Production, 2018, 174: 1351-1365.

[110] Xu Z, Qin J D, Liu J, Martínez L. Sustainable supplier selection based on AHPSort II in interval type-2 fuzzy environment. Information Sciences, 2019, 483: 273-293.

索　引